北大社普通高等教育“十四五”数字化建设规划教材

线性代数

（第二版）

主编　全志勇　易学军

主审　黄立宏

本书资源使用说明

北京大学出版社
PEKING UNIVERSITY PRESS

内 容 简 介

本书是根据高等学校基础理论教学"以应用为目的，以必需、够用为度"的原则，按照教育部最新制定的线性代数课程教学基本要求编写的.

全书共6章，即行列式、矩阵、n维向量、线性方程组、矩阵的特征值与特征向量、二次型. 本书每章均配有习题，书末附有习题参考答案.

本书可作为高等学校经管类、理工类等非数学专业线性代数课程的教材，也可供其他相关专业人员参考.

图书在版编目(CIP)数据

线性代数 / 全志勇，易学军主编. -- 2 版. -- 北京 : 北京大学出版社，2025.5. -- ISBN 978-7-301-36276-1

Ⅰ. O151.2

中国国家版本馆 CIP 数据核字第 2025K6X637 号

书　　名　线性代数(第二版)
XIANXING DAISHU (DI-ER BAN)

著作责任者　全志勇　易学军　主编

责 任 编 辑　曾琬婷

标 准 书 号　ISBN 978-7-301-36276-1

出 版 发 行　北京大学出版社

地　　址　北京市海淀区成府路 205 号　100871

网　　址　http://www.pup.cn

电 子 邮 箱　zpup@pup.cn

新 浪 微 博　@北京大学出版社

电　　话　邮购部 010-62752015　发行部 010-62750672　编辑部 010-62754819

印 刷 者　长沙超峰印刷有限公司

经 销 者　新华书店

787 毫米×1092 毫米　16 开本　12 印张　291 千字

2019 年 7 月第 1 版

2025 年 5 月第 2 版　2025 年 5 月第 1 次印刷

定　　价　42.00 元

前 言

随着我国社会主义经济建设的不断发展，数学在经济活动和经济研究中的作用日益突显，数学的理论和方法越来越广泛地应用到自然科学、社会科学和工程技术的各个领域，对各专业人才的数学素养要求越来越高.线性代数是高等数学基础课程之一，它不仅提供了解决实际问题的有力数学工具，同时还给学生提供了一种思维的训练，帮助学生提高作为复合型、创造型、应用型人才所必需的文化素质和修养.

党的二十大报告首次将教育、科技、人才工作专门作为一个独立章节进行系统阐述和部署，明确指出："教育、科技、人才是全面建设社会主义现代化国家的基础性、战略性支撑."这让广大教师深受鼓舞，更要勇担"为党育人、为国育才"的重任，迎来一个大有可为的新时代.

在编写本书时，我们既要考虑经管类、理工类等非数学专业对数学知识的直接和间接需要，又要考虑学习数学对学生逻辑思维能力的培养.因此，为了使学生更好地理解和掌握教材中介绍的基本原理与方法，本书对不是过于烦琐的定理都给出了严格的证明.另外，无论是从教材内容的阐述上，还是从定理的证明上，本书都尽量采用学生易于接受的方法.这样处理既保持了数学学科本身的系统性、逻辑严密性和科学性，又有利于培养学生的逻辑思维能力.

本书共6章，内容包括行列式、矩阵、n维向量、线性方程组、矩阵的特征值与特征向量、二次型，各章后面均配有习题，书末附有习题参考答案.另外，附录中给出了2014—2024年全国硕士研究生招生考试数学试卷中关于线性代数的试题及参考答案.

本书由全志勇、易学军主编.黄立宏教授认真审阅了书稿，提出了许多宝贵意见.本书的编写得到了湖南大学数学学院的大力支持，同时得到了北京大学出版社的热心指导和精心编辑，雷金玉、吴友成、汤烽、张馨月提供了版式和装帧设计方案，在此一并表示衷心的感谢.

尽管编者在本书的编写过程中非常认真和努力，但书中不妥之处在所难免，恳请广大教师和学生提出批评和建议.

编　者

目　录

第一章

行 列 式

历史上，对含有 n 个未知量和 n 个方程的线性方程组，人们在寻求其一般解的公式时，引进了行列式的概念. 如今，行列式在数学的许多分支，乃至包括经济学在内的许多学科中都有着广泛的应用，成为一种常用的数学工具. 在本门课程中，它也是研究线性方程组、矩阵及向量组的线性相关性等的一个重要基础.

第一节 行列式的定义

本章首先通过二阶、三阶行列式引入 n 阶行列式的概念，然后讨论行列式的基本性质和展开公式，并利用这些性质和展开公式计算行列式，最后利用行列式来求解满足一定条件的线性方程组.

一、二阶行列式

定义 1 记号$\begin{vmatrix} a_{11} & a_{12} \\ a_{21} & a_{22} \end{vmatrix}$称为二阶行列式，它表示代数和 $a_{11}a_{22}-a_{12}a_{21}$，即

$$\begin{vmatrix} a_{11} & a_{12} \\ a_{21} & a_{22} \end{vmatrix}=a_{11}a_{22}-a_{12}a_{21}.$$

行列式中的横排叫作行，竖排叫作列. $a_{11},a_{12},a_{21},a_{22}$ 叫作行列式的元素. 元素 a_{ij} $(i,j=1,2)$ 的第一个下标 i 叫作行标，表明该元素位于第 i 行；第二个下标叫作列标，表明该元素位于第 j 列.

由定义 1 可知，二阶行列式是由 4 个数按一定的规律运算所得的代数和，这个代数和可以利用图 1-1(对角线法则) 来表述. 在图 1-1 中，把 a_{11} 到 a_{22} 的实连线称为主对角线，把 a_{12} 到 a_{21} 的虚连线称为副对角线. 于是，二阶行列式便等于主对角线上两个元素之积减去副对角线上两个元素之积.

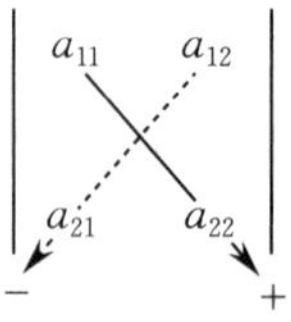

图 1-1

将行列式的概念用于表达线性方程组的解，会使其形式简化，便于记忆. 我们已经知道如何用消元法解二元线性方程组

$$\begin{cases} a_{11}x_1+a_{12}x_2=b_1, & (1.1) \\ a_{21}x_1+a_{22}x_2=b_2. & (1.2) \end{cases}$$

(1.1) 式 $\times a_{22}-$(1.2) 式 $\times a_{12}$，得

$$(a_{11}a_{22}-a_{12}a_{21})x_1=b_1a_{22}-b_2a_{12}, \tag{1.3}$$

(1.2) 式 $\times a_{11}-$(1.1) 式 $\times a_{21}$，得

$$(a_{11}a_{22}-a_{12}a_{21})x_2=b_2a_{11}-b_1a_{21}. \tag{1.4}$$

利用二阶行列式的定义，记

$$D=a_{11}a_{22}-a_{12}a_{21}=\begin{vmatrix} a_{11} & a_{12} \\ a_{21} & a_{22} \end{vmatrix},$$

$$D_1=b_1a_{22}-b_2a_{12}=\begin{vmatrix} b_1 & a_{12} \\ b_2 & a_{22} \end{vmatrix},$$

$$D_2=b_2a_{11}-b_1a_{21}=\begin{vmatrix} a_{11} & b_1 \\ a_{21} & b_2 \end{vmatrix},$$

则(1.3) 式和(1.4) 式可改写为

$$\begin{cases} Dx_1 = D_1, \\ Dx_2 = D_2. \end{cases}$$

于是,在 $D \neq 0$ 的条件下,该方程组有唯一解

$$x_1 = \frac{D_1}{D}, \quad x_2 = \frac{D_2}{D}.$$

注 从形式上看,这里分母 D 是由二元线性方程组的系数所确定的二阶行列式(称为系数行列式),x_1 的分子 D_1 是用常数项 b_1,b_2 分别替换 D 中 x_1 的系数 a_{11},a_{21} 所得的二阶行列式,x_2 的分子 D_2 是用常数项 b_1,b_2 分别替换 D 中 x_2 的系数 a_{12},a_{22} 所得的二阶行列式. 后面讨论的三元线性方程组亦有类似的规律性,请读者学习时注意.

例 1 解线性方程组

$$\begin{cases} x_1 - 3x_2 = -5, \\ 4x_1 + 3x_2 = -5. \end{cases}$$

解 $D = \begin{vmatrix} 1 & -3 \\ 4 & 3 \end{vmatrix} = 1 \times 3 - (-3) \times 4 = 15$,

$$D_1 = \begin{vmatrix} -5 & -3 \\ -5 & 3 \end{vmatrix} = -30, \quad D_2 = \begin{vmatrix} 1 & -5 \\ 4 & -5 \end{vmatrix} = 15.$$

因 $D \neq 0$,故该方程组有唯一解

$$x_1 = \frac{D_1}{D} = \frac{-30}{15} = -2, \quad x_2 = \frac{D_2}{D} = \frac{15}{15} = 1.$$

二、三阶行列式

定义 2 记号 $\begin{vmatrix} a_{11} & a_{12} & a_{13} \\ a_{21} & a_{22} & a_{23} \\ a_{31} & a_{32} & a_{33} \end{vmatrix}$ 称为三阶行列式,它表示代数和 $a_{11}a_{22}a_{33} + a_{12}a_{23}a_{31} + a_{13}a_{21}a_{32} - a_{13}a_{22}a_{31} - a_{12}a_{21}a_{33} - a_{11}a_{23}a_{32}$,即

$$\begin{vmatrix} a_{11} & a_{12} & a_{13} \\ a_{21} & a_{22} & a_{23} \\ a_{31} & a_{32} & a_{33} \end{vmatrix} = a_{11}a_{22}a_{33} + a_{12}a_{23}a_{31} + a_{13}a_{21}a_{32} - a_{13}a_{22}a_{31} - a_{12}a_{21}a_{33} - a_{11}a_{23}a_{32}.$$

由定义 2 可见,三阶行列式是由 9 个数按一定的规律运算所得的代数和,这个代数和可以利用图 1-2(对角线法则)或图 1-3(沙路法则)来表述.

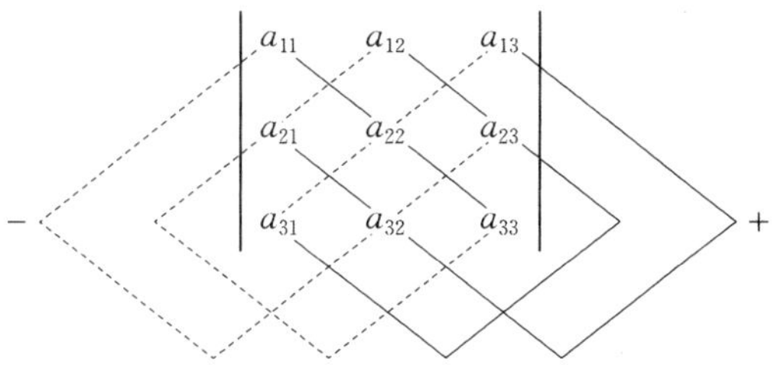

图 1-2

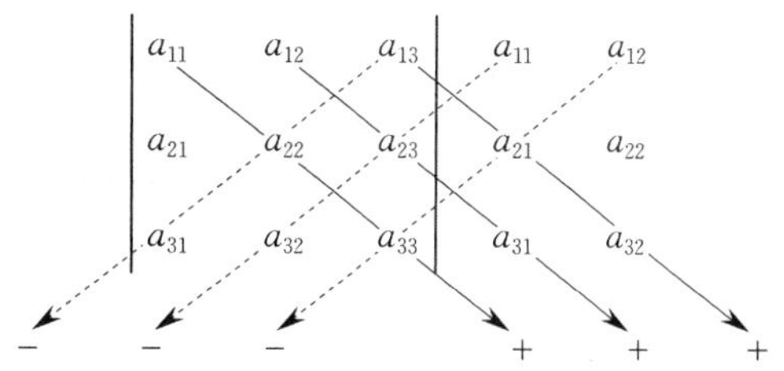

图 1-3

例 2 计算三阶行列式

$$\begin{vmatrix} 2 & -3 & 1 \\ 4 & 1 & -2 \\ 5 & 1 & 3 \end{vmatrix}.$$

解 $\begin{vmatrix} 2 & -3 & 1 \\ 4 & 1 & -2 \\ 5 & 1 & 3 \end{vmatrix} = 2\times1\times3+(-3)\times(-2)\times5+1\times4\times1-1\times1\times5$

$$-(-3)\times4\times3-2\times(-2)\times1=75.$$

类似于二元线性方程组的讨论,对于三元线性方程组

$$\begin{cases} a_{11}x_1+a_{12}x_2+a_{13}x_3=b_1, \\ a_{21}x_1+a_{22}x_2+a_{23}x_3=b_2, \\ a_{31}x_1+a_{32}x_2+a_{33}x_3=b_3, \end{cases}$$

记

$$D=\begin{vmatrix} a_{11} & a_{12} & a_{13} \\ a_{21} & a_{22} & a_{23} \\ a_{31} & a_{32} & a_{33} \end{vmatrix}, \quad D_1=\begin{vmatrix} b_1 & a_{12} & a_{13} \\ b_2 & a_{22} & a_{23} \\ b_3 & a_{32} & a_{33} \end{vmatrix},$$

$$D_2=\begin{vmatrix} a_{11} & b_1 & a_{13} \\ a_{21} & b_2 & a_{23} \\ a_{31} & b_3 & a_{33} \end{vmatrix}, \quad D_3=\begin{vmatrix} a_{11} & a_{12} & b_1 \\ a_{21} & a_{22} & b_2 \\ a_{31} & a_{32} & b_3 \end{vmatrix}.$$

用消元法求解该方程组,得

$$\begin{cases} Dx_1=D_1, \\ Dx_2=D_2, \\ Dx_3=D_3. \end{cases}$$

若系数行列式 $D\neq0$,则该方程组有唯一解

$$x_1=\frac{D_1}{D}, \quad x_2=\frac{D_2}{D}, \quad x_3=\frac{D_3}{D}.$$

后面我们将证明,在一定的条件下,具有更多未知量的线性方程组也有类似的求解公式.

例 3 解线性方程组

$$\begin{cases} 3x_1-\ x_2+x_3=26, \\ 2x_1-4x_2-x_3=9, \\ \ x_1+2x_2+x_3=16. \end{cases}$$

解 $D=\begin{vmatrix} 3 & -1 & 1 \\ 2 & -4 & -1 \\ 1 & 2 & 1 \end{vmatrix}=5\neq0, \quad D_1=\begin{vmatrix} 26 & -1 & 1 \\ 9 & -4 & -1 \\ 16 & 2 & 1 \end{vmatrix}=55,$

$$D_2=\begin{vmatrix} 3 & 26 & 1 \\ 2 & 9 & -1 \\ 1 & 16 & 1 \end{vmatrix}=20, \quad D_3=\begin{vmatrix} 3 & -1 & 26 \\ 2 & -4 & 9 \\ 1 & 2 & 16 \end{vmatrix}=-15,$$

该方程组的解为

$$x_1=\frac{D_1}{D}=\frac{55}{5}=11,\quad x_2=\frac{D_2}{D}=\frac{20}{5}=4,\quad x_3=\frac{D_3}{D}=\frac{-15}{5}=-3.$$

三、排列及其逆序数

为了把二阶、三阶行列式的概念推广到 n 阶行列式，首先引入排列的概念.

定义 3　把自然数 $1,2,\cdots,n$ 按一定的顺序排成一个数组，称为一个 n 级排列，简称为排列，并把这个排列记为 $i_1i_2\cdots i_n$，其中 $i_1,i_2,\cdots,i_n$ 为 $1,2,\cdots,n$ 中 n 个不同的数.

例如，1234 和 4312 都是四级排列，而 21354 是一个五级排列.

一般地，自然数 $1,2,\cdots,n$ 可组成 $n!$ 个不同的 n 级排列，即 n 级排列的总数为 $n!$ 个.

定义 4　在一个 n 级排列 $i_1i_2\cdots i_t\cdots i_s\cdots i_n$ 中，若 $i_t>i_s$（表明较大的数 i_t 排在较小的数 i_s 前面），则称数 i_t 与 i_s 构成一个逆序. 一个 n 级排列 $i_1i_2\cdots i_n$ 中逆序的总数称为该排列的逆序数，记为 $\tau(i_1i_2\cdots i_n)$.

根据上述定义，可按如下方法计算排列的逆序数：

在一个 n 级排列 $i_1i_2\cdots i_t\cdots i_n$ 中，若比 $i_t(t=1,2,\cdots,n)$ 小且排在 i_t 后面的数共有 j_t 个，则 i_t 与该排列中其他数之间构成 j_t 个逆序，而该排列中所有数的逆序数之和就是这个排列的逆序数，即

$$\tau(i_1i_2\cdots i_n)=j_1+j_2+\cdots+j_n.$$

例 4　计算排列 32514 的逆序数.

解　$\tau(32514)=2+1+2+0+0=5.$

定义 5　逆序数为奇数的排列称为奇排列，逆序数为偶数的排列称为偶排列.

例 5　计算排列 $12\cdots n$ 和 $n(n-1)\cdots 21$ 的逆序数，并指出其奇偶性.

解　因为 $\tau(12\cdots n)=0$，所以 $12\cdots n$ 为偶排列.

对于排列 $n(n-1)\cdots 21$，因为

$$\tau(n(n-1)\cdots 21)=(n-1)+(n-2)+\cdots+2+1+0=\frac{n(n-1)}{2},$$

所以当 $n=4k+1,4k+4$ 时，该排列为偶排列；当 $n=4k+2,4k+3$ 时，该排列为奇排列，其中 $k=0,1,2,\cdots$.

我们也称 $12\cdots n$ 为自然序排列.

在 n 级排列 $i_1i_2\cdots i_s\cdots i_t\cdots i_n$ 中，将其中的两个数 i_s 和 i_t 互换位置，其余各数的位置不变而得到另一个排列 $i_1i_2\cdots i_t\cdots i_s\cdots i_n$，这样的做法叫作一个对换，记为 (i_s,i_t).

例如，$31524\xrightarrow{(5,2)}31254$，表示排列 31524 经过对换 $(5,2)$ 后变成了 31254.

定理 1　**每一个对换都改变排列的奇偶性.**

证明　首先考虑对换两个相邻数的情形. 设某个 n 级排列为

$$\cdots ij\cdots,$$

经过对换(i,j)得到另一个排列

$$\cdots ji\cdots.$$

在这两个排列中,除i,j以外的其他任何两个数的相对顺序均未改变,i,j以外的任何一个数与i(或j)的相对顺序也未改变,而改变的只有i与j的相对顺序.因此,新排列比原排列或增加了一个逆序(当$i<j$时),或减少了一个逆序(当$i>j$时).无论是哪一种情形,原排列与新排列的奇偶性都相反,即对换相邻的两个数,一定会改变排列的奇偶性.

一般地,设对换的两个数i,j之间还有s个数$k_1,k_2,\cdots,k_s$,即设原排列为

$$\cdots ik_1k_2\cdots k_sj\cdots,$$

经过对换(i,j)后得到新排列

$$\cdots jk_1k_2\cdots k_si\cdots.$$

对于上述两个排列的关系,我们也可以这样理解:在原排列中先把数i依次与$k_1,k_2,\cdots,k_s,j$做相邻数的对换(共$s+1$次),则原排列化为

$$\cdots k_1k_2\cdots k_sji\cdots;$$

再把所得排列中的数j依次与$k_s,\cdots,k_2,k_1$做相邻数的对换(共s次),就得到新排列

$$\cdots jk_1k_2\cdots k_si\cdots.$$

这样,原排列共经过$2s+1$次相邻数的对换后得到新排列,因此排列的奇偶性发生了改变.

利用定理1,我们可以得到下面的定理.

定理2 **当$n\geqslant 2$时,在$n!$个n级排列中,奇排列与偶排列的个数相等,各为$\frac{n!}{2}$个.**

证明 设有p个不同的n级偶排列,q个不同的n级奇排列,则$p+q=n!$.对这p个偶排列施行同一个对换(i,j),那么由定理1我们得到p个奇排列,且$p\leqslant q$.同理,对这q个奇排列施行同一个对换(i,j),由定理1我们得到q个偶排列,且$q\leqslant p$.故$q=p=\frac{n!}{2}$.

四、n阶行列式的定义

观察三阶行列式

$$\begin{vmatrix} a_{11} & a_{12} & a_{13} \\ a_{21} & a_{22} & a_{23} \\ a_{31} & a_{32} & a_{33} \end{vmatrix} = a_{11}a_{22}a_{33}+a_{12}a_{23}a_{31}+a_{13}a_{21}a_{32} - a_{13}a_{22}a_{31}-a_{12}a_{21}a_{33}-a_{11}a_{23}a_{32},$$

易见:

(1) 三阶行列式共有$3!=6$项.

(2) 每项都是取自不同行、不同列的3个元素的乘积.

(3) 每项的符号满足:当该项各元素的行标按自然序排列后,对应的列标构成的排列若是偶排列,则取正号;若是奇排列,则取负号.

综上所述,三阶行列式可定义为

$$\begin{vmatrix} a_{11} & a_{12} & a_{13} \\ a_{21} & a_{22} & a_{23} \\ a_{31} & a_{32} & a_{33} \end{vmatrix} = \sum_{j_1j_2j_3} (-1)^{\tau(j_1j_2j_3)} a_{1j_1}a_{2j_2}a_{3j_3},$$

其中 $\sum\limits_{j_1j_2j_3}$ 表示对所有的三级排列 $j_1j_2j_3$ 求和.

定义 6 由 n^2 个元素 $a_{ij}(i,j=1,2,\cdots,n)$ 组成的记号

$$\begin{vmatrix} a_{11} & a_{12} & \cdots & a_{1n} \\ a_{21} & a_{22} & \cdots & a_{2n} \\ \vdots & \vdots & & \vdots \\ a_{n1} & a_{n2} & \cdots & a_{nn} \end{vmatrix}$$

称为 n 阶行列式(简称行列式),它表示所有取自不同行、不同列的 n 个元素乘积 $a_{1j_1}a_{2j_2}\cdots a_{nj_n}$ 的代数和,各项的符号满足:当该项各元素的行标按自然序排列后,对应的列标构成的排列若是偶排列,则取正号;若是奇排列,则取负号. 也就是说,

$$\begin{vmatrix} a_{11} & a_{12} & \cdots & a_{1n} \\ a_{21} & a_{22} & \cdots & a_{2n} \\ \vdots & \vdots & & \vdots \\ a_{n1} & a_{n2} & \cdots & a_{nn} \end{vmatrix} = \sum_{j_1j_2\cdots j_n} (-1)^{\tau(j_1j_2\cdots j_n)} a_{1j_1}a_{2j_2}\cdots a_{nj_n},$$

其中 $\sum\limits_{j_1j_2\cdots j_n}$ 表示对所有的 n 级排列 $j_1j_2\cdots j_n$ 求和.

为方便起见,通常把上述 n 阶行列式简记为 $\det(a_{ij})$ 或 $|a_{ij}|_{n\times n}$,有时也简记为 D. 当 $n=1$ 时,一阶行列式 $|a_{11}|_{1\times1}=a_{11}$. 我们也称代数和 $\sum\limits_{j_1j_2\cdots j_n}(-1)^{\tau(j_1j_2\cdots j_n)}a_{1j_1}a_{2j_2}\cdots a_{nj_n}$ 为行列式 $|a_{ij}|_{n\times n}$ 的展开式.

注 (1) 由于所有的 n 级排列总共有 $n!$ 个,因此 n 阶行列式是 $n!$ 项的代数和.

(2) 由于在所有的 n 级排列中,奇排列和偶排列的个数相同,因此在代数和 $\sum\limits_{j_1j_2\cdots j_n}(-1)^{\tau(j_1j_2\cdots j_n)}a_{1j_1}a_{2j_2}\cdots a_{nj_n}$ 中正、负项各占一半.

(3) 由于乘积 $a_{1j_1}a_{2j_2}\cdots a_{nj_n}$ 中各元素的相对顺序可以改变,因此当乘积中各元素的列标按自然序排列时,一般表示为 $a_{i_11}a_{i_22}\cdots a_{i_nn}$,这样的乘积仍然是行列式 $|a_{ij}|_{n\times n}$ 展开式中的一项,而且可以证明,项前的符号为 $(-1)^{\tau(i_1i_2\cdots i_n)}$. 于是,$n$ 阶行列式又可以定义为

$$D=|a_{ij}|_{n\times n}=\sum_{i_1i_2\cdots i_n}(-1)^{\tau(i_1i_2\cdots i_n)}a_{i_11}a_{i_22}\cdots a_{i_nn}.$$

进一步,当乘积 $a_{1j_1}a_{2j_2}\cdots a_{nj_n}$ 中各元素的相对顺序随意改变时,一般表示为 $a_{i_1j_1}a_{i_2j_2}\cdots a_{i_nj_n}$,还可以证明,这样的乘积仍然是行列式 $|a_{ij}|_{n\times n}$ 展开式中的一项,而且项前的符号为 $(-1)^{\tau(i_1i_2\cdots i_n)+\tau(j_1j_2\cdots j_n)}$. 于是,$n$ 阶行列式又可以定义为

$$D=|a_{ij}|_{n\times n}=\sum_{\substack{i_1i_2\cdots i_n \\ (\text{或}j_1j_2\cdots j_n)}}(-1)^{\tau(i_1i_2\cdots i_n)+\tau(j_1j_2\cdots j_n)}a_{i_1j_1}a_{i_2j_2}\cdots a_{i_nj_n}.$$

例 6 计算 n 阶行列式

$$\begin{vmatrix} a_{11} & 0 & \cdots & 0 \\ a_{21} & a_{22} & \cdots & 0 \\ \vdots & \vdots & & \vdots \\ a_{n1} & a_{n2} & \cdots & a_{nn} \end{vmatrix}.$$

解 由行列式的定义,n 阶行列式展开式的一般项为 $(-1)^{\tau(j_1j_2\cdots j_n)}a_{1j_1}a_{2j_2}\cdots a_{nj_n}$. 现考察可能不为 0 的项. 因 a_{1j_1} 取自第一行,但第一行中只有 a_{11} 可能不为 0,故只可能 $a_{1j_1}=a_{11}$(即 $j_1=1$). 又 a_{2j_2} 取自第二行,而该行只有 a_{21} 及 a_{22} 可能不为 0. 因 $a_{1j_1}=a_{11}$ 取自第一列,故 a_{2j_2} 不能取自第一列,从而 $a_{2j_2}=a_{22}$(即 $j_2=2$). 同理,可得 $a_{3j_3}=a_{33}$, $a_{4j_4}=a_{44}$, $\cdots$, $a_{nj_n}=a_{nn}$,因此

$$\begin{vmatrix} a_{11} & 0 & \cdots & 0 \\ a_{21} & a_{22} & \cdots & 0 \\ \vdots & \vdots & & \vdots \\ a_{n1} & a_{n2} & \cdots & a_{nn} \end{vmatrix}=(-1)^{\tau(12\cdots n)}a_{11}a_{22}\cdots a_{nn}=a_{11}a_{22}\cdots a_{nn}.$$

具有像例 6 这种主对角线以上(下)各元素都为 0 的特征的行列式称为下(上)三角形行列式. 例 6 说明,下三角形行列式的值等于主对角线上各元素的乘积. 同理可得,上三角形行列式的值也等于主对角线上各元素的乘积,即

$$\begin{vmatrix} a_{11} & a_{12} & \cdots & a_{1n} \\ 0 & a_{22} & \cdots & a_{2n} \\ \vdots & \vdots & & \vdots \\ 0 & 0 & \cdots & a_{nn} \end{vmatrix}=a_{11}a_{22}\cdots a_{nn}.$$

特别地,对角行列式(主对角线以外的元素均为 0 的行列式) 的值等于主对角线上各元素的乘积,即

$$\begin{vmatrix} a_{11} & 0 & \cdots & 0 \\ 0 & a_{22} & \cdots & 0 \\ \vdots & \vdots & & \vdots \\ 0 & 0 & \cdots & a_{nn} \end{vmatrix}=a_{11}a_{22}\cdots a_{nn}.$$

我们也不难得到

$$\begin{vmatrix} 0 & \cdots & 0 & a_{1n} \\ 0 & \cdots & a_{2,n-1} & a_{2n} \\ \vdots & & \vdots & \vdots \\ a_{n1} & \cdots & a_{n,n-1} & a_{nn} \end{vmatrix}=(-1)^{\tau(n(n-1)\cdots 21)}a_{1n}a_{2,n-1}\cdots a_{n1}$$

$$=(-1)^{\frac{n(n-1)}{2}}a_{1n}a_{2,n-1}\cdots a_{n1}.$$

特别地,有

$$\begin{vmatrix} 0 & \cdots & 0 & a_{1n} \\ 0 & \cdots & a_{2,n-1} & 0 \\ \vdots & & \vdots & \vdots \\ a_{n1} & \cdots & 0 & 0 \end{vmatrix}=(-1)^{\frac{n(n-1)}{2}}a_{1n}a_{2,n-1}\cdots a_{n1}.$$

例 7　计算行列式

$$D=\begin{vmatrix} a & 0 & 0 & b \\ 0 & c & d & 0 \\ 0 & e & f & 0 \\ g & 0 & 0 & h \end{vmatrix}.$$

解　根据行列式的定义，D 是 $4!=24$ 项的代数和，然而在这个代数和里，除了 $acfh$，$adeh$，$bdeg$，$bcfg$ 这 4 项外，其余项都至少含有一个元素 0，因而等于 0. 当上述 4 项中各元素的行标按自然序排列后，其对应的列标构成的排列依次是 1234，1324，4321，4231，因此

$$\begin{aligned} D &= (-1)^{\tau(1234)}acfh+(-1)^{\tau(1324)}adeh+(-1)^{\tau(4321)}bdeg+(-1)^{\tau(4231)}bcfg \\ &= acfh-adeh+bdeg-bcfg. \end{aligned}$$

第二节　行列式的性质

一、行列式的性质

利用行列式的定义来计算较高阶的行列式，计算量是相当大的，因此有必要研究行列式的性质以简化行列式的计算. 此外，这些性质在理论上也具有重要意义.

定义 7　将行列式 D 的行与列互换后所得到的行列式，称为 D 的转置行列式，记为 D^{T} 或 D'，即若

$$D=\begin{vmatrix} a_{11} & a_{12} & \cdots & a_{1n} \\ a_{21} & a_{22} & \cdots & a_{2n} \\ \vdots & \vdots & & \vdots \\ a_{n1} & a_{n2} & \cdots & a_{nn} \end{vmatrix},$$

则

$$D^{\mathrm{T}}=\begin{vmatrix} a_{11} & a_{21} & \cdots & a_{n1} \\ a_{12} & a_{22} & \cdots & a_{n2} \\ \vdots & \vdots & & \vdots \\ a_{1n} & a_{2n} & \cdots & a_{nn} \end{vmatrix}.$$

性质 1　行列式与它的转置行列式相等，即 $D=D^{\mathrm{T}}$.

证明　设行列式 $D=|a_{ij}|_{n\times n}$，且 D^{T} 中位于第 i 行、第 j 列交叉处的元素为 b_{ij}，显然有 $b_{ij}=a_{ji}(i,j=1,2,\cdots,n)$. 根据 n 阶行列式的定义，有

$$D^{\mathrm{T}}=\sum_{j_1j_2\cdots j_n}(-1)^{\tau(j_1j_2\cdots j_n)}b_{1j_1}b_{2j_2}\cdots b_{nj_n}=\sum_{j_1j_2\cdots j_n}(-1)^{\tau(j_1j_2\cdots j_n)}a_{j_11}a_{j_22}\cdots a_{j_nn}=D.$$

由性质 1 知，行列式中的行与列具有相同的地位，行列式的行具有的性质，它的列也同样具有.

性质 2　交换行列式的两行(列)，行列式反号.

证明 设交换行列式

$$D=\begin{vmatrix} a_{11} & a_{12} & \cdots & a_{1n} \\ \vdots & \vdots & & \vdots \\ a_{i1} & a_{i2} & \cdots & a_{in} \\ \vdots & \vdots & & \vdots \\ a_{s1} & a_{s2} & \cdots & a_{sn} \\ \vdots & \vdots & & \vdots \\ a_{n1} & a_{n2} & \cdots & a_{nn} \end{vmatrix} \begin{matrix} \\ \\ (\text{第 } i \text{ 行}) \\ \\ (\text{第 } s \text{ 行}) \\ \\ \\ \end{matrix}$$

的第 i 行和第 s 行$(1 \leqslant i < s \leqslant n)$,得行列式

$$D_1=\begin{vmatrix} a_{11} & a_{12} & \cdots & a_{1n} \\ \vdots & \vdots & & \vdots \\ a_{s1} & a_{s2} & \cdots & a_{sn} \\ \vdots & \vdots & & \vdots \\ a_{i1} & a_{i2} & \cdots & a_{in} \\ \vdots & \vdots & & \vdots \\ a_{n1} & a_{n2} & \cdots & a_{nn} \end{vmatrix} \begin{matrix} \\ \\ (\text{第 } i \text{ 行}) \\ \\ (\text{第 } s \text{ 行}) \\ \\ \\ \end{matrix}.$$

显然,$a_{1j_1}\cdots a_{ij_i}\cdots a_{sj_s}\cdots a_{nj_n}$ 既是 D 中的项,也是 D_1 中的项. 在 D 中,该项前的符号由

$$\tau(1\cdots i\cdots s\cdots n)+\tau(j_1\cdots j_i\cdots j_s\cdots j_n)$$

所确定;在 D_1 中,该项前的符号由

$$\tau(1\cdots s\cdots i\cdots n)+\tau(j_1\cdots j_i\cdots j_s\cdots j_n)$$

所确定. 而排列 $1\cdots i\cdots s\cdots n$ 和排列 $1\cdots s\cdots i\cdots n$ 的奇偶性相反,因此 D_1 中每一项前的符号都与 D 中的对应项相反,于是 $D_1=-D$.

注 交换行列式 D 的第 i,j 两行(列),记为 $r_i \leftrightarrow r_j (c_i \leftrightarrow c_j)$.

推论 若行列式中两行(列)的对应元素完全相同,则此行列式为 0.

证明 交换相同的两行(列),有 $D=-D$,故 $D=0$.

性质 3 行列式某一行(列)的所有元素都乘以数 k,等于用数 k 乘以此行列式,即

$$D_1 \triangleq \begin{vmatrix} a_{11} & a_{12} & \cdots & a_{1n} \\ \vdots & \vdots & & \vdots \\ ka_{i1} & ka_{i2} & \cdots & ka_{in} \\ \vdots & \vdots & & \vdots \\ a_{n1} & a_{n2} & \cdots & a_{nn} \end{vmatrix} = k \begin{vmatrix} a_{11} & a_{12} & \cdots & a_{1n} \\ \vdots & \vdots & & \vdots \\ a_{i1} & a_{i2} & \cdots & a_{in} \\ \vdots & \vdots & & \vdots \\ a_{n1} & a_{n2} & \cdots & a_{nn} \end{vmatrix} \triangleq kD.$$

证明 根据行列式的定义,有

$$\begin{aligned} D_1 &= \sum_{j_1 j_2 \cdots j_n} (-1)^{\tau(j_1 j_2 \cdots j_n)} a_{1j_1} \cdots (ka_{ij_i}) \cdots a_{nj_n} \\ &= k \sum_{j_1 j_2 \cdots j_n} (-1)^{\tau(j_1 j_2 \cdots j_n)} a_{1j_1} \cdots a_{ij_i} \cdots a_{nj_n} \\ &= kD. \end{aligned}$$

注 将行列式 D 的第 i 行(列)所有元素都乘以数 k,记为 $r_i \times k (c_i \times k)$.

推论 1　行列式的某一行(列)中所有元素的公因子可以提到行列式的外面.

结合性质 3 和性质 2 的推论可得到下面的推论.

推论 2　在一个行列式中,若两行(列)的对应元素成比例,则此行列式为 0.

性质 4　若行列式的某一行(列)的元素都是两数之和,则行列式可按该行(列)分解为两个行列式之和,如

$$D=\begin{vmatrix} a_{11} & a_{12} & \cdots & a_{1n} \\ \vdots & \vdots & & \vdots \\ b_{i1}+c_{i1} & b_{i2}+c_{i2} & \cdots & b_{in}+c_{in} \\ \vdots & \vdots & & \vdots \\ a_{n1} & a_{n2} & \cdots & a_{nn} \end{vmatrix},$$

$$=\begin{vmatrix} a_{11} & a_{12} & \cdots & a_{1n} \\ \vdots & \vdots & & \vdots \\ b_{i1} & b_{i2} & \cdots & b_{in} \\ \vdots & \vdots & & \vdots \\ a_{n1} & a_{n2} & \cdots & a_{nn} \end{vmatrix}+\begin{vmatrix} a_{11} & a_{12} & \cdots & a_{1n} \\ \vdots & \vdots & & \vdots \\ c_{i1} & c_{i2} & \cdots & c_{in} \\ \vdots & \vdots & & \vdots \\ a_{n1} & a_{n2} & \cdots & a_{nn} \end{vmatrix}\triangleq D_1+D_2.$$

证明　$D=\sum\limits_{j_1j_2\cdots j_n}(-1)^{\tau(j_1j_2\cdots j_n)}a_{1j_1}\cdots(b_{ij_i}+c_{ij_i})\cdots a_{nj_n}$

$=\sum\limits_{j_1j_2\cdots j_n}(-1)^{\tau(j_1j_2\cdots j_n)}a_{1j_1}\cdots b_{ij_i}\cdots a_{nj_n}+\sum\limits_{j_1j_2\cdots j_n}(-1)^{\tau(j_1j_2\cdots j_n)}a_{1j_1}\cdots c_{ij_i}\cdots a_{nj_n}$

$=D_1+D_2.$

性质 5　将行列式某一行(列)的所有元素都乘以数 k 后加到另一行(列)对应元素上,行列式的值不变.

证明　以数 k 乘以行列式 $D=|a_{ij}|_{n\times n}$ 的第 i 行后加到第 j 行上(不妨设 $j>i$),则有

$$\begin{vmatrix} a_{11} & a_{12} & \cdots & a_{1n} \\ \vdots & \vdots & & \vdots \\ a_{i1} & a_{i2} & \cdots & a_{in} \\ \vdots & \vdots & & \vdots \\ a_{j1}+ka_{i1} & a_{j2}+ka_{i2} & \cdots & a_{jn}+ka_{in} \\ \vdots & \vdots & & \vdots \\ a_{n1} & a_{n2} & \cdots & a_{nn} \end{vmatrix}\triangleq D_1.$$

根据性质 4 以及性质 3 的推论 2,有

$$D_1=\begin{vmatrix} a_{11} & a_{12} & \cdots & a_{1n} \\ \vdots & \vdots & & \vdots \\ a_{i1} & a_{i2} & \cdots & a_{in} \\ \vdots & \vdots & & \vdots \\ a_{j1} & a_{j2} & \cdots & a_{jn} \\ \vdots & \vdots & & \vdots \\ a_{n1} & a_{n2} & \cdots & a_{nn} \end{vmatrix}+\begin{vmatrix} a_{11} & a_{12} & \cdots & a_{1n} \\ \vdots & \vdots & & \vdots \\ a_{i1} & a_{i2} & \cdots & a_{in} \\ \vdots & \vdots & & \vdots \\ ka_{i1} & ka_{i2} & \cdots & ka_{in} \\ \vdots & \vdots & & \vdots \\ a_{n1} & a_{n2} & \cdots & a_{nn} \end{vmatrix}=D+0=D.$$

注 以数 k 乘以行列式第 j 行(列)后加到第 i 行(列)上,记为 $r_i+kr_j(c_i+kc_j)$.

二、利用行列式的性质计算行列式

计算行列式时,常利用行列式的性质把它化为上(下)三角形行列式来计算. 计算方法如下:

如果第一列(行)的第一个元素为 0,则先将第一行(列)与其他行(列)交换,使得第一列(行)的第一个元素不为 0;然后把第一行(列)分别乘以适当的数后加到其他各行(列)上,使得第一列(行)除第一个元素外其余元素全为 0. 再用同样的方法处理除去第一行(列)和第一列(行)后余下的低一阶的行列式,如此下去,直至使它成为上(下)三角形行列式. 这时主对角线上各元素的乘积就是行列式的值.

例 1 计算行列式

$$D=\begin{vmatrix}0&-1&-1&2\\1&-1&0&2\\-1&2&-1&0\\2&1&1&0\end{vmatrix}.$$

解 $$D=\begin{vmatrix}0&-1&-1&2\\1&-1&0&2\\-1&2&-1&0\\2&1&1&0\end{vmatrix}\xlongequal{r_1\leftrightarrow r_2}-\begin{vmatrix}1&-1&0&2\\0&-1&-1&2\\-1&2&-1&0\\2&1&1&0\end{vmatrix}$$

$$\xlongequal[r_4-2r_1]{r_3+r_1}-\begin{vmatrix}1&-1&0&2\\0&-1&-1&2\\0&1&-1&2\\0&3&1&-4\end{vmatrix}\xlongequal[r_4+3r_2]{r_3+r_2}-\begin{vmatrix}1&-1&0&2\\0&-1&-1&2\\0&0&-2&4\\0&0&-2&2\end{vmatrix}$$

$$\xlongequal{r_4-r_3}-\begin{vmatrix}1&-1&0&2\\0&-1&-1&2\\0&0&-2&4\\0&0&0&-2\end{vmatrix}=4.$$

例 2 计算 n 阶行列式

$$D_n=\begin{vmatrix}x-a&a&a&\cdots&a\\a&x-a&a&\cdots&a\\a&a&x-a&\cdots&a\\\vdots&\vdots&\vdots&&\vdots\\a&a&a&\cdots&x-a\end{vmatrix}.$$

解 **方法一** 注意到该行列式中各行(列)所有元素之和都为 $x+(n-2)a$,故可把第 $2,3,\cdots,n$ 列均乘以 1 后加到第一列上,并提出公因子 $x+(n-2)a$,然后把第一行乘以 -1 后加到其余各行上,将行列式化为上三角形行列式:

$$D_n=[x+(n-2)a]\begin{vmatrix}1 & a & a & \cdots & a\\1 & x-a & a & \cdots & a\\1 & a & x-a & \cdots & a\\\vdots & \vdots & \vdots & & \vdots\\1 & a & a & \cdots & x-a\end{vmatrix}$$

$$=[x+(n-2)a]\begin{vmatrix}1 & a & a & \cdots & a\\0 & x-2a & 0 & \cdots & 0\\0 & 0 & x-2a & \cdots & 0\\\vdots & \vdots & \vdots & & \vdots\\0 & 0 & 0 & \cdots & x-2a\end{vmatrix}$$

$$=[x+(n-2)a](x-2a)^{n-1}.$$

方法二 将行列式的第一行乘以 -1 后加到其余各行上(所得的行列式称为爪形行列式或箭形行列式):

$$D_n=\begin{vmatrix}x-a & a & a & \cdots & a\\2a-x & x-2a & 0 & \cdots & 0\\2a-x & 0 & x-2a & \cdots & 0\\\vdots & \vdots & \vdots & & \vdots\\2a-x & 0 & 0 & \cdots & x-2a\end{vmatrix}$$

$$\xlongequal[(i=2,3,\cdots,n)]{c_1+c_i}\begin{vmatrix}x+(n-2)a & a & a & \cdots & a\\0 & x-2a & 0 & \cdots & 0\\0 & 0 & x-2a & \cdots & 0\\\vdots & \vdots & \vdots & & \vdots\\0 & 0 & 0 & \cdots & x-2a\end{vmatrix}$$

$$=[x+(n-2)a](x-2a)^{n-1}.$$

例 3 设行列式

$$D=\begin{vmatrix}a_{11} & \cdots & a_{1k} & 0 & \cdots & 0\\\vdots & & \vdots & \vdots & & \vdots\\a_{k1} & \cdots & a_{kk} & 0 & \cdots & 0\\c_{11} & \cdots & c_{1k} & b_{11} & \cdots & b_{1n}\\\vdots & & \vdots & \vdots & & \vdots\\c_{n1} & \cdots & c_{nk} & b_{n1} & \cdots & b_{nn}\end{vmatrix},$$

$$D_1=\begin{vmatrix}a_{11} & \cdots & a_{1k}\\\vdots & & \vdots\\a_{k1} & \cdots & a_{kk}\end{vmatrix},\quad D_2=\begin{vmatrix}b_{11} & \cdots & b_{1n}\\\vdots & & \vdots\\b_{n1} & \cdots & b_{nn}\end{vmatrix},$$

证明:$D=D_1D_2$.

证明 对 D_1 做 r_i+kr_j 型变换,把 D_1 化为下三角形行列式,记为

$$D_1=\begin{vmatrix} p_{11} & & \\ \vdots & \ddots & \\ p_{k1} & \cdots & p_{kk} \end{vmatrix}=p_{11}p_{22}\cdots p_{kk}$$ （行列式中空白处的元素全为 0，后同）.

对 D_2 做 c_i+kc_j 型变换，把 D_2 化为下三角形行列式，记为

$$D_2=\begin{vmatrix} q_{11} & & \\ \vdots & \ddots & \\ q_{n1} & \cdots & q_{nn} \end{vmatrix}=q_{11}q_{22}\cdots q_{nn}.$$

这样，对 D 的前 k 行做 r_i+kr_j 型变换，再对后 n 列做 c_i+kc_j 型变换，就把 D 化为下三角形行列式：

$$D=\begin{vmatrix} p_{11} & & & & & \\ \vdots & \ddots & & & & \\ p_{k1} & \cdots & p_{kk} & & & \\ c_{11} & \cdots & c_{1k} & q_{11} & & \\ \vdots & & \vdots & \vdots & \ddots & \\ c_{n1} & \cdots & c_{nk} & q_{n1} & \cdots & q_{nn} \end{vmatrix}.$$

故

$$D=p_{11}p_{22}\cdots p_{kk}q_{11}q_{22}\cdots q_{nn}=D_1D_2.$$

下面介绍两类特殊的行列式.

定义 8 在 n 阶行列式 $D=|a_{ij}|_{n\times n}$ 中，若有 $a_{ij}=a_{ji}(i,j=1,2,\cdots,n)$，则称 D 为对称行列式；若有 $a_{ij}=-a_{ji}(i,j=1,2,\cdots,n)$，则称 D 为反对称行列式.

例如，

$$\begin{vmatrix} 1 & -3 & 5 \\ -3 & -7 & 4 \\ 5 & 4 & 0 \end{vmatrix},\quad \begin{vmatrix} 0 & -3 & 5 \\ 3 & 0 & 4 \\ -5 & -4 & 0 \end{vmatrix}$$

分别为对称行列式和反对称行列式.

例 4 证明：奇数阶反对称行列式的值等于 0.

证明 设反对称行列式为

$$D=\begin{vmatrix} 0 & a_{12} & \cdots & a_{1n} \\ -a_{12} & 0 & \cdots & a_{2n} \\ \vdots & \vdots & & \vdots \\ -a_{1n} & -a_{2n} & \cdots & 0 \end{vmatrix},$$

其阶数 n 为奇数. 根据行列式的性质 1 及性质 3，有

$$D=D^{\mathrm{T}}=\begin{vmatrix} 0 & -a_{12} & \cdots & -a_{1n} \\ a_{12} & 0 & \cdots & -a_{2n} \\ \vdots & \vdots & & \vdots \\ a_{1n} & a_{2n} & \cdots & 0 \end{vmatrix}=(-1)^n\begin{vmatrix} 0 & a_{12} & \cdots & a_{1n} \\ -a_{12} & 0 & \cdots & a_{2n} \\ \vdots & \vdots & & \vdots \\ -a_{1n} & -a_{2n} & \cdots & 0 \end{vmatrix}$$

$$=(-1)^nD=-D,$$

于是 $D=0$.

第三节　行列式按行(列)展开

一、行列式按一行(列)展开

引例　对三阶行列式来说,不难验证:

$$\begin{vmatrix} a_{11} & a_{12} & a_{13} \\ a_{21} & a_{22} & a_{23} \\ a_{31} & a_{32} & a_{33} \end{vmatrix} = a_{11}\begin{vmatrix} a_{22} & a_{23} \\ a_{32} & a_{33} \end{vmatrix} - a_{12}\begin{vmatrix} a_{21} & a_{23} \\ a_{31} & a_{33} \end{vmatrix} + a_{13}\begin{vmatrix} a_{21} & a_{22} \\ a_{31} & a_{32} \end{vmatrix}.$$

这就表明,我们可以将三阶行列式转化成二阶行列式来计算.于是,人们自然会想到:一般的阶数较高的行列式与阶数较低的行列式之间有没有一定的联系呢?如果这种联系存在并且为人们所把握,那么就提供了一种把高阶行列式转化为低阶行列式的计算方法.为此,先引入余子式和代数余子式的概念.

定义 9　在 n 阶行列式 D 中,去掉元素 a_{ij} 所在的第 i 行和第 j 列后余下的 $n-1$ 阶行列式,称为 D 中元素 a_{ij} 的余子式,记为 M_{ij}.再记 $A_{ij}=(-1)^{i+j}M_{ij}$,称 A_{ij} 为元素 a_{ij} 的代数余子式.

对于上述引例,记行列式 $D=\begin{vmatrix} a_{11} & a_{12} & a_{13} \\ a_{21} & a_{22} & a_{23} \\ a_{31} & a_{32} & a_{33} \end{vmatrix}$,则 D 中元素 a_{11} 的余子式和代数余子式分别为 $M_{11}=\begin{vmatrix} a_{22} & a_{23} \\ a_{32} & a_{33} \end{vmatrix}$,$A_{11}=(-1)^{1+1}\begin{vmatrix} a_{22} & a_{23} \\ a_{32} & a_{33} \end{vmatrix}=M_{11}$,并且引例的结果可表示为

$$D=a_{11}A_{11}+a_{12}A_{12}+a_{13}A_{13}.$$

为对更一般的情形进行讨论,先证明一个引理.

引理　对于 n 阶行列式 D,如果其中第 i 行元素除 a_{ij} 外全部为 0,那么 D 等于 a_{ij} 与其代数余子式的乘积,即

$$D=a_{ij}A_{ij}.$$

证明　先证 $i=j=1$ 的情形,即

$$D=\begin{vmatrix} a_{11} & 0 & 0 & \cdots & 0 \\ a_{21} & a_{22} & a_{23} & \cdots & a_{2n} \\ \vdots & \vdots & \vdots & & \vdots \\ a_{n1} & a_{n2} & a_{n3} & \cdots & a_{nn} \end{vmatrix} = \sum_{1j_2j_3\cdots j_n}(-1)^{\tau(1j_2j_3\cdots j_n)}a_{11}a_{2j_2}a_{3j_3}\cdots a_{nj_n}$$

$$=a_{11}\sum_{j_2j_3\cdots j_n}(-1)^{\tau(j_2j_3\cdots j_n)}a_{2j_2}a_{3j_3}\cdots a_{nj_n}=a_{11}M_{11}$$

$$=a_{11}\times(-1)^{1+1}M_{11}=a_{11}A_{11}.$$

对于一般情形,只要适当交换 D 的行与列的位置,即可得到结论.

定理 3　**行列式等于它的任一行(列)的各元素与其代数余子式的乘积之和,即**

$$D = a_{i1}A_{i1} + a_{i2}A_{i2} + \cdots + a_{in}A_{in} \quad (i = 1,2,\cdots,n)$$

或

$$D = a_{1j}A_{1j} + a_{2j}A_{2j} + \cdots + a_{nj}A_{nj} \quad (j = 1,2,\cdots,n).$$

证明 $D = \begin{vmatrix} a_{11} & a_{12} & \cdots & a_{1n} \\ \vdots & \vdots & & \vdots \\ a_{i1}+0+\cdots+0 & 0+a_{i2}+\cdots+0 & \cdots & 0+0+\cdots+a_{in} \\ \vdots & \vdots & & \vdots \\ a_{n1} & a_{n2} & \cdots & a_{nn} \end{vmatrix}$

$$= \begin{vmatrix} a_{11} & a_{12} & \cdots & a_{1n} \\ \vdots & \vdots & & \vdots \\ a_{i1} & 0 & \cdots & 0 \\ \vdots & \vdots & & \vdots \\ a_{n1} & a_{n2} & \cdots & a_{nn} \end{vmatrix} + \begin{vmatrix} a_{11} & a_{12} & \cdots & a_{1n} \\ \vdots & \vdots & & \vdots \\ 0 & a_{i2} & \cdots & 0 \\ \vdots & \vdots & & \vdots \\ a_{n1} & a_{n2} & \cdots & a_{nn} \end{vmatrix} + \cdots + \begin{vmatrix} a_{11} & a_{12} & \cdots & a_{1n} \\ \vdots & \vdots & & \vdots \\ 0 & 0 & \cdots & a_{in} \\ \vdots & \vdots & & \vdots \\ a_{n1} & a_{n2} & \cdots & a_{nn} \end{vmatrix}$$

$$= a_{i1}A_{i1} + a_{i2}A_{i2} + \cdots + a_{in}A_{in} \quad (i = 1,2,\cdots,n).$$

同理可得 D 按列展开的公式.

推论 行列式的某一行(列)的各元素与另一行(列)对应元素的代数余子式的乘积之和等于 0,即

$$a_{i1}A_{j1} + a_{i2}A_{j2} + \cdots + a_{in}A_{jn} = 0 \quad (i \neq j; i,j = 1,2,\cdots,n)$$

或

$$a_{1i}A_{1j} + a_{2i}A_{2j} + \cdots + a_{ni}A_{nj} = 0 \quad (i \neq j; i,j = 1,2,\cdots,n).$$

证明 $a_{j1}A_{j1} + a_{j2}A_{j2} + \cdots + a_{jn}A_{jn} = \begin{vmatrix} a_{11} & a_{12} & \cdots & a_{1n} \\ \vdots & \vdots & & \vdots \\ a_{i1} & a_{i2} & \cdots & a_{in} \\ \vdots & \vdots & & \vdots \\ a_{j1} & a_{j2} & \cdots & a_{jn} \\ \vdots & \vdots & & \vdots \\ a_{n1} & a_{n2} & \cdots & a_{nn} \end{vmatrix}$.

将上式中的 a_{jk} 换成 $a_{ik}(k = 1,2,\cdots,n)$,可得

$$a_{i1}A_{j1} + a_{i2}A_{j2} + \cdots + a_{in}A_{jn} = \begin{vmatrix} a_{11} & a_{12} & \cdots & a_{1n} \\ \vdots & \vdots & & \vdots \\ a_{i1} & a_{i2} & \cdots & a_{in} \\ \vdots & \vdots & & \vdots \\ a_{i1} & a_{i2} & \cdots & a_{in} \\ \vdots & \vdots & & \vdots \\ a_{n1} & a_{n2} & \cdots & a_{nn} \end{vmatrix} = 0 \quad (i \neq j; i,j = 1,2,\cdots,n).$$

同理可证

$$a_{1i}A_{1j} + a_{2i}A_{2j} + \cdots + a_{ni}A_{nj} = 0 \quad (i \neq j; i,j = 1,2,\cdots,n).$$

综上所述,可得到有关代数余子式的一个重要性质:

$$a_{i1}A_{j1}+a_{i2}A_{j2}+\cdots+a_{in}A_{jn}=\begin{cases}D, & i=j,\\ 0, & i\neq j\end{cases}\quad (i,j=1,2,\cdots,n)$$

或

$$a_{1i}A_{1j}+a_{2i}A_{2j}+\cdots+a_{ni}A_{nj}=\begin{cases}D, & i=j,\\ 0, & i\neq j\end{cases}\quad (i,j=1,2,\cdots,n).$$

直接利用定理 3 展开计算行列式,运算量较大,尤其是对高阶行列式.因此,在计算行列式时,一般可先用行列式的性质将其某一行(列)化为仅含一个非零元素的情形,再按此行(列)展开,将其化为低一阶的行列式,如此下去,直到化为三阶行列式、二阶行列式或上(下)三角形行列式.

例 1　计算行列式

$$D=\begin{vmatrix}1 & 2 & 3 & 4\\ 1 & 0 & 1 & 2\\ 3 & -1 & -1 & 0\\ 1 & 2 & 0 & -5\end{vmatrix}.$$

解　$D=\begin{vmatrix}1 & 2 & 3 & 4\\ 1 & 0 & 1 & 2\\ 3 & -1 & -1 & 0\\ 1 & 2 & 0 & -5\end{vmatrix}\xlongequal[c_4-2c_1]{c_3-c_1}\begin{vmatrix}1 & 2 & 2 & 2\\ 1 & 0 & 0 & 0\\ 3 & -1 & -4 & -6\\ 1 & 2 & -1 & -7\end{vmatrix}$

$=1\times(-1)^{2+1}\begin{vmatrix}2 & 2 & 2\\ -1 & -4 & -6\\ 2 & -1 & -7\end{vmatrix}=2\begin{vmatrix}1 & 1 & 1\\ 1 & 4 & 6\\ 2 & -1 & -7\end{vmatrix}$

$\xlongequal[c_3-c_1]{c_2-c_1}2\begin{vmatrix}1 & 0 & 0\\ 1 & 3 & 5\\ 2 & -3 & -9\end{vmatrix}=2\times1\times(-1)^{1+1}\begin{vmatrix}3 & 5\\ -3 & -9\end{vmatrix}$

$=2\times(-27+15)=-24.$

例 2　计算行列式

$$D=\begin{vmatrix}1+x & 1 & 1 & 1\\ 1 & 1-x & 1 & 1\\ 1 & 1 & 1+y & 1\\ 1 & 1 & 1 & 1-y\end{vmatrix}.$$

解　加边法　当 $x=0$ 或 $y=0$ 时,显然 $D=0$.现假设 $x\neq0$ 且 $y\neq0$,由引理知

$$D=\begin{vmatrix}1 & 1 & 1 & 1 & 1\\ 0 & 1+x & 1 & 1 & 1\\ 0 & 1 & 1-x & 1 & 1\\ 0 & 1 & 1 & 1+y & 1\\ 0 & 1 & 1 & 1 & 1-y\end{vmatrix}\xlongequal[\substack{r_4-r_1\\ r_5-r_1}]{\substack{r_2-r_1\\ r_3-r_1}}\begin{vmatrix}1 & 1 & 1 & 1 & 1\\ -1 & x & 0 & 0 & 0\\ -1 & 0 & -x & 0 & 0\\ -1 & 0 & 0 & y & 0\\ -1 & 0 & 0 & 0 & -y\end{vmatrix}$$

$$\xlongequal[\substack{c_1+\frac{1}{y}c_4\\ c_1-\frac{1}{y}c_5}]{\substack{c_1+\frac{1}{x}c_2\\ c_1-\frac{1}{x}c_3}}\begin{vmatrix}1&1&1&1&1\\0&x&0&0&0\\0&0&-x&0&0\\0&0&0&y&0\\0&0&0&0&-y\end{vmatrix}=x^2y^2.$$

例 3 计算 n 阶行列式

$$D_n=\begin{vmatrix}x&-1&0&\cdots&0&0\\0&x&-1&\cdots&0&0\\0&0&x&\cdots&0&0\\\vdots&\vdots&\vdots&&\vdots&\vdots\\0&0&0&\cdots&x&-1\\a_n&a_{n-1}&a_{n-2}&\cdots&a_2&x+a_1\end{vmatrix}.$$

解　方法一(递推法)　按第一列展开,得

$$D_n=x\begin{vmatrix}x&-1&0&\cdots&0&0\\0&x&-1&\cdots&0&0\\0&0&x&\cdots&0&0\\\vdots&\vdots&\vdots&&\vdots&\vdots\\0&0&0&\cdots&x&-1\\a_{n-1}&a_{n-2}&a_{n-3}&\cdots&a_2&x+a_1\end{vmatrix}+(-1)^{n+1}a_n\begin{vmatrix}-1&0&\cdots&0&0\\x&-1&\cdots&0&0\\0&x&\cdots&0&0\\\vdots&\vdots&&\vdots&\vdots\\0&0&\cdots&x&-1\end{vmatrix},$$

上式右端第一个 $n-1$ 阶行列式和 D_n 有相同的形式,把它记作 D_{n-1},第二个 $n-1$ 阶行列式等于$(-1)^{n-1}$,所以

$$D_n=xD_{n-1}+a_n.$$

这个式子对任何 $n(n\geqslant 2)$ 都成立,因此有

$$\begin{aligned}D_n&=xD_{n-1}+a_n=x(xD_{n-2}+a_{n-1})+a_n\\&=x^2D_{n-2}+a_{n-1}x+a_n=\cdots\\&=x^{n-1}D_1+a_2x^{n-2}+\cdots+a_{n-1}x+a_n.\end{aligned}$$

而 $D_1=|x+a_1|=x+a_1$,所以

$$D_n=x^n+a_1x^{n-1}+a_2x^{n-2}+\cdots+a_n.$$

方法二(数学归纳法)　当 $n=2$ 时,有

$$D_2=\begin{vmatrix}x&-1\\a_2&x+a_1\end{vmatrix}=x^2+a_1x+a_2.$$

假设 $D_{n-1}=x^{n-1}+a_1x^{n-2}+a_2x^{n-3}+\cdots+a_{n-1}$ 成立,下面证明对于 n 阶行列式 D_n,$D_n=x^n+a_1x^{n-1}+a_2x^{n-2}+\cdots+a_n$ 也成立.

同方法一有

$$D_n=xD_{n-1}+a_n,$$

将 D_{n-1} 代入上式得

$$D_n=x(x^{n-1}+a_1x^{n-2}+a_2x^{n-3}+\cdots+a_{n-1})+a_n$$

$$=x^n+a_1x^{n-1}+a_2x^{n-2}+\cdots+a_n,$$

由数学归纳法知结论成立.

例 4 计算范德蒙德(Vandermonde)行列式

$$D_n=\begin{vmatrix}1&1&1&\cdots&1\\a_1&a_2&a_3&\cdots&a_n\\a_1^2&a_2^2&a_3^2&\cdots&a_n^2\\\vdots&\vdots&\vdots&&\vdots\\a_1^{n-1}&a_2^{n-1}&a_3^{n-1}&\cdots&a_n^{n-1}\end{vmatrix}\quad(n\geqslant 2).$$

解 从最后一行开始,每一行减去与它相邻的前一行的 a_1 倍(相当于前一行乘以 $-a_1$ 后加到后一行上),得

$$D_n=\begin{vmatrix}1&1&1&\cdots&1\\0&a_2-a_1&a_3-a_1&\cdots&a_n-a_1\\0&a_2(a_2-a_1)&a_3(a_3-a_1)&\cdots&a_n(a_n-a_1)\\\vdots&\vdots&\vdots&&\vdots\\0&a_2^{n-2}(a_2-a_1)&a_3^{n-2}(a_3-a_1)&\cdots&a_n^{n-2}(a_n-a_1)\end{vmatrix}.$$

提出每一列的公因子并按第一列展开,得

$$D_n=(a_2-a_1)(a_3-a_1)\cdots(a_n-a_1)\begin{vmatrix}1&1&\cdots&1\\a_2&a_3&\cdots&a_n\\a_2^2&a_3^2&\cdots&a_n^2\\\vdots&\vdots&&\vdots\\a_2^{n-2}&a_3^{n-2}&\cdots&a_n^{n-2}\end{vmatrix}.$$

上式右边的行列式仍是一个 $n-1$ 阶范德蒙德行列式,我们用 D_{n-1} 来表示,则有

$$D_n=(a_2-a_1)(a_3-a_1)\cdots(a_n-a_1)D_{n-1}.$$

同样得

$$D_{n-1}=(a_3-a_2)(a_4-a_2)\cdots(a_n-a_2)D_{n-2},$$

此处 D_{n-2} 是一个 $n-2$ 阶范德蒙德行列式.如此继续下去,最后得

$$\begin{aligned}D_n&=(a_2-a_1)(a_3-a_1)\cdots(a_n-a_1)(a_3-a_2)\cdots(a_n-a_2)\cdots(a_n-a_{n-1})\\&=\prod_{1\leqslant j<i\leqslant n}(a_i-a_j).\end{aligned}$$

利用范德蒙德行列式的结论,有

$$\begin{vmatrix}1&1&1&1\\1&2&3&4\\1&4&9&16\\1&8&27&64\end{vmatrix}=\begin{vmatrix}1&1&1&1\\1&2&3&4\\1&2^2&3^2&4^2\\1&2^3&3^3&4^3\end{vmatrix}=(2-1)(3-1)(4-1)(3-2)(4-2)(4-3)=12.$$

例 5 已知四阶行列式 D_4 的第二行元素分别为 $1,-5,0,8$.

(1) 若 $D_4=4$,且第二行元素的代数余子式分别为 $4,a,-3,2$,求 a 的值;

(2) 当 D_4 的第四行元素的余子式依次为 $4,a,-3,2$ 时,求 a 的值.

解 (1) 依题意,可设

$$D_4=\begin{vmatrix} a_{11} & a_{12} & a_{13} & a_{14} \\ 1 & -5 & 0 & 8 \\ a_{31} & a_{32} & a_{33} & a_{34} \\ a_{41} & a_{42} & a_{43} & a_{44} \end{vmatrix}=4.$$

由定理 3,得

$$a_{21}A_{21}+a_{22}A_{22}+a_{23}A_{23}+a_{24}A_{24}=D_4,$$

即

$$1\times 4+(-5)\times a+0\times(-3)+8\times 2=4,$$

解得 $a=\dfrac{16}{5}$.

(2) 由定理 3 的推论,得

$$a_{21}A_{41}+a_{22}A_{42}+a_{23}A_{43}+a_{24}A_{44}=0,$$

即

$$1\times(-1)^{4+1}\times 4+(-5)\times(-1)^{4+2}\times a+0\times(-1)^{4+3}\times(-3)+8\times(-1)^{4+4}\times 2=0,$$

解得 $a=\dfrac{12}{5}$.

*二、拉普拉斯定理

定义 10 在 n 阶行列式 D 中,任意选定 k 行、k 列($1\leqslant k\leqslant n$),位于这些行和列交叉处的 k^2 个元素,按原来的顺序排列构成的一个 k 阶行列式 L,称为 D 的一个 k 阶子式;划去这 k 行、k 列后,余下的元素按原来的顺序排列构成的一个 $n-k$ 阶行列式 M,称为 k 阶子式 L 的余子式;在 M 前面冠以符号 $(-1)^{i_1+i_2+\cdots+i_k+j_1+j_2+\cdots+j_k}$ 后,所得到的一个 $n-k$ 阶行列式 $A=(-1)^{i_1+i_2+\cdots+i_k+j_1+j_2+\cdots+j_k}M$,称为 k 阶子式 L 的代数余子式,其中 $i_1,i_2,\cdots,i_k$ 为 k 阶子式 L 在 D 中的行的标号,$j_1,j_2,\cdots,j_k$ 为 k 阶子式 L 在 D 中的列的标号.

显然,当 $k=1$ 时,定义 10 中的余子式和代数余子式就是定义 9 中的余子式和代数余子式,因此定义 10 是定义 9 的推广.

定理 4 [拉普拉斯(Laplace)定理] **在 n 阶行列式 D 中,任意取定 k 行(列)($1\leqslant k\leqslant n-1$),由这 k 行(列)组成的所有 k 阶子式与它们的代数余子式的乘积之和等于 D.**

证明略.

注 行列式按一行(列)展开是拉普拉斯定理中 $k=1$ 时的特殊情况.

例 6 利用拉普拉斯定理计算行列式

$$D=\begin{vmatrix} 2 & 3 & 0 & 0 \\ 1 & 2 & 3 & 0 \\ 0 & 1 & 2 & 3 \\ 0 & 0 & 1 & 2 \end{vmatrix}.$$

解 按第一行和第二行展开,得

$$
\begin{aligned}
D&=\begin{vmatrix}2&3&0&0\\1&2&3&0\\0&1&2&3\\0&0&1&2\end{vmatrix}\\
&=\begin{vmatrix}2&3\\1&2\end{vmatrix}\times(-1)^{1+2+1+2}\begin{vmatrix}2&3\\1&2\end{vmatrix}+\begin{vmatrix}2&0\\1&3\end{vmatrix}\times(-1)^{1+2+1+3}\begin{vmatrix}1&3\\0&2\end{vmatrix}\\
&\quad+\begin{vmatrix}3&0\\2&3\end{vmatrix}\times(-1)^{1+2+2+3}\begin{vmatrix}0&3\\0&2\end{vmatrix}\\
&=1-12+0=-11.
\end{aligned}
$$

例 7 利用拉普拉斯定理证明第二节的例 3,即证明:

$$
\begin{vmatrix}a_{11}&\cdots&a_{1k}&0&\cdots&0\\\vdots&&\vdots&\vdots&&\vdots\\a_{k1}&\cdots&a_{kk}&0&\cdots&0\\c_{11}&\cdots&c_{1k}&b_{11}&\cdots&b_{1n}\\\vdots&&\vdots&\vdots&&\vdots\\c_{n1}&\cdots&c_{nk}&b_{n1}&\cdots&b_{nn}\end{vmatrix}=\begin{vmatrix}a_{11}&\cdots&a_{1k}\\\vdots&&\vdots\\a_{k1}&\cdots&a_{kk}\end{vmatrix}\begin{vmatrix}b_{11}&\cdots&b_{1n}\\\vdots&&\vdots\\b_{n1}&\cdots&b_{nn}\end{vmatrix}.
$$

证明 在所给等式的 $k+n$ 阶行列式中,取定前 k 行,由这 k 行元素组成的所有 k 阶子式中,只有取前 k 列时的子式可能不等于 0. 根据拉普拉斯定理,得

$$
\begin{aligned}
\text{左边}&=\begin{vmatrix}a_{11}&\cdots&a_{1k}\\\vdots&&\vdots\\a_{k1}&\cdots&a_{kk}\end{vmatrix}\times(-1)^{1+2+\cdots+k+1+2+\cdots+k}\begin{vmatrix}b_{11}&\cdots&b_{1n}\\\vdots&&\vdots\\b_{n1}&\cdots&b_{nn}\end{vmatrix}\\
&=\begin{vmatrix}a_{11}&\cdots&a_{1k}\\\vdots&&\vdots\\a_{k1}&\cdots&a_{kk}\end{vmatrix}\begin{vmatrix}b_{11}&\cdots&b_{1n}\\\vdots&&\vdots\\b_{n1}&\cdots&b_{nn}\end{vmatrix}=\text{右边}.
\end{aligned}
$$

第四节 克拉默法则

在第一节中我们曾经指出,三元线性方程组

$$
\begin{cases}a_{11}x_1+a_{12}x_2+a_{13}x_3=b_1,\\a_{21}x_1+a_{22}x_2+a_{23}x_3=b_2,\\a_{31}x_1+a_{32}x_2+a_{33}x_3=b_3\end{cases}
$$

在系数行列式 $D\neq 0$ 的条件下,有唯一解

$$
x_1=\frac{D_1}{D},\quad x_2=\frac{D_2}{D},\quad x_3=\frac{D_3}{D},
$$

其中 $D_j\,(j=1,2,3)$ 是把系数行列式 D 的第 j 列元素换成该方程组的常数项 b_1,b_2,b_3 而得到的三阶行列式.

对于更一般的线性方程组，是否有类似的结果？答案是肯定的. 在引入克拉默(Cramer)法则之前，我们先介绍有关 n 元线性方程组的概念.

含有 n 个未知量 $x_1,x_2,\cdots,x_n$ 的线性方程组

$$\begin{cases} a_{11}x_1+a_{12}x_2+\cdots+a_{1n}x_n=b_1, \\ a_{21}x_1+a_{22}x_2+\cdots+a_{2n}x_n=b_2, \\ \cdots\cdots \\ a_{n1}x_1+a_{n2}x_2+\cdots+a_{nn}x_n=b_n \end{cases} \tag{1.5}$$

称为 n 元线性方程组. 当其右边的常数项 $b_1,b_2,\cdots,b_n$ 不全为0时，称方程组(1.5)为非齐次线性方程组；当 $b_1,b_2,\cdots,b_n$ 全为0时，方程组(1.5)化为

$$\begin{cases} a_{11}x_1+a_{12}x_2+\cdots+a_{1n}x_n=0, \\ a_{21}x_1+a_{22}x_2+\cdots+a_{2n}x_n=0, \\ \cdots\cdots \\ a_{n1}x_1+a_{n2}x_2+\cdots+a_{nn}x_n=0, \end{cases} \tag{1.6}$$

称方程组(1.6)为齐次线性方程组. 方程组(1.5)或(1.6)的系数构成行列式

$$D=\begin{vmatrix} a_{11} & a_{12} & \cdots & a_{1n} \\ a_{21} & a_{22} & \cdots & a_{2n} \\ \vdots & \vdots & & \vdots \\ a_{n1} & a_{n2} & \cdots & a_{nn} \end{vmatrix},$$

称 D 为相应线性方程组的系数行列式.

定理5 (克拉默法则)　**如果线性方程组(1.5)的系数行列式 $D\neq 0$，则方程组(1.5)有唯一解**

$$x_1=\frac{D_1}{D},\quad x_2=\frac{D_2}{D},\quad \cdots,\quad x_n=\frac{D_n}{D}, \tag{1.7}$$

其中 $D_j(j=1,2,\cdots,n)$ 是把系数行列式 D 的第 j 列元素换成方程组(1.5)的常数项 $b_1,b_2,\cdots,b_n$ 而得到的 n 阶行列式.

证明　当 $n=1$ 时，结论是显然成立的.

设 $n>1$，现分别用 $A_{1j},A_{2j},\cdots,A_{nj}(1\leqslant j\leqslant n)$ 乘以方程组(1.5)的第一、第二……第 n 个方程，然后相加，得

$$(a_{11}A_{1j}+a_{21}A_{2j}+\cdots+a_{n1}A_{nj})x_1+(a_{12}A_{1j}+a_{22}A_{2j}+\cdots+a_{n2}A_{nj})x_2$$
$$+\cdots+(a_{1n}A_{1j}+a_{2n}A_{2j}+\cdots+a_{nn}A_{nj})x_n=b_1A_{1j}+b_2A_{2j}+\cdots+b_nA_{nj}.$$

由定理3及其推论，得

$$Dx_j=D_j.$$

当 j 分别取 $1,2,\cdots,n$ 时，得方程组

$$Dx_1=D_1,\quad Dx_2=D_2,\quad \cdots,\quad Dx_n=D_n. \tag{1.8}$$

因此，如果方程组(1.5)有解，则其解必满足方程组(1.8)，而当 $D\neq 0$ 时，方程组(1.8)只有形式为(1.7)式的解.

另外，容易验证(1.7)式是方程组(1.5)的解.

综上所述,当方程组(1.5)的系数行列式 $D\neq 0$ 时,方程组(1.5)有唯一解

$$x_1=\frac{D_1}{D},\quad x_2=\frac{D_2}{D},\quad \cdots,\quad x_n=\frac{D_n}{D}.$$

例 1　用克拉默法则解线性方程组

$$\begin{cases}2x_1-3x_2+2x_4=8,\\ x_1+5x_2+2x_3+x_4=2,\\ 3x_1-x_2+x_3-x_4=7,\\ 4x_1+x_2+2x_3+2x_4=12.\end{cases}$$

解　因为

$$D=\begin{vmatrix}2&-3&0&2\\1&5&2&1\\3&-1&1&-1\\4&1&2&2\end{vmatrix}=-6\neq 0,$$

所以该方程组有唯一解. 而

$$D_1=\begin{vmatrix}8&-3&0&2\\2&5&2&1\\7&-1&1&-1\\12&1&2&2\end{vmatrix}=-18,\quad D_2=\begin{vmatrix}2&8&0&2\\1&2&2&1\\3&7&1&-1\\4&12&2&2\end{vmatrix}=0,$$

$$D_3=\begin{vmatrix}2&-3&8&2\\1&5&2&1\\3&-1&7&-1\\4&1&12&2\end{vmatrix}=6,\quad D_4=\begin{vmatrix}2&-3&0&8\\1&5&2&2\\3&-1&1&7\\4&1&2&12\end{vmatrix}=-6,$$

故

$$x_1=\frac{D_1}{D}=3,\quad x_2=\frac{D_2}{D}=0,\quad x_3=\frac{D_3}{D}=-1,\quad x_4=\frac{D_4}{D}=1.$$

一般来讲,用克拉默法则求线性方程组的解时计算量是比较大的. 对具体的数字系数的线性方程组,往往可用计算机来求解. 用计算机解线性方程组,目前已经有了一整套成熟的方法.

克拉默法则在一定条件下给出了线性方程组解的存在性和唯一性,与其在求解线性方程组方面的作用相比,克拉默法则更具有重大的理论价值. 撇开求解公式(1.7),克拉默法则可叙述为下面的定理.

定理 6　**如果非齐次线性方程组(1.5)的系数行列式 $D\neq 0$,则该方程组一定有解,且解是唯一的.**

在解题或证明中,常用到定理 6 的逆否命题.

定理 6′　**如果非齐次线性方程组(1.5)无解或有两个不同的解,则该方程组的系数**

行列式 D 必为 0.

对于齐次线性方程组(1.6),易见 $x_1=x_2=\cdots=x_n=0$ 一定是它的解,称之为方程组(1.6)的零解.把定理 6 应用于方程组(1.6),可得到下列结论.

定理 7 **如果齐次线性方程组(1.6)的系数行列式 $D\neq 0$,则该方程组只有零解.**

定理 7′ **如果齐次线性方程组(1.6)有非零解,则该方程组的系数行列式 D 必为 0.**

注 在第四章中还将进一步证明,如果齐次线性方程组(1.6)的系数行列式 $D=0$,则它必有非零解,从而得知,齐次线性方程组(1.6)有非零解的充要条件是其系数行列式 $D=0$.

例 2 当 k 取何值时,齐次线性方程组

$$\begin{cases} x_1+(k^2+1)x_2+2x_3=0, \\ x_1+(2k+1)x_2+2x_3=0, \\ kx_1+kx_2+(2k+1)x_3=0 \end{cases}$$

有非零解?

解 该方程组的系数行列式为

$$D=\begin{vmatrix} 1 & k^2+1 & 2 \\ 1 & 2k+1 & 2 \\ k & k & 2k+1 \end{vmatrix}=\begin{vmatrix} 1 & k^2+1 & 2 \\ 0 & k(2-k) & 0 \\ 0 & -k^3 & 1 \end{vmatrix}$$

$$=\begin{vmatrix} k(2-k) & 0 \\ -k^3 & 1 \end{vmatrix}=k(2-k).$$

要使该方程组有非零解,必须 $D=0$,即 $k=0$ 或 $k=2$.

例 3 求 4 个平面 $a_ix+b_iy+c_iz+d_i=0(i=1,2,3,4)$ 相交于一点 (x_0,y_0,z_0) 的充要条件.

解 把平面方程改写成

$$a_ix+b_iy+c_iz+d_it=0 \quad (t=1),$$

于是 4 个平面相交于一点 (x_0,y_0,z_0) 等价于关于 x,y,z,t 的齐次线性方程组

$$\begin{cases} a_1x+b_1y+c_1z+d_1t=0, \\ a_2x+b_2y+c_2z+d_2t=0, \\ a_3x+b_3y+c_3z+d_3t=0, \\ a_4x+b_4y+c_4z+d_4t=0 \end{cases}$$

有唯一的一组非零解 $(x_0,y_0,z_0,1)$.根据齐次线性方程组有非零解的充要条件,得所求的充要条件

$$\begin{vmatrix} a_1 & b_1 & c_1 & d_1 \\ a_2 & b_2 & c_2 & d_2 \\ a_3 & b_3 & c_3 & d_3 \\ a_4 & b_4 & c_4 & d_4 \end{vmatrix}=0.$$

习题一

1. 计算下列行列式：

(1) $\begin{vmatrix} 1 & 0 \\ -1 & 2 \end{vmatrix}$；　　(2) $\begin{vmatrix} a & b \\ a^2 & b^2 \end{vmatrix}$；

(3) $\begin{vmatrix} 1 & -1 & 3 \\ 2 & -1 & 1 \\ 1 & 2 & 3 \end{vmatrix}$；　　(4) $\begin{vmatrix} 1 & -c & b \\ c & 1 & -a \\ b & a & 1 \end{vmatrix}$.

2. 当 k 取何值时，行列式

$$\begin{vmatrix} k & 3 & 4 \\ -1 & k & 0 \\ 0 & k & 1 \end{vmatrix}=0?$$

3. 求下列排列的逆序数：

(1) 2413；　　(2) 3712456；

(3) $13\cdots(2n-1)24\cdots(2n)$；　　(4) $13\cdots(2n-1)(2n)(2n-2)\cdots2$.

4. 确定 i 和 j 的值，使得九级排列

(1) $1274i56j9$ 为偶排列；　　(2) $39i2815j4$ 为奇排列.

5. 在六阶行列式 $|a_{ij}|_{6\times6}$ 中，下列乘积项前应取什么符号？

(1) $a_{15}a_{23}a_{32}a_{44}a_{51}a_{66}$；　　(2) $a_{32}a_{53}a_{26}a_{11}a_{44}a_{65}$.

6. 利用行列式的定义计算下列行列式：

(1) $\begin{vmatrix} 0 & 1 & 0 & \cdots & 0 \\ 0 & 0 & 2 & \cdots & 0 \\ \vdots & \vdots & \vdots & & \vdots \\ 0 & 0 & 0 & \cdots & n-1 \\ n & 0 & 0 & \cdots & 0 \end{vmatrix}$；　　(2) $\begin{vmatrix} 0 & \cdots & 0 & 1 & 0 \\ 0 & \cdots & 2 & 0 & 0 \\ \vdots & & \vdots & \vdots & \vdots \\ n-1 & \cdots & 0 & 0 & 0 \\ 0 & \cdots & 0 & 0 & n \end{vmatrix}$；

(3) $\begin{vmatrix} 0 & 0 & \cdots & 0 & a_{1n} \\ 0 & 0 & \cdots & a_{2,n-1} & a_{2n} \\ \vdots & \vdots & & \vdots & \vdots \\ 0 & a_{n-1,2} & \cdots & a_{n-1,n-1} & a_{n-1,n} \\ a_{n1} & a_{n2} & \cdots & a_{n,n-1} & a_{nn} \end{vmatrix}$；　　(4) $\begin{vmatrix} a_{11} & a_{12} & a_{13} & a_{14} & a_{15} \\ a_{21} & a_{22} & a_{23} & a_{24} & a_{25} \\ a_{31} & a_{32} & 0 & 0 & 0 \\ a_{41} & a_{42} & 0 & 0 & 0 \\ a_{51} & a_{52} & 0 & 0 & 0 \end{vmatrix}$；

(5) $\begin{vmatrix} 0 & 0 & 1 & 0 \\ 0 & 1 & 0 & 0 \\ 0 & 0 & 0 & 1 \\ 1 & 0 & 0 & 0 \end{vmatrix}$；　　(6) $\begin{vmatrix} 1 & 1 & 1 & 0 \\ 0 & 1 & 0 & 1 \\ 0 & 1 & 1 & 1 \\ 0 & 0 & 1 & 0 \end{vmatrix}$.

7. 证明下列等式成立：

(1) $\begin{vmatrix} a^2 & ab & b^2 \\ 2a & a+b & 2b \\ 1 & 1 & 1 \end{vmatrix} = (a-b)^3$；

(2) $\begin{vmatrix} by+az & bz+ax & bx+ay \\ bx+ay & by+az & bz+ax \\ bz+ax & bx+ay & by+az \end{vmatrix} = (a^3+b^3)\begin{vmatrix} x & y & z \\ z & x & y \\ y & z & x \end{vmatrix}$.

8. 计算下列行列式：

(1) $\begin{vmatrix} 1 & 2 & 3 & 4 \\ 2 & 3 & 4 & 1 \\ 3 & 4 & 1 & 2 \\ 4 & 1 & 2 & 3 \end{vmatrix}$；　　(2) $\begin{vmatrix} 2 & 4 & -1 & -2 \\ -3 & 7 & -1 & 4 \\ 5 & -9 & 2 & 7 \\ 2 & -5 & 1 & 2 \end{vmatrix}$；

(3) $\begin{vmatrix} 2 & 1 & -5 & 8 \\ 1 & -3 & 0 & 9 \\ 0 & 2 & -1 & -5 \\ 1 & 4 & -7 & 0 \end{vmatrix}$；　　(4) $\begin{vmatrix} 1 & 2 & -1 & 1 \\ 3 & 0 & 1 & 2 \\ 1 & -1 & 2 & 1 \\ 1 & 0 & 3 & -2 \end{vmatrix}$.

9. 计算下列 n 阶行列式：

(1) $\begin{vmatrix} x & 1 & \cdots & 1 \\ 1 & x & \cdots & 1 \\ \vdots & \vdots & & \vdots \\ 1 & 1 & \cdots & x \end{vmatrix}$；　　(2) $\begin{vmatrix} x & y & 0 & \cdots & 0 & 0 \\ 0 & x & y & \cdots & 0 & 0 \\ 0 & 0 & x & \cdots & 0 & 0 \\ \vdots & \vdots & \vdots & & \vdots & \vdots \\ 0 & 0 & 0 & \cdots & x & y \\ y & 0 & 0 & \cdots & 0 & x \end{vmatrix}$；

(3) $\begin{vmatrix} 1 & 2 & 3 & \cdots & n \\ 2 & 3 & 4 & \cdots & 1 \\ 3 & 4 & 5 & \cdots & 2 \\ \vdots & \vdots & \vdots & & \vdots \\ n & 1 & 2 & \cdots & n-1 \end{vmatrix}$.

10. 设行列式 $D = \begin{vmatrix} 3 & 1 & -1 & 2 \\ -5 & 1 & 3 & -4 \\ 2 & 0 & 1 & -1 \\ 1 & -5 & 3 & -3 \end{vmatrix}$，其中元素 $a_{ij}\,(i,j=1,2,3,4)$ 的代数余子式记作 A_{ij}，求 $A_{31}+3A_{32}-2A_{33}+2A_{34}$.

11. 已知四阶行列式 D 中第一行元素分别为 $1,2,0,-4$，第三行元素的余子式依次为 $6,x,19,2$，试求 x 的值.

12. 利用克拉默法则解下列线性方程组：

(1) $\begin{cases} x_1+x_2+x_3+x_4=5, \\ x_1+2x_2-x_3+4x_4=-2, \\ 2x_1-3x_2-x_3-5x_4=-2, \\ 3x_1+x_2+2x_3+11x_4=0; \end{cases}$

(2) $\begin{cases} x_1-2x_2+3x_3-4x_4=4, \\ x_2-x_3+x_4=-3, \\ x_1+3x_2+x_4=1, \\ -7x_2+3x_3+x_4=-3; \end{cases}$

(3) $\begin{cases} x_2-3x_3+4x_4=-5, \\ x_1-2x_3+3x_4=-4, \\ 3x_1+2x_2-5x_4=12, \\ 4x_1+3x_2-5x_3=5; \end{cases}$

(4) $\begin{cases} 5x_1+6x_2=1, \\ x_1+5x_2+6x_3=0, \\ x_2+5x_3+6x_4=0, \\ x_3+5x_4+6x_5=0, \\ x_4+5x_5=1; \end{cases}$

(5) $\begin{cases} bx-ay+2ab=0, \\ -2cy+3bz-bc=0, \\ cx+az=0 \end{cases}$ $(abc\neq 0)$.

13. 当 k 取何值时,齐次线性方程组

$$\begin{cases} kx+y+z=0, \\ x+ky-z=0, \\ 2x-y+z=0 \end{cases}$$

仅有零解?

14. 当 λ,μ 取何值时,齐次线性方程组

$$\begin{cases} \lambda x_1+x_2+x_3=0, \\ x_1+\mu x_2+x_3=0, \\ x_1+2\mu x_2+x_3=0 \end{cases}$$

有非零解?

15. 设函数 $f(x)=a_3x^3+a_2x^2+a_1x+a_0$,当 $x=1,2,3,-1$ 时,$f(x)$ 的值分别为 $-3,5,35,5$,试求 $f(4)$.

第二章

矩　　阵

矩阵是代数研究的重要对象和工具,它在数学的其他分支及自然科学、经济学、管理学和工程技术等领域具有广泛应用. 在本课程中,矩阵是研究线性变换、向量组的线性相关性及线性方程组求解等问题的有力且不可替代的工具.

第一节　矩阵的概念

一、矩阵的概念

引例 1　线性方程组

$$\begin{cases}a_{11}x_1+a_{12}x_2+\cdots+a_{1n}x_n=b_1,\\a_{21}x_1+a_{22}x_2+\cdots+a_{2n}x_n=b_2,\\\qquad\cdots\cdots\\a_{n1}x_1+a_{n2}x_2+\cdots+a_{nn}x_n=b_n\end{cases}$$

的系数 $a_{ij}(i,j=1,2,\cdots,n)$ 按原来的位置排序构成一张数表

$$\begin{pmatrix}a_{11}&a_{12}&\cdots&a_{1n}\\a_{21}&a_{22}&\cdots&a_{2n}\\\vdots&\vdots&&\vdots\\a_{n1}&a_{n2}&\cdots&a_{nn}\end{pmatrix}.$$

根据克拉默法则,线性方程组的解与该数表有着密切的关系,因而研究这个数表就很有必要.

引例 2　在讨论国民经济中的数字问题时也常常用到这样的数表,例如,假设某种物品(如粮食)有 m 个产地 $A_1,A_2,\cdots,A_m$ 和 n 个销地 $B_1,B_2,\cdots,B_n$,那么一个调运方案就可以编制成一张数表

$$\begin{pmatrix}a_{11}&a_{12}&\cdots&a_{1n}\\a_{21}&a_{22}&\cdots&a_{2n}\\\vdots&\vdots&&\vdots\\a_{m1}&a_{m2}&\cdots&a_{mn}\end{pmatrix},$$

其中 $a_{ij}(i=1,2,\cdots,m;j=1,2,\cdots,n)$ 表示由产地 $A_i(i=1,2,\cdots,m)$ 运往销地 $B_j(j=1,2,\cdots,n)$ 的调运量.

一般有定义如下:

定义 1　由 $m\times n$ 个数 $a_{ij}(i=1,2,\cdots,m;j=1,2,\cdots,n)$ 排成的 m 行、n 列的数表

$$\begin{pmatrix}a_{11}&a_{12}&\cdots&a_{1n}\\a_{21}&a_{22}&\cdots&a_{2n}\\\vdots&\vdots&&\vdots\\a_{m1}&a_{m2}&\cdots&a_{mn}\end{pmatrix}$$

称为 m 行 n 列矩阵,简称 $m\times n$ 矩阵或矩阵,其中横排称为行,竖排称为列,数 a_{ij} 称为矩阵的第 i 行、第 j 列的元素.

为方便起见,习惯上用大写拉丁字母 $\boldsymbol{A},\boldsymbol{B},\boldsymbol{C}$ 等表示矩阵,用小写拉丁字母 a,b,c 等添加下标来表示矩阵的元素. 通常也用 $\boldsymbol{A}_{m\times n},\boldsymbol{B}_{m\times n},\boldsymbol{C}_{m\times n}$ 等表示一个 $m\times n$ 矩阵. 一般地,元素 a_{ij} 的第一个下标 i 表示该元素处于第 i 行,第二个下标 j 表示该元素处于第 j 列,因而有时

也将矩阵记为$(a_{ij})_{m\times n}$或(a_{ij}).

所有元素都是实数的矩阵称为实矩阵,元素中含有复数的矩阵称为复矩阵.如无特殊声明,本书中的矩阵均指实矩阵.

所有元素均为0的矩阵称为零矩阵,记为$\boldsymbol{O}$.

若矩阵$\boldsymbol{A}=(a_{ij})$的行数与列数都等于n,则称$\boldsymbol{A}$为n阶方阵(简称方阵)或n阶矩阵,记为$\boldsymbol{A}_n$.

如果两个矩阵具有相同的行数和相同的列数,则称这两个矩阵为同型矩阵.

如果两个同型矩阵$\boldsymbol{A}=(a_{ij})_{m\times n}$与$\boldsymbol{B}=(b_{ij})_{m\times n}$的对应元素相等,即

$$a_{ij}=b_{ij}\quad(i=1,2,\cdots,m;j=1,2,\cdots,n),$$

则称矩阵$\boldsymbol{A}$与$\boldsymbol{B}$相等,记为$\boldsymbol{A}=\boldsymbol{B}$.

二、几种特殊的矩阵

(1) 只有一行的矩阵$\boldsymbol{A}=(a_1,a_2,\cdots,a_n)$称为行矩阵或行向量.

(2) 只有一列的矩阵$\boldsymbol{B}=\begin{pmatrix}b_1\\b_2\\\vdots\\b_m\end{pmatrix}$称为列矩阵或列向量.

(3) n阶方阵$\begin{pmatrix}1&0&\cdots&0\\0&1&\cdots&0\\\vdots&\vdots&&\vdots\\0&0&\cdots&1\end{pmatrix}$称为$n$阶单位矩阵,一般用字母$\boldsymbol{E}_n$或$\boldsymbol{I}_n$表示,也简记为$\boldsymbol{E}$或$\boldsymbol{I}$.

(4) 形如$\begin{pmatrix}k&0&\cdots&0\\0&k&\cdots&0\\\vdots&\vdots&&\vdots\\0&0&\cdots&k\end{pmatrix}$的$n$阶方阵称为$n$阶数量矩阵.

(5) 形如$\begin{pmatrix}d_1&0&\cdots&0\\0&d_2&\cdots&0\\\vdots&\vdots&&\vdots\\0&0&\cdots&d_n\end{pmatrix}$的$n$阶方阵称为$n$阶(主)对角矩阵,一般记为$\boldsymbol{\Lambda}$或$\mathrm{diag}(d_1,d_2,\cdots,d_n)$.

类似地,形如$\begin{pmatrix}0&\cdots&0&d_1\\0&\cdots&d_2&0\\\vdots&&\vdots&\vdots\\d_n&\cdots&0&0\end{pmatrix}$的$n$阶方阵称为副对角矩阵.

(6) 形如$\begin{pmatrix}a_{11}&a_{12}&\cdots&a_{1n}\\0&a_{22}&\cdots&a_{2n}\\\vdots&\vdots&&\vdots\\0&0&\cdots&a_{nn}\end{pmatrix}$,$\begin{pmatrix}a_{11}&0&\cdots&0\\a_{21}&a_{22}&\cdots&0\\\vdots&\vdots&&\vdots\\a_{n1}&a_{n2}&\cdots&a_{nn}\end{pmatrix}$的$n$阶方阵分别称为$n$阶上三角

形矩阵、下三角形矩阵.

上三角形矩阵和下三角形矩阵统称为三角形矩阵.

(7) 如果 n 阶方阵 $\boldsymbol{A}=(a_{ij})_{n\times n}$ 满足:

① $a_{ij}=a_{ji}(i,j=1,2,\cdots,n)$,则称 $\boldsymbol{A}$ 为对称矩阵;

② $a_{ij}=-a_{ji}(i,j=1,2,\cdots,n)$,则称 $\boldsymbol{A}$ 为反对称矩阵.

由定义知,对称矩阵的元素关于主对角线对称,反对称矩阵的主对角线上的元素全为0.

例如,$\boldsymbol{A}=\begin{pmatrix}1&2&-2\\2&3&0\\-2&0&-4\end{pmatrix}$ 与 $\boldsymbol{B}=\begin{pmatrix}0&-1&1\\1&0&2\\-1&-2&0\end{pmatrix}$ 分别为对称矩阵与反对称矩阵.

第二节　矩阵的运算

一、矩阵的线性运算

定义2　给定矩阵 $\boldsymbol{A}=(a_{ij})_{m\times n}$ 与 $\boldsymbol{B}=(b_{ij})_{m\times n}$,称矩阵 $(a_{ij}+b_{ij})_{m\times n}$ 为矩阵 $\boldsymbol{A}$ 与 $\boldsymbol{B}$ 的和,记作 $\boldsymbol{A}+\boldsymbol{B}$,即

$$\boldsymbol{A}+\boldsymbol{B}=(a_{ij}+b_{ij})_{m\times n}=\begin{pmatrix}a_{11}+b_{11}&a_{12}+b_{12}&\cdots&a_{1n}+b_{1n}\\a_{21}+b_{21}&a_{22}+b_{22}&\cdots&a_{2n}+b_{2n}\\\vdots&\vdots&&\vdots\\a_{m1}+b_{m1}&a_{m2}+b_{m2}&\cdots&a_{mn}+b_{mn}\end{pmatrix}.$$

这种运算称为矩阵的加法.

给定矩阵 $\boldsymbol{A}=(a_{ij})_{m\times n}$,记 $-\boldsymbol{A}=(-a_{ij})_{m\times n}$,称 $-\boldsymbol{A}$ 为矩阵 $\boldsymbol{A}$ 的负矩阵. 显然,有

$$\boldsymbol{A}+(-\boldsymbol{A})=\boldsymbol{O}.$$

由此规定矩阵的减法为

$$\boldsymbol{A}-\boldsymbol{B}=\boldsymbol{A}+(-\boldsymbol{B}).$$

定义3　给定矩阵 $\boldsymbol{A}=(a_{ij})_{m\times n}$ 及数 k,称矩阵 $(ka_{ij})_{m\times n}$ 为数 k 与矩阵 $\boldsymbol{A}$ 的乘积,记作 $k\boldsymbol{A}$,即

$$k\boldsymbol{A}=(ka_{ij})_{m\times n}=\begin{pmatrix}ka_{11}&ka_{12}&\cdots&ka_{1n}\\ka_{21}&ka_{22}&\cdots&ka_{2n}\\\vdots&\vdots&&\vdots\\ka_{m1}&ka_{m2}&\cdots&ka_{mn}\end{pmatrix}.$$

数与矩阵的乘积运算称为矩阵的数乘运算.

矩阵的加法与数乘运算统称为矩阵的线性运算. 不难验证,矩阵的线性运算满足下列运算规律:

设 $\boldsymbol{A},\boldsymbol{B},\boldsymbol{C},\boldsymbol{O}$ 都是同型矩阵,k,l 是常数,则

(1) $\boldsymbol{A}+\boldsymbol{B}=\boldsymbol{B}+\boldsymbol{A}$;

(2) $(\boldsymbol{A}+\boldsymbol{B})+\boldsymbol{C}=\boldsymbol{A}+(\boldsymbol{B}+\boldsymbol{C})$;

(3) $\boldsymbol{A}+\boldsymbol{O}=\boldsymbol{A}$;

(4) $\boldsymbol{A}+(-\boldsymbol{A})=\boldsymbol{O}$;

(5) $1\boldsymbol{A}=\boldsymbol{A}$;

(6) $(kl)\boldsymbol{A}=k(l\boldsymbol{A})$;

(7) $(k+l)\boldsymbol{A}=k\boldsymbol{A}+l\boldsymbol{A}$;

(8) $k(\boldsymbol{A}+\boldsymbol{B})=k\boldsymbol{A}+k\boldsymbol{B}$.

例 1 设有两种物资(单位:t)分别由三个产地运往四个销地的调运方案,用矩阵 $\boldsymbol{A}$ 与 $\boldsymbol{B}$ 分别表示如下:

$$\boldsymbol{A}=\begin{pmatrix}3&5&7&2\\2&0&4&3\\0&1&2&3\end{pmatrix},\quad \boldsymbol{B}=\begin{pmatrix}1&3&2&0\\2&1&5&7\\0&6&4&8\end{pmatrix},$$

则从各产地运往各销地的两种物资的总调运量(单位:t)可用矩阵 $\boldsymbol{A}+\boldsymbol{B}$ 表示,即

$$\boldsymbol{A}+\boldsymbol{B}=\begin{pmatrix}3+1&5+3&7+2&2+0\\2+2&0+1&4+5&3+7\\0+0&1+6&2+4&3+8\end{pmatrix}=\begin{pmatrix}4&8&9&2\\4&1&9&10\\0&7&6&11\end{pmatrix}.$$

例 2 设三个产地与四个销地之间的里程(单位:km)用矩阵表示为

$$\boldsymbol{A}=\begin{pmatrix}120&175&80&90\\80&130&40&50\\135&190&95&105\end{pmatrix}.$$

已知每吨货物每千米的运费为1.5元,则各产地与各销地之间每吨货物的运费(单位:元)可以用矩阵表示为

$$\begin{aligned}1.5\boldsymbol{A}&=1.5\begin{pmatrix}120&175&80&90\\80&130&40&50\\135&190&95&105\end{pmatrix}\\&=\begin{pmatrix}1.5\times120&1.5\times175&1.5\times80&1.5\times90\\1.5\times80&1.5\times130&1.5\times40&1.5\times50\\1.5\times135&1.5\times190&1.5\times95&1.5\times105\end{pmatrix}\\&=\begin{pmatrix}180&262.5&120&135\\120&195&60&75\\202.5&285&142.5&157.5\end{pmatrix}.\end{aligned}$$

例 3　设 $\boldsymbol{A}+4\boldsymbol{X}=\boldsymbol{B}$，且矩阵

$$\boldsymbol{A}=\begin{pmatrix}1&1&-1&0\\-1&2&2&3\\3&-2&0&1\end{pmatrix},\quad \boldsymbol{B}=\begin{pmatrix}-2&-2&2&4\\2&0&0&2\\-2&4&0&-6\end{pmatrix},$$

求 $\boldsymbol{X}$.

解　$$\boldsymbol{X}=\frac{1}{4}(\boldsymbol{B}-\boldsymbol{A})=\frac{1}{4}\begin{pmatrix}-2-1&-2-1&2-(-1)&4-0\\2-(-1)&0-2&0-2&2-3\\-2-3&4-(-2)&0-0&-6-1\end{pmatrix}$$

$$=\frac{1}{4}\begin{pmatrix}-3&-3&3&4\\3&-2&-2&-1\\-5&6&0&-7\end{pmatrix}=\begin{pmatrix}-\frac{3}{4}&-\frac{3}{4}&\frac{3}{4}&1\\\frac{3}{4}&-\frac{1}{2}&-\frac{1}{2}&-\frac{1}{4}\\-\frac{5}{4}&\frac{3}{2}&0&-\frac{7}{4}\end{pmatrix}.$$

二、矩阵的乘法

首先看一个实例.

例 4　某地区有四个工厂 Ⅰ，Ⅱ，Ⅲ，Ⅳ，生产甲、乙、丙三种产品，矩阵 $\boldsymbol{A}$ 表示一年中各工厂生产各种产品的数量，矩阵 $\boldsymbol{B}$ 表示各种产品的单位价格及单位利润，矩阵 $\boldsymbol{C}$ 表示各工厂的总收入及总利润，即

$$\boldsymbol{A}=\begin{pmatrix}a_{11}&a_{12}&a_{13}\\a_{21}&a_{22}&a_{23}\\a_{31}&a_{32}&a_{33}\\a_{41}&a_{42}&a_{43}\end{pmatrix}\begin{matrix}\text{Ⅰ}\\\text{Ⅱ}\\\text{Ⅲ}\\\text{Ⅳ}\end{matrix},\quad \boldsymbol{B}=\begin{pmatrix}b_{11}&b_{12}\\b_{21}&b_{22}\\b_{31}&b_{32}\end{pmatrix}\begin{matrix}\text{甲}\\\text{乙}\\\text{丙}\end{matrix},\quad \boldsymbol{C}=\begin{pmatrix}c_{11}&c_{12}\\c_{21}&c_{22}\\c_{31}&c_{32}\\c_{41}&c_{42}\end{pmatrix}\begin{matrix}\text{Ⅰ}\\\text{Ⅱ}\\\text{Ⅲ}\\\text{Ⅳ}\end{matrix}.$$

（$\boldsymbol{A}$ 的列：甲　乙　丙；$\boldsymbol{B}$ 的列：单位价格　单位利润；$\boldsymbol{C}$ 的列：总收入　总利润）

在上述矩阵中，$a_{ik}\,(i=1,2,3,4;k=1,2,3)$ 是第 i 个工厂生产第 k 种产品的数量，b_{k1} 及 $b_{k2}\,(k=1,2,3)$ 分别是第 k 种产品的单位价格及单位利润，c_{i1} 及 $c_{i2}\,(i=1,2,3,4)$ 分别是第 i 个工厂生产三种产品的总收入及总利润，这里第 1，2，3，4 个工厂依次表示工厂 Ⅰ，Ⅱ，Ⅲ，Ⅳ，第 1，2，3 种产品依次表示产品甲、乙、丙. 矩阵 $\boldsymbol{A}$，$\boldsymbol{B}$，$\boldsymbol{C}$ 的元素之间有下列关系：

$$\begin{pmatrix}a_{11}b_{11}+a_{12}b_{21}+a_{13}b_{31}&a_{11}b_{12}+a_{12}b_{22}+a_{13}b_{32}\\a_{21}b_{11}+a_{22}b_{21}+a_{23}b_{31}&a_{21}b_{12}+a_{22}b_{22}+a_{23}b_{32}\\a_{31}b_{11}+a_{32}b_{21}+a_{33}b_{31}&a_{31}b_{12}+a_{32}b_{22}+a_{33}b_{32}\\a_{41}b_{11}+a_{42}b_{21}+a_{43}b_{31}&a_{41}b_{12}+a_{42}b_{22}+a_{43}b_{32}\end{pmatrix}=\begin{pmatrix}c_{11}&c_{12}\\c_{21}&c_{22}\\c_{31}&c_{32}\\c_{41}&c_{42}\end{pmatrix},$$

其中

$$c_{ij}=a_{i1}b_{1j}+a_{i2}b_{2j}+a_{i3}b_{3j}\quad(i=1,2,3,4;j=1,2).$$

我们将例 4 中矩阵之间的这种关系定义为矩阵的乘法.

定义 4 给定矩阵 $\boldsymbol{A}=(a_{ij})_{m\times l}$ 及 $\boldsymbol{B}=(b_{ij})_{l\times n}$，记 $c_{ij}=a_{i1}b_{1j}+a_{i2}b_{2j}+\cdots+a_{il}b_{lj}$ $(i=1,2,\cdots,m;j=1,2,\cdots,n)$，则称矩阵 $(c_{ij})_{m\times n}$ 为矩阵 $\boldsymbol{A}$ 与 $\boldsymbol{B}$ 的积，记作 $\boldsymbol{AB}$，即

$$\boldsymbol{AB}=(c_{ij})_{m\times n}=\left(\sum_{k=1}^{l}a_{ik}b_{kj}\right)_{m\times n}.$$

记号 $\boldsymbol{AB}$ 常读作 $\boldsymbol{A}$ 左乘 $\boldsymbol{B}$ 或 $\boldsymbol{B}$ 右乘 $\boldsymbol{A}$. 这种运算称为矩阵的乘法.

注 (1) 只有左边矩阵的列数等于右边矩阵的行数时，两个矩阵才能进行乘法运算，并且矩阵 $\boldsymbol{AB}$ 的行数与矩阵 $\boldsymbol{A}$ 的行数相同，矩阵 $\boldsymbol{AB}$ 的列数与矩阵 $\boldsymbol{B}$ 的列数相同；

(2) 矩阵 $\boldsymbol{AB}=(c_{ij})_{m\times n}$ 中元素 c_{ij} 为矩阵 $\boldsymbol{A}=(a_{ij})_{m\times l}$ 的第 i 行元素与矩阵 $\boldsymbol{B}=(b_{ij})_{l\times n}$ 的第 j 列对应元素的乘积之和，即

$$c_{ij}=(a_{i1},a_{i2},\cdots,a_{il})\begin{pmatrix}b_{1j}\\b_{2j}\\\vdots\\b_{lj}\end{pmatrix}=a_{i1}b_{1j}+a_{i2}b_{2j}+\cdots+a_{il}b_{lj}.$$

例 5 设矩阵 $\boldsymbol{A}=\begin{pmatrix}2&1&-1\\0&1&2\end{pmatrix}$，$\boldsymbol{B}=\begin{pmatrix}1&-1&2\\2&1&4\\-1&2&0\end{pmatrix}$，则

$$\boldsymbol{AB}=\begin{pmatrix}2&1&-1\\0&1&2\end{pmatrix}\begin{pmatrix}1&-1&2\\2&1&4\\-1&2&0\end{pmatrix}$$

$$=\begin{pmatrix}2\times1+1\times2+(-1)\times(-1)&2\times(-1)+1\times1+(-1)\times2&2\times2+1\times4+(-1)\times0\\0\times1+1\times2+2\times(-1)&0\times(-1)+1\times1+2\times2&0\times2+1\times4+2\times0\end{pmatrix}$$

$$=\begin{pmatrix}5&-3&8\\0&5&4\end{pmatrix}.$$

例 6 设矩阵 $\boldsymbol{A}=\begin{pmatrix}a_1\\a_2\\\vdots\\a_n\end{pmatrix}$，$\boldsymbol{B}=(b_1,b_2,\cdots,b_n)$，求 $\boldsymbol{AB}$，$\boldsymbol{BA}$.

解 $$\boldsymbol{AB}=\begin{pmatrix}a_1\\a_2\\\vdots\\a_n\end{pmatrix}(b_1,b_2,\cdots,b_n)=\begin{pmatrix}a_1b_1&a_1b_2&\cdots&a_1b_n\\a_2b_1&a_2b_2&\cdots&a_2b_n\\\vdots&\vdots&&\vdots\\a_nb_1&a_nb_2&\cdots&a_nb_n\end{pmatrix},$$

$$\boldsymbol{BA}=(b_1,b_2,\cdots,b_n)\begin{pmatrix}a_1\\a_2\\\vdots\\a_n\end{pmatrix}=a_1b_1+a_2b_2+\cdots+a_nb_n.$$

例 7 设矩阵 $\boldsymbol{A}=\begin{pmatrix}1&0&1\\0&1&0\end{pmatrix}$，$\boldsymbol{B}=\begin{pmatrix}1\\1\\1\end{pmatrix}$，$\boldsymbol{C}=\begin{pmatrix}0\\1\\2\end{pmatrix}$，求 $\boldsymbol{AB}$，$\boldsymbol{AC}$.

解 $$\boldsymbol{AB}=\begin{pmatrix}1&0&1\\0&1&0\end{pmatrix}\begin{pmatrix}1\\1\\1\end{pmatrix}=\begin{pmatrix}2\\1\end{pmatrix},$$

$$\boldsymbol{AC}=\begin{pmatrix}1&0&1\\0&1&0\end{pmatrix}\begin{pmatrix}0\\1\\2\end{pmatrix}=\begin{pmatrix}2\\1\end{pmatrix}.$$

例 8 设矩阵 $\boldsymbol{A}=\begin{pmatrix}1&-2\\-3&6\end{pmatrix}$，$\boldsymbol{B}=\begin{pmatrix}4&6\\2&3\end{pmatrix}$，求 $\boldsymbol{AB}$.

解 $$\boldsymbol{AB}=\begin{pmatrix}1&-2\\-3&6\end{pmatrix}\begin{pmatrix}4&6\\2&3\end{pmatrix}=\begin{pmatrix}0&0\\0&0\end{pmatrix}.$$

从以上例子可以看出，矩阵的乘法与数的乘法有很大差异，主要表现在以下几个方面：

(1) 矩阵的乘法一般不满足交换律，即 $\boldsymbol{AB}\neq\boldsymbol{BA}$（如例 6）.

如果 $\boldsymbol{AB}=\boldsymbol{BA}$，则称矩阵 $\boldsymbol{A}$ 与 $\boldsymbol{B}$ 是可交换的. 例如，不难验证 $\boldsymbol{K}_n\boldsymbol{A}_n=\boldsymbol{A}_n\boldsymbol{K}_n$（其中 $\boldsymbol{K}_n$ 为 n 阶数量矩阵）. 因此，数量矩阵与任何同阶方阵可交换.

(2) 矩阵的乘法一般不满足消去律，即当 $\boldsymbol{AB}=\boldsymbol{AC}$ 时，即使 $\boldsymbol{A}\neq\boldsymbol{O}$，也不一定有 $\boldsymbol{B}=\boldsymbol{C}$（如例 7）.

(3) 两个非零矩阵相乘，其结果可能是零矩阵（如例 8）. 因此，由 $\boldsymbol{AB}=\boldsymbol{O}$ 不能断定 $\boldsymbol{A}=\boldsymbol{O}$ 或 $\boldsymbol{B}=\boldsymbol{O}$.

矩阵的乘法满足下列运算规律（假定运算都是可行的，k 为常数）：

(1) $(\boldsymbol{AB})\boldsymbol{C}=\boldsymbol{A}(\boldsymbol{BC})$；

(2) $(\boldsymbol{A}+\boldsymbol{B})\boldsymbol{C}=\boldsymbol{AC}+\boldsymbol{BC}$；

(3) $\boldsymbol{C}(\boldsymbol{A}+\boldsymbol{B})=\boldsymbol{CA}+\boldsymbol{CB}$；

(4) $k(\boldsymbol{AB})=(k\boldsymbol{A})\boldsymbol{B}=\boldsymbol{A}(k\boldsymbol{B})$.

证明 下面证明运算规律(2) 成立. 设矩阵 $\boldsymbol{A}=(a_{ij})_{m\times s}$，$\boldsymbol{B}=(b_{ij})_{m\times s}$，$\boldsymbol{C}=(c_{ij})_{s\times n}$，则

$$\boldsymbol{A}+\boldsymbol{B}=(a_{ij}+b_{ij})_{m\times s},$$

$$\begin{aligned}(\boldsymbol{A}+\boldsymbol{B})\boldsymbol{C}&=\left(\sum_{k=1}^{s}(a_{ik}+b_{ik})c_{kj}\right)_{m\times n}\\&=\left(\sum_{k=1}^{s}a_{ik}c_{kj}\right)_{m\times n}+\left(\sum_{k=1}^{s}b_{ik}c_{kj}\right)_{m\times n}\\&=\boldsymbol{AC}+\boldsymbol{BC}.\end{aligned}$$

同理可证运算规律(1)，(3)，(4) 成立.

对于任意矩阵 $\boldsymbol{A}_{m\times n}$，容易验证

$$\boldsymbol{E}_m\boldsymbol{A}_{m\times n}=\boldsymbol{A}_{m\times n},\quad \boldsymbol{A}_{m\times n}\boldsymbol{E}_n=\boldsymbol{A}_{m\times n},$$

或简写成 $\boldsymbol{EA}=\boldsymbol{AE}=\boldsymbol{A}$. 可见，单位矩阵在矩阵的乘法中的作用类似于 1 在数的乘法中的作用.

有了矩阵的乘法，我们可以定义方阵的幂(或乘方).

定义 5 设 $\boldsymbol{A}$ 为 n 阶方阵，k 为正整数，则把 k 个 $\boldsymbol{A}$ 的连乘积称为方阵 $\boldsymbol{A}$ 的 k 次幂，并记为 $\boldsymbol{A}^k$，即

$$\boldsymbol{A}^k=\overbrace{\boldsymbol{A}\cdot\boldsymbol{A}\cdot\cdots\cdot\boldsymbol{A}}^{k\text{个}}.$$

方阵的幂满足下列运算规律：

设 $\boldsymbol{A}$ 为方阵，k,l 为正整数，则

(1) $\boldsymbol{A}^k\cdot\boldsymbol{A}^l=\boldsymbol{A}^{k+l}$;

(2) $(\boldsymbol{A}^k)^l=\boldsymbol{A}^{kl}$.

值得注意的是，由于矩阵的乘法不满足交换律，因此对于两个 n 阶方阵 $\boldsymbol{A}$ 与 $\boldsymbol{B}$，一般来说，$(\boldsymbol{AB})^k\neq\boldsymbol{A}^k\boldsymbol{B}^k$.

例 9 设方阵 $\boldsymbol{A}=\begin{pmatrix}1&2&3\\2&4&6\\3&6&9\end{pmatrix}$，求 $\boldsymbol{A}^n$(n 为正整数).

解 设矩阵 $\boldsymbol{B}=\begin{pmatrix}1\\2\\3\end{pmatrix}$，$\boldsymbol{C}=(1,2,3)$，则 $\boldsymbol{BC}=\boldsymbol{A}$，且 $\boldsymbol{CB}=14$. 因此

典型例题

$$\begin{aligned}\boldsymbol{A}^n&=(\boldsymbol{BC})^n=\overbrace{(\boldsymbol{BC})(\boldsymbol{BC})\cdots(\boldsymbol{BC})}^{n\text{个}}=\boldsymbol{B}\overbrace{(\boldsymbol{CB})(\boldsymbol{CB})\cdots(\boldsymbol{CB})}^{n-1\text{个}}\boldsymbol{C}=\boldsymbol{B}(\boldsymbol{CB})^{n-1}\boldsymbol{C}\\&=\boldsymbol{B}(14^{n-1}\boldsymbol{C})=14^{n-1}\boldsymbol{BC}=14^{n-1}\boldsymbol{A}=14^{n-1}\begin{pmatrix}1&2&3\\2&4&6\\3&6&9\end{pmatrix}.\end{aligned}$$

利用矩阵的乘法运算，可以使很多问题的表述得到简化. 例如，对于线性方程组

$$\begin{cases}a_{11}x_1+a_{12}x_2+\cdots+a_{1n}x_n=b_1,\\a_{21}x_1+a_{22}x_2+\cdots+a_{2n}x_n=b_2,\\\qquad\cdots\cdots\\a_{m1}x_1+a_{m2}x_2+\cdots+a_{mn}x_n=b_m,\end{cases}\tag{2.1}$$

若记矩阵

$$\boldsymbol{A}=\begin{pmatrix}a_{11}&a_{12}&\cdots&a_{1n}\\a_{21}&a_{22}&\cdots&a_{2n}\\\vdots&\vdots&&\vdots\\a_{m1}&a_{m2}&\cdots&a_{mn}\end{pmatrix},\quad \boldsymbol{X}=\begin{pmatrix}x_1\\x_2\\\vdots\\x_n\end{pmatrix},\quad \boldsymbol{B}=\begin{pmatrix}b_1\\b_2\\\vdots\\b_m\end{pmatrix},$$

则方程组(2.1)可以表示为矩阵形式

$$\boldsymbol{AX}=\boldsymbol{B}, \tag{2.2}$$

称之为矩阵方程,其中 $\boldsymbol{A}$ 称为方程组(2.1)的系数矩阵.将线性方程组(2.1)写成形如(2.2)式的矩阵方程,不仅书写方便,而且可以把线性方程组的理论与矩阵理论联系起来,这给关于线性方程组的讨论带来了很大的方便.

又如,变量 $x_1,x_2,\cdots,x_n$ 与变量 $y_1,y_2,\cdots,y_m$ 之间的关系式

$$\begin{cases} y_1=a_{11}x_1+a_{12}x_2+\cdots+a_{1n}x_n, \\ y_2=a_{21}x_1+a_{22}x_2+\cdots+a_{2n}x_n, \\ \quad\cdots\cdots \\ y_m=a_{m1}x_1+a_{m2}x_2+\cdots+a_{mn}x_n, \end{cases} \tag{2.3}$$

称为由变量 $x_1,x_2,\cdots,x_n$ 到变量 $y_1,y_2,\cdots,y_m$ 的线性变换,其中 $a_{ij}(i=1,2,\cdots,m;j=1,2,\cdots,n)$ 为常数,称为线性变换的系数,其构成的矩阵 $\boldsymbol{A}=(a_{ij})_{m\times n}$ 称为线性变换的系数矩阵.易见,线性变换与其系数矩阵之间存在一一对应关系,因而可利用矩阵来研究线性变换.如果记矩阵

$$\boldsymbol{X}=\begin{pmatrix} x_1 \\ x_2 \\ \vdots \\ x_n \end{pmatrix}, \quad \boldsymbol{Y}=\begin{pmatrix} y_1 \\ y_2 \\ \vdots \\ y_m \end{pmatrix},$$

则线性变换(2.3)又可以表示成矩阵形式

$$\boldsymbol{Y}=\boldsymbol{AX}.$$

三、矩阵的转置

定义 6　把矩阵 $\boldsymbol{A}$ 的行与列互换后所得到的矩阵,称为 $\boldsymbol{A}$ 的转置矩阵,记为 $\boldsymbol{A}^{\mathrm{T}}$ 或 $\boldsymbol{A}'$,即若 $\boldsymbol{A}=\begin{pmatrix} a_{11} & a_{12} & \cdots & a_{1n} \\ a_{21} & a_{22} & \cdots & a_{2n} \\ \vdots & \vdots & & \vdots \\ a_{m1} & a_{m2} & \cdots & a_{mn} \end{pmatrix}$,则

$$\boldsymbol{A}^{\mathrm{T}}=\begin{pmatrix} a_{11} & a_{21} & \cdots & a_{m1} \\ a_{12} & a_{22} & \cdots & a_{m2} \\ \vdots & \vdots & & \vdots \\ a_{1n} & a_{2n} & \cdots & a_{mn} \end{pmatrix}.$$

由定义 6 知,若记矩阵 $\boldsymbol{A}=(a_{ij})_{m\times n}$,$\boldsymbol{A}^{\mathrm{T}}=(b_{ij})_{n\times m}$,则 $b_{ij}=a_{ji}(i=1,2,\cdots,m;j=1,2,\cdots,n)$.

矩阵的转置满足下列运算规律(假设运算都是可行的,k 为常数):

(1) $(\boldsymbol{A}^{\mathrm{T}})^{\mathrm{T}}=\boldsymbol{A}$;

(2) $(\boldsymbol{A}+\boldsymbol{B})^{\mathrm{T}}=\boldsymbol{A}^{\mathrm{T}}+\boldsymbol{B}^{\mathrm{T}}$;

(3) $(k\boldsymbol{A})^{\mathrm{T}}=k\boldsymbol{A}^{\mathrm{T}}$;

(4) $(\boldsymbol{AB})^{\mathrm{T}}=\boldsymbol{B}^{\mathrm{T}}\boldsymbol{A}^{\mathrm{T}}$.

运算规律(1),(2),(3) 成立是显然的,下面证明运算规律(4) 成立.

证明 设矩阵 $\boldsymbol{A}=(a_{ij})_{m\times l}$,$\boldsymbol{B}=(b_{ij})_{l\times n}$,$\boldsymbol{A}^{\mathrm{T}}=(c_{ij})_{l\times m}$,$\boldsymbol{B}^{\mathrm{T}}=(d_{ij})_{n\times l}$,$\boldsymbol{AB}=(e_{ij})_{m\times n}$,$(\boldsymbol{AB})^{\mathrm{T}}=(f_{ij})_{n\times m}$,$\boldsymbol{B}^{\mathrm{T}}\boldsymbol{A}^{\mathrm{T}}=(g_{ij})_{n\times m}$,下证 $f_{ij}=g_{ij}$.

由矩阵转置及矩阵乘法的定义知

$$c_{ij}=a_{ji},\quad d_{ij}=b_{ji},\quad e_{ij}=a_{i1}b_{1j}+a_{i2}b_{2j}+\cdots+a_{il}b_{lj},$$

因此

$$f_{ij}=e_{ji}=a_{j1}b_{1i}+a_{j2}b_{2i}+\cdots+a_{jl}b_{li},$$

$$g_{ij}=d_{i1}c_{1j}+d_{i2}c_{2j}+\cdots+d_{il}c_{lj}=b_{1i}a_{j1}+b_{2i}a_{j2}+\cdots+b_{li}a_{jl}=f_{ij}.$$

由矩阵转置、对称矩阵与反对称矩阵的定义易知:方阵 $\boldsymbol{A}$ 为对称矩阵的充要条件是 $\boldsymbol{A}^{\mathrm{T}}=\boldsymbol{A}$;方阵 $\boldsymbol{A}$ 为反对称矩阵的充要条件是 $\boldsymbol{A}^{\mathrm{T}}=-\boldsymbol{A}$.

例 10 设列矩阵 $\boldsymbol{X}=(x_1,x_2,\cdots,x_n)^{\mathrm{T}}$ 满足 $\boldsymbol{X}^{\mathrm{T}}\boldsymbol{X}=1$,$\boldsymbol{E}$ 为 n 阶单位矩阵,$\boldsymbol{H}=\boldsymbol{E}-2\boldsymbol{X}\boldsymbol{X}^{\mathrm{T}}$,证明:$\boldsymbol{H}$ 是对称矩阵,且 $\boldsymbol{H}\boldsymbol{H}^{\mathrm{T}}=\boldsymbol{E}$.

证明 因

$$\boldsymbol{H}^{\mathrm{T}}=(\boldsymbol{E}-2\boldsymbol{X}\boldsymbol{X}^{\mathrm{T}})^{\mathrm{T}}=\boldsymbol{E}^{\mathrm{T}}-2(\boldsymbol{X}\boldsymbol{X}^{\mathrm{T}})^{\mathrm{T}}=\boldsymbol{E}-2\boldsymbol{X}\boldsymbol{X}^{\mathrm{T}}=\boldsymbol{H},$$

故 $\boldsymbol{H}$ 是对称矩阵,且

$$\begin{aligned}\boldsymbol{H}\boldsymbol{H}^{\mathrm{T}}=\boldsymbol{H}^2&=(\boldsymbol{E}-2\boldsymbol{X}\boldsymbol{X}^{\mathrm{T}})^2=\boldsymbol{E}-4\boldsymbol{X}\boldsymbol{X}^{\mathrm{T}}+4(\boldsymbol{X}\boldsymbol{X}^{\mathrm{T}})(\boldsymbol{X}\boldsymbol{X}^{\mathrm{T}})\\&=\boldsymbol{E}-4\boldsymbol{X}\boldsymbol{X}^{\mathrm{T}}+4\boldsymbol{X}(\boldsymbol{X}^{\mathrm{T}}\boldsymbol{X})\boldsymbol{X}^{\mathrm{T}}=\boldsymbol{E}.\end{aligned}$$

四、矩阵的行列式

定义 7 由 n 阶方阵 $\boldsymbol{A}$ 的所有元素构成的行列式(各元素的位置不变),称为 $\boldsymbol{A}$ 的行列式,记为 $|\boldsymbol{A}|$ 或 $\det\boldsymbol{A}$.

例如,若三阶方阵 $\boldsymbol{A}=\begin{pmatrix}1&1&1\\1&2&2\\1&2&3\end{pmatrix}$,则 $|\boldsymbol{A}|=\begin{vmatrix}1&1&1\\1&2&2\\1&2&3\end{vmatrix}=1$.

定义 8 如果 n 阶方阵 $\boldsymbol{A}$ 的行列式不等于 0,即 $|\boldsymbol{A}|\neq 0$,则称 $\boldsymbol{A}$ 为非奇异的(或非退化的);否则,称 $\boldsymbol{A}$ 为奇异的(或退化的).

矩阵的行列式满足下列运算规律(设 $\boldsymbol{A}$,$\boldsymbol{B}$ 为 n 阶方阵,k 为常数):

(1) $|\boldsymbol{A}^{\mathrm{T}}|=|\boldsymbol{A}|$;

(2) $|k\boldsymbol{A}|=k^n|\boldsymbol{A}|$;

(3) $|\boldsymbol{AB}|=|\boldsymbol{A}||\boldsymbol{B}|$.

运算规律(1),(2) 可由行列式的性质及矩阵运算的定义直接得证,运算规律(3) 可利用拉普拉斯定理来证明,这里从略.

例 11 设 $\boldsymbol{A}$ 为三阶方阵,且 $|\boldsymbol{A}|=-2$,求 $\big||\boldsymbol{A}|\boldsymbol{A}^2\boldsymbol{A}^{\mathrm{T}}\big|$.

解 $\big||\boldsymbol{A}|\boldsymbol{A}^2\boldsymbol{A}^{\mathrm{T}}\big|=|\boldsymbol{A}|^3|\boldsymbol{A}^2||\boldsymbol{A}^{\mathrm{T}}|=|\boldsymbol{A}|^3|\boldsymbol{A}|^2|\boldsymbol{A}|=|\boldsymbol{A}|^6=(-2)^6=64$.

第三节　逆　矩　阵

一、逆矩阵的概念

在数的运算中，对于数 $a \neq 0$，总存在唯一的倒数 a^{-1}，使得 $a \cdot a^{-1} = a^{-1} \cdot a = 1$. 数的倒数在解方程中起着非常重要的作用. 例如，解一元线性方程 $ax = b$，当 $a \neq 0$ 时，其解为

$$x = a^{-1}b.$$

在矩阵的乘法中，单位矩阵 $\boldsymbol{E}$ 相当于数的乘法运算中的 1，那么人们自然会问：对于一个矩阵 $\boldsymbol{A}$，能否找到一个与 a^{-1} 地位相似的矩阵（记作 $\boldsymbol{A}^{-1}$），使得 $\boldsymbol{A}\boldsymbol{A}^{-1} = \boldsymbol{A}^{-1}\boldsymbol{A} = \boldsymbol{E}$ 成立呢？这对某些矩阵是可以办到的. 例如，设矩阵

$$\boldsymbol{A} = \begin{pmatrix} 1 & 2 \\ 0 & 1 \end{pmatrix}, \quad \boldsymbol{B} = \begin{pmatrix} 1 & -2 \\ 0 & 1 \end{pmatrix},$$

则有

$$\boldsymbol{AB} = \begin{pmatrix} 1 & 2 \\ 0 & 1 \end{pmatrix}\begin{pmatrix} 1 & -2 \\ 0 & 1 \end{pmatrix} = \begin{pmatrix} 1 & 0 \\ 0 & 1 \end{pmatrix} = \boldsymbol{E},$$

$$\boldsymbol{BA} = \begin{pmatrix} 1 & -2 \\ 0 & 1 \end{pmatrix}\begin{pmatrix} 1 & 2 \\ 0 & 1 \end{pmatrix} = \begin{pmatrix} 1 & 0 \\ 0 & 1 \end{pmatrix} = \boldsymbol{E}.$$

下面给出一般定义.

定义 9　对于 n 阶方阵 $\boldsymbol{A}$，如果存在一个 n 阶方阵 $\boldsymbol{B}$，使得

$$\boldsymbol{AB} = \boldsymbol{BA} = \boldsymbol{E},$$

则称 $\boldsymbol{A}$ 为可逆矩阵，并称 $\boldsymbol{B}$ 为 $\boldsymbol{A}$ 的逆矩阵.

注　(1) 可逆矩阵及其逆矩阵是同阶方阵.

(2) 定义 9 中矩阵 $\boldsymbol{A}$ 与 $\boldsymbol{B}$ 的地位对称，即若 $\boldsymbol{B}$ 为 $\boldsymbol{A}$ 的逆矩阵，则 $\boldsymbol{A}$ 也为 $\boldsymbol{B}$ 的逆矩阵.

(3) 若 n 阶方阵 $\boldsymbol{A}$ 可逆，则 $\boldsymbol{A}$ 的逆矩阵是唯一的.

事实上，若设 $\boldsymbol{B}$,$\boldsymbol{C}$ 均为 $\boldsymbol{A}$ 的逆矩阵，即

$$\boldsymbol{AB} = \boldsymbol{BA} = \boldsymbol{E}, \quad \boldsymbol{AC} = \boldsymbol{CA} = \boldsymbol{E},$$

则有

$$\boldsymbol{B} = \boldsymbol{BE} = \boldsymbol{B}(\boldsymbol{AC}) = (\boldsymbol{BA})\boldsymbol{C} = \boldsymbol{EC} = \boldsymbol{C}.$$

$\boldsymbol{A}$ 的逆矩阵记作 $\boldsymbol{A}^{-1}$，即若 $\boldsymbol{AB} = \boldsymbol{BA} = \boldsymbol{E}$，则 $\boldsymbol{B} = \boldsymbol{A}^{-1}$.

(4) 并非任意非零方阵都可逆（零矩阵显然不可逆）.

例如，设矩阵 $\boldsymbol{A} = \begin{pmatrix} 1 & 0 \\ 0 & 0 \end{pmatrix}$，由于

$$\boldsymbol{A}\begin{pmatrix} a & b \\ c & d \end{pmatrix} = \begin{pmatrix} 1 & 0 \\ 0 & 0 \end{pmatrix}\begin{pmatrix} a & b \\ c & d \end{pmatrix} = \begin{pmatrix} a & b \\ 0 & 0 \end{pmatrix}$$

不可能等于 $\boldsymbol{E}$，因此 $\boldsymbol{A}$ 没有逆矩阵，即 $\boldsymbol{A}$ 不可逆.

二、矩阵可逆的条件

定义 10 给定 n 阶方阵 $\boldsymbol{A}=(a_{ij})_{n\times n}$,设 A_{ij} 是 $|\boldsymbol{A}|$ 中元素 $a_{ij}(i,j=1,2,\cdots,n)$ 的代数余子式,称矩阵

$$\begin{pmatrix} A_{11} & A_{21} & \cdots & A_{n1} \\ A_{12} & A_{22} & \cdots & A_{n2} \\ \vdots & \vdots & & \vdots \\ A_{1n} & A_{2n} & \cdots & A_{nn} \end{pmatrix}$$

为 $\boldsymbol{A}$ 的伴随矩阵,记为 $\boldsymbol{A}^*$.

定理 1 **n 阶方阵 $\boldsymbol{A}$ 可逆的充要条件是 $|\boldsymbol{A}|\neq 0$,且当 $\boldsymbol{A}$ 可逆时,有**

$$\boldsymbol{A}^{-1}=\frac{1}{|\boldsymbol{A}|}\boldsymbol{A}^*.$$

证明 **必要性** 由 $\boldsymbol{A}$ 可逆知,存在 n 阶方阵 $\boldsymbol{B}$,满足 $\boldsymbol{AB}=\boldsymbol{E}$,从而

$$|\boldsymbol{A}||\boldsymbol{B}|=|\boldsymbol{AB}|=|\boldsymbol{E}|=1\neq 0.$$

因此,$|\boldsymbol{A}|\neq 0$,同时 $|\boldsymbol{B}|\neq 0$.

充分性 设 $\boldsymbol{A}=(a_{ij})_{n\times n}$,则由行列式按行(列)展开定理及其推论有

$$\boldsymbol{AA}^*=\begin{pmatrix} a_{11} & a_{12} & \cdots & a_{1n} \\ a_{21} & a_{22} & \cdots & a_{2n} \\ \vdots & \vdots & & \vdots \\ a_{n1} & a_{n2} & \cdots & a_{nn} \end{pmatrix}\begin{pmatrix} A_{11} & A_{21} & \cdots & A_{n1} \\ A_{12} & A_{22} & \cdots & A_{n2} \\ \vdots & \vdots & & \vdots \\ A_{1n} & A_{2n} & \cdots & A_{nn} \end{pmatrix}$$

$$=\begin{pmatrix} |\boldsymbol{A}| & 0 & \cdots & 0 \\ 0 & |\boldsymbol{A}| & \cdots & 0 \\ \vdots & \vdots & & \vdots \\ 0 & 0 & \cdots & |\boldsymbol{A}| \end{pmatrix}=|\boldsymbol{A}|\boldsymbol{E},$$

且当 $|\boldsymbol{A}|\neq 0$ 时,有 $\boldsymbol{A}\left(\frac{1}{|\boldsymbol{A}|}\boldsymbol{A}^*\right)=\boldsymbol{E}$.

类似地,可得 $\boldsymbol{A}^*\boldsymbol{A}=|\boldsymbol{A}|\boldsymbol{E}$,且当 $|\boldsymbol{A}|\neq 0$ 时,有 $\left(\frac{1}{|\boldsymbol{A}|}\boldsymbol{A}^*\right)\boldsymbol{A}=\boldsymbol{E}$.

由定义 9 知,当 $|\boldsymbol{A}|\neq 0$ 时,$\boldsymbol{A}$ 可逆,且

$$\boldsymbol{A}^{-1}=\frac{1}{|\boldsymbol{A}|}\boldsymbol{A}^*.$$

由定理 1 的证明过程得到伴随矩阵的一个重要性质:

$$\boldsymbol{AA}^*=\boldsymbol{A}^*\boldsymbol{A}=|\boldsymbol{A}|\boldsymbol{E}.$$

推论 设 $\boldsymbol{A},\boldsymbol{B}$ 为同阶方阵.若 $\boldsymbol{AB}=\boldsymbol{E}$,则 $\boldsymbol{B}=\boldsymbol{A}^{-1}$.

证明 由 $\boldsymbol{AB}=\boldsymbol{E}$,得 $|\boldsymbol{A}||\boldsymbol{B}|=1$,故 $\boldsymbol{A}^{-1}$ 存在,且

$$\boldsymbol{B}=\boldsymbol{EB}=(\boldsymbol{A}^{-1}\boldsymbol{A})\boldsymbol{B}=\boldsymbol{A}^{-1}(\boldsymbol{AB})=\boldsymbol{A}^{-1}\boldsymbol{E}=\boldsymbol{A}^{-1}.$$

由定理 1 的推论及其证明过程知,如果同阶方阵 $\boldsymbol{A},\boldsymbol{B}$ 满足 $\boldsymbol{AB}=\boldsymbol{E}$,则一定有 $\boldsymbol{BA}=\boldsymbol{E}$,且

$\boldsymbol{A}^{-1}=\boldsymbol{B},\boldsymbol{B}^{-1}=\boldsymbol{A}$，即 $\boldsymbol{A},\boldsymbol{B}$ 互为逆矩阵.

例 1　设矩阵 $\boldsymbol{A}=\begin{pmatrix}a & b\\ c & d\end{pmatrix}$，问：$\boldsymbol{A}$ 是否可逆？若 $\boldsymbol{A}$ 可逆，求 $\boldsymbol{A}^{-1}$.

解　因

$$|\boldsymbol{A}|=\begin{vmatrix}a & b\\ c & d\end{vmatrix}=ad-bc,$$

故当 $ad-bc\neq 0$ 时，$\boldsymbol{A}$ 可逆. 又

$$\boldsymbol{A}^{*}=\begin{pmatrix}A_{11} & A_{21}\\ A_{12} & A_{22}\end{pmatrix}=\begin{pmatrix}d & -b\\ -c & a\end{pmatrix},$$

所以当 $\boldsymbol{A}$ 可逆时，

$$\boldsymbol{A}^{-1}=\frac{1}{|\boldsymbol{A}|}\boldsymbol{A}^{*}=\frac{1}{ad-bc}\begin{pmatrix}d & -b\\ -c & a\end{pmatrix}.$$

由例 1 不难发现，二阶方阵 $\boldsymbol{A}=\begin{pmatrix}a & b\\ c & d\end{pmatrix}$ 的伴随矩阵 $\boldsymbol{A}^{*}$ 可按如下方法直接写出：将 $\boldsymbol{A}$ 的主对角线上的元素 a,d 交换位置，副对角线上的元素 b,c 添加负号即可.

例 2　判断矩阵 $\boldsymbol{A}=\begin{pmatrix}1 & 0 & 1\\ 2 & 1 & 0\\ -3 & 2 & -5\end{pmatrix}$ 是否可逆，若可逆，求 $\boldsymbol{A}^{*}$，$\boldsymbol{A}^{-1}$ 和 $(\boldsymbol{A}^{*})^{-1}$.

解　因 $|\boldsymbol{A}|=\begin{vmatrix}1 & 0 & 1\\ 2 & 1 & 0\\ -3 & 2 & -5\end{vmatrix}=2\neq 0$，故 $\boldsymbol{A}$ 可逆. 再计算 $|\boldsymbol{A}|$ 的各元素的代数余子式：

$$A_{11}=\begin{vmatrix}1 & 0\\ 2 & -5\end{vmatrix}=-5,\quad A_{12}=-\begin{vmatrix}2 & 0\\ -3 & -5\end{vmatrix}=10,\quad A_{13}=\begin{vmatrix}2 & 1\\ -3 & 2\end{vmatrix}=7,$$

$$A_{21}=-\begin{vmatrix}0 & 1\\ 2 & -5\end{vmatrix}=2,\quad A_{22}=\begin{vmatrix}1 & 1\\ -3 & -5\end{vmatrix}=-2,\quad A_{23}=-\begin{vmatrix}1 & 0\\ -3 & 2\end{vmatrix}=-2,$$

$$A_{31}=\begin{vmatrix}0 & 1\\ 1 & 0\end{vmatrix}=-1,\quad A_{32}=-\begin{vmatrix}1 & 1\\ 2 & 0\end{vmatrix}=2,\quad A_{33}=\begin{vmatrix}1 & 0\\ 2 & 1\end{vmatrix}=1,$$

从而可得

$$\boldsymbol{A}^{*}=\begin{pmatrix}-5 & 2 & -1\\ 10 & -2 & 2\\ 7 & -2 & 1\end{pmatrix},$$

于是

$$\boldsymbol{A}^{-1}=\frac{1}{|\boldsymbol{A}|}\boldsymbol{A}^{*}=\frac{1}{2}\begin{pmatrix}-5 & 2 & -1\\ 10 & -2 & 2\\ 7 & -2 & 1\end{pmatrix}=\begin{pmatrix}-\frac{5}{2} & 1 & -\frac{1}{2}\\ 5 & -1 & 1\\ \frac{7}{2} & -1 & \frac{1}{2}\end{pmatrix}.$$

由 $\boldsymbol{A}\boldsymbol{A}^*=|\boldsymbol{A}|\boldsymbol{E}$,得

$$(\boldsymbol{A}^*)^{-1}=\frac{1}{|\boldsymbol{A}|}\boldsymbol{A}=\frac{1}{2}\boldsymbol{A}=\begin{pmatrix}\frac{1}{2} & 0 & \frac{1}{2}\\ 1 & \frac{1}{2} & 0\\ -\frac{3}{2} & 1 & -\frac{5}{2}\end{pmatrix}.$$

例 3 设矩阵 $\boldsymbol{A}$ 满足 $\boldsymbol{A}^2-\boldsymbol{A}-2\boldsymbol{E}=\boldsymbol{O}$,证明:$\boldsymbol{A}$,$\boldsymbol{A}+2\boldsymbol{E}$ 为可逆矩阵;并求 $\boldsymbol{A}^{-1}$ 和 $(\boldsymbol{A}+2\boldsymbol{E})^{-1}$.

解 由 $\boldsymbol{A}^2-\boldsymbol{A}-2\boldsymbol{E}=\boldsymbol{O}$,得 $\boldsymbol{A}^2-\boldsymbol{A}=2\boldsymbol{E}$,即

$$\boldsymbol{A}\left[\frac{1}{2}(\boldsymbol{A}-\boldsymbol{E})\right]=\boldsymbol{E}.$$

由定理 1 的推论知,$\boldsymbol{A}$ 可逆,且

$$\boldsymbol{A}^{-1}=\frac{1}{2}(\boldsymbol{A}-\boldsymbol{E}).$$

又由 $\boldsymbol{A}^2-\boldsymbol{A}-2\boldsymbol{E}=\boldsymbol{O}$,得$(\boldsymbol{A}+2\boldsymbol{E})(\boldsymbol{A}-3\boldsymbol{E})=-4\boldsymbol{E}$,即

$$(\boldsymbol{A}+2\boldsymbol{E})\left[-\frac{1}{4}(\boldsymbol{A}-3\boldsymbol{E})\right]=\boldsymbol{E},$$

故 $\boldsymbol{A}+2\boldsymbol{E}$ 可逆,且

$$(\boldsymbol{A}+2\boldsymbol{E})^{-1}=-\frac{1}{4}(\boldsymbol{A}-3\boldsymbol{E}).$$

三、逆矩阵的运算性质

设 $\boldsymbol{A}$,$\boldsymbol{B}$ 为同阶可逆矩阵,k 为非零常数,则

(1) $\boldsymbol{A}^{-1}$ 可逆,且$(\boldsymbol{A}^{-1})^{-1}=\boldsymbol{A}$;

(2) $\boldsymbol{A}^{\mathrm{T}}$ 可逆,且$(\boldsymbol{A}^{\mathrm{T}})^{-1}=(\boldsymbol{A}^{-1})^{\mathrm{T}}$;

(3) $k\boldsymbol{A}$ 可逆,且$(k\boldsymbol{A})^{-1}=\frac{1}{k}\boldsymbol{A}^{-1}$;

(4) $\boldsymbol{A}\boldsymbol{B}$ 可逆,且$(\boldsymbol{A}\boldsymbol{B})^{-1}=\boldsymbol{B}^{-1}\boldsymbol{A}^{-1}$;

(5) $|\boldsymbol{A}^{-1}|=\frac{1}{|\boldsymbol{A}|}=|\boldsymbol{A}|^{-1}$.

证明 (1) 因 $\boldsymbol{A}^{-1}\boldsymbol{A}=\boldsymbol{E}$,故由定理 1 的推论知$(\boldsymbol{A}^{-1})^{-1}=\boldsymbol{A}$.

(2) 因 $\boldsymbol{A}^{\mathrm{T}}(\boldsymbol{A}^{-1})^{\mathrm{T}}=(\boldsymbol{A}^{-1}\boldsymbol{A})^{\mathrm{T}}=\boldsymbol{E}$,故由定理 1 的推论知$(\boldsymbol{A}^{\mathrm{T}})^{-1}=(\boldsymbol{A}^{-1})^{\mathrm{T}}$.

同理可证得性质(3),(4) 成立.

(5) 因 $\boldsymbol{A}\boldsymbol{A}^{-1}=\boldsymbol{E}$,故 $|\boldsymbol{A}||\boldsymbol{A}^{-1}|=1$. 于是 $|\boldsymbol{A}^{-1}|=\frac{1}{|\boldsymbol{A}|}=|\boldsymbol{A}|^{-1}$.

性质(4) 可以推广到任意有限个同阶可逆矩阵的情形,即若 $\boldsymbol{A}_1$,$\boldsymbol{A}_2$,$\cdots$,$\boldsymbol{A}_n$ 为同阶可逆矩阵,则 $\boldsymbol{A}_1\boldsymbol{A}_2\cdots\boldsymbol{A}_n$ 也可逆,且

$$(\boldsymbol{A}_1\boldsymbol{A}_2\cdots\boldsymbol{A}_n)^{-1}=\boldsymbol{A}_n^{-1}\boldsymbol{A}_{n-1}^{-1}\cdots\boldsymbol{A}_2^{-1}\boldsymbol{A}_1^{-1}.$$

因此，当 $\boldsymbol{A}$ 为可逆矩阵，k 为正整数时，有

$$(\boldsymbol{A}^k)^{-1}=(\overbrace{\boldsymbol{A}\cdot\boldsymbol{A}\cdot\cdots\cdot\boldsymbol{A}}^{k个})^{-1}=\overbrace{\boldsymbol{A}^{-1}\cdot\boldsymbol{A}^{-1}\cdot\cdots\cdot\boldsymbol{A}^{-1}}^{k个}=(\boldsymbol{A}^{-1})^k.$$

由此，我们可定义可逆矩阵的负整数次幂如下：

若 $\boldsymbol{A}$ 为可逆矩阵，则定义

$$\boldsymbol{A}^{-k}=(\boldsymbol{A}^{-1})^k \quad (k\text{ 为正整数}).$$

另外，我们规定对于任意 n 阶方阵 $\boldsymbol{A}$，都有 $\boldsymbol{A}^0=\boldsymbol{E}$. 这样，如果 $\boldsymbol{A}$ 为可逆矩阵，则前面讲到的方阵的幂的性质对负整数次幂也成立.

例 4　设 $\boldsymbol{A}$ 为三阶方阵，且 $|\boldsymbol{A}|=\dfrac{1}{2}$，求 $\left|\left(\dfrac{1}{3}\boldsymbol{A}\right)^{-1}-2\boldsymbol{A}^*\right|$.

解　由于 $\boldsymbol{A}^*=|\boldsymbol{A}|\boldsymbol{A}^{-1}=\dfrac{1}{2}\boldsymbol{A}^{-1}$，因此

$$\left|\left(\frac{1}{3}\boldsymbol{A}\right)^{-1}-2\boldsymbol{A}^*\right|=|3\boldsymbol{A}^{-1}-\boldsymbol{A}^{-1}|=|2\boldsymbol{A}^{-1}|=2^3|\boldsymbol{A}^{-1}|=2^3\frac{1}{|\boldsymbol{A}|}=16.$$

典型例题

四、矩阵方程

对于矩阵方程

$$\boldsymbol{AX}=\boldsymbol{C},\quad \boldsymbol{XA}=\boldsymbol{C},\quad \boldsymbol{AXB}=\boldsymbol{C},$$

如果矩阵 $\boldsymbol{A},\boldsymbol{B}$ 可逆，则通过在矩阵方程两边同时左乘或同时右乘对应矩阵的逆矩阵，可求出其解分别为

$$\boldsymbol{X}=\boldsymbol{A}^{-1}\boldsymbol{C},\quad \boldsymbol{X}=\boldsymbol{CA}^{-1},\quad \boldsymbol{X}=\boldsymbol{A}^{-1}\boldsymbol{CB}^{-1}.$$

其他形式的矩阵方程，则可通过矩阵的有关运算性质转化为上述三种形式之一.

例 5　设矩阵 $\boldsymbol{A}$ 可逆，且 $\boldsymbol{A}^*\boldsymbol{B}=\boldsymbol{A}^{-1}+\boldsymbol{B}$，证明：$\boldsymbol{B}$ 可逆；并且，当 $\boldsymbol{A}=\begin{pmatrix}2&0&0\\0&1&0\\0&0&2\end{pmatrix}$ 时，求 $\boldsymbol{B}$.

解　由 $\boldsymbol{A}^*\boldsymbol{B}=\boldsymbol{A}^{-1}+\boldsymbol{B}=\boldsymbol{A}^{-1}+\boldsymbol{EB}$，得

$$(\boldsymbol{A}^*-\boldsymbol{E})\boldsymbol{B}=\boldsymbol{A}^{-1},\tag{2.4}$$

于是 $|\boldsymbol{A}^*-\boldsymbol{E}||\boldsymbol{B}|=|\boldsymbol{A}^{-1}|\neq 0$，从而 $\boldsymbol{B},\boldsymbol{A}^*-\boldsymbol{E}$ 可逆. 再由(2.4)式得

$$\boldsymbol{B}=(\boldsymbol{A}^*-\boldsymbol{E})^{-1}\boldsymbol{A}^{-1}=[\boldsymbol{A}(\boldsymbol{A}^*-\boldsymbol{E})]^{-1}=(|\boldsymbol{A}|\boldsymbol{E}-\boldsymbol{A})^{-1}.$$

又

$$|\boldsymbol{A}|\boldsymbol{E}-\boldsymbol{A}=\begin{pmatrix}4&0&0\\0&4&0\\0&0&4\end{pmatrix}-\begin{pmatrix}2&0&0\\0&1&0\\0&0&2\end{pmatrix}=\begin{pmatrix}2&0&0\\0&3&0\\0&0&2\end{pmatrix},$$

于是由逆矩阵的运算性质及求逆矩阵的公式得

$$\boldsymbol{B}=\begin{pmatrix}2&0&0\\0&3&0\\0&0&2\end{pmatrix}^{-1}=\begin{pmatrix}\frac{1}{2}&0&0\\0&\frac{1}{3}&0\\0&0&\frac{1}{2}\end{pmatrix}.$$

注 当对角矩阵 $\boldsymbol{\Lambda}=\mathrm{diag}(a_1,a_2,\cdots,a_n)$ 可逆时,其逆矩阵为

$$\boldsymbol{\Lambda}^{-1}=\mathrm{diag}\left(\frac{1}{a_1},\frac{1}{a_2},\cdots,\frac{1}{a_n}\right).$$

例 6 设矩阵 $\boldsymbol{P}=\begin{pmatrix}1&2\\1&4\end{pmatrix}$,$\boldsymbol{\Lambda}=\begin{pmatrix}1&0\\0&2\end{pmatrix}$,$\boldsymbol{AP}=\boldsymbol{P\Lambda}$,求 $\boldsymbol{A}$,$\boldsymbol{A}^n$.

解 因为

$$|\boldsymbol{P}|=2\neq 0,\quad \boldsymbol{P}^{-1}=\frac{1}{2}\begin{pmatrix}4&-2\\-1&1\end{pmatrix},$$

所以

$$\boldsymbol{A}=\boldsymbol{P\Lambda P}^{-1}=\frac{1}{2}\begin{pmatrix}1&2\\1&4\end{pmatrix}\begin{pmatrix}1&0\\0&2\end{pmatrix}\begin{pmatrix}4&-2\\-1&1\end{pmatrix}=\begin{pmatrix}0&1\\-2&3\end{pmatrix}.$$

又

$$\boldsymbol{A}^2=(\boldsymbol{P\Lambda P}^{-1})(\boldsymbol{P\Lambda P}^{-1})=\boldsymbol{P\Lambda}^2\boldsymbol{P}^{-1},\quad \cdots,\quad \boldsymbol{A}^n=\boldsymbol{P\Lambda}^n\boldsymbol{P}^{-1},$$

$$\boldsymbol{\Lambda}^2=\begin{pmatrix}1&0\\0&2\end{pmatrix}\begin{pmatrix}1&0\\0&2\end{pmatrix}=\begin{pmatrix}1&0\\0&2^2\end{pmatrix},\quad \cdots,\quad \boldsymbol{\Lambda}^n=\begin{pmatrix}1&0\\0&2^n\end{pmatrix},$$

所以

$$\boldsymbol{A}^n=\frac{1}{2}\begin{pmatrix}1&2\\1&4\end{pmatrix}\begin{pmatrix}1&0\\0&2^n\end{pmatrix}\begin{pmatrix}4&-2\\-1&1\end{pmatrix}=\begin{pmatrix}2-2^n&2^n-1\\2-2^{n+1}&2^{n+1}-1\end{pmatrix}.$$

第四节 分块矩阵

一、分块矩阵的概念

对于行数和列数比较多的矩阵 $\boldsymbol{A}$,为了简化运算,经常采用"矩阵分块法"使大矩阵的运算化成若干个小矩阵间的运算,同时也使原矩阵的结构显得简单而清晰. 具体做法是,将大矩阵 $\boldsymbol{A}$ 用若干条横线和纵线分成多个小矩阵. 每个小矩阵称为 $\boldsymbol{A}$ 的子块,以子块为元素的矩阵 $\boldsymbol{A}$ 称为分块矩阵.

矩阵的分块有多种形式,可根据具体需要而定. 例如,矩阵

$$\boldsymbol{A}=\begin{pmatrix}1&0&0&2\\0&1&0&3\\0&0&1&0\\0&0&0&1\end{pmatrix}$$

可分块成

$$\boldsymbol{A}=\left(\begin{array}{ccc:c}1&0&0&2\\0&1&0&3\\0&0&1&0\\\hdashline 0&0&0&1\end{array}\right)=\begin{pmatrix}\boldsymbol{E}_3&\boldsymbol{B}\\\boldsymbol{O}&\boldsymbol{E}_1\end{pmatrix},$$

其中 $\boldsymbol{B}=\begin{pmatrix}2\\3\\0\end{pmatrix}$;也可分块成

$$\boldsymbol{A}=\left(\begin{array}{cc:cc}1&0&0&2\\0&1&0&3\\\hdashline 0&0&1&0\\0&0&0&1\end{array}\right)=\begin{pmatrix}\boldsymbol{E}_2&\boldsymbol{C}\\\boldsymbol{O}&\boldsymbol{E}_2\end{pmatrix},$$

其中 $\boldsymbol{C}=\begin{pmatrix}0&2\\0&3\end{pmatrix}$;还可以按行或按列分块成

$$\boldsymbol{A}=\left(\begin{array}{cccc}1&0&0&2\\\hdashline 0&1&0&3\\\hdashline 0&0&1&0\\\hdashline 0&0&0&1\end{array}\right)=\begin{pmatrix}\boldsymbol{A}_1\\\boldsymbol{A}_2\\\boldsymbol{A}_3\\\boldsymbol{A}_4\end{pmatrix}$$

或

$$\boldsymbol{A}=\left(\begin{array}{c:c:c:c}1&0&0&2\\0&1&0&3\\0&0&1&0\\0&0&0&1\end{array}\right)=(\boldsymbol{B}_1,\boldsymbol{B}_2,\boldsymbol{B}_3,\boldsymbol{B}_4),$$

这里 $\boldsymbol{A}_i,\boldsymbol{B}_j(i,j=1,2,3,4)$ 的含义不再赘述.

注 相对于分块矩阵而言,我们前面几节所讨论的矩阵称为数字矩阵. 一个数字矩阵 $\boldsymbol{A}_{m\times n}$ 也可以看成以 $m\times n$ 个元素为一个子块的分块矩阵.

例 1 设 $\boldsymbol{A}=(a_{ij})_{3\times3}$, $|\boldsymbol{A}|=-2$,记 $\boldsymbol{A}=(\boldsymbol{A}_1,\boldsymbol{A}_2,\boldsymbol{A}_3)$,求 $|\boldsymbol{A}_3-2\boldsymbol{A}_1,3\boldsymbol{A}_2,\boldsymbol{A}_1|$.

解 根据行列式的运算性质,有

$$\begin{aligned}|\boldsymbol{A}_3-2\boldsymbol{A}_1,3\boldsymbol{A}_2,\boldsymbol{A}_1|&=|\boldsymbol{A}_3,3\boldsymbol{A}_2,\boldsymbol{A}_1|=-|\boldsymbol{A}_1,3\boldsymbol{A}_2,\boldsymbol{A}_3|\\&=-3|\boldsymbol{A}_1,\boldsymbol{A}_2,\boldsymbol{A}_3|=-3|\boldsymbol{A}|\\&=(-3)\times(-2)=6.\end{aligned}$$

二、分块矩阵的运算

分块矩阵的运算规则与数字矩阵的运算规则相似.对参与运算的分块矩阵,其分块的原则是:一方面,分块后参与运算的两个矩阵以子块为元素符合数字矩阵的运算要求;另一方面,参与运算的子块间也要符合数字矩阵的运算要求.具体讨论如下.

1. 分块矩阵的加法

设 $\boldsymbol{A}$ 与 $\boldsymbol{B}$ 为同型矩阵,采用同样的分块法,有

$$\boldsymbol{A}=\begin{pmatrix}\boldsymbol{A}_{11} & \boldsymbol{A}_{12} & \cdots & \boldsymbol{A}_{1r}\\ \boldsymbol{A}_{21} & \boldsymbol{A}_{22} & \cdots & \boldsymbol{A}_{2r}\\ \vdots & \vdots & & \vdots\\ \boldsymbol{A}_{s1} & \boldsymbol{A}_{s2} & \cdots & \boldsymbol{A}_{sr}\end{pmatrix}_{s\times r},\quad \boldsymbol{B}=\begin{pmatrix}\boldsymbol{B}_{11} & \boldsymbol{B}_{12} & \cdots & \boldsymbol{B}_{1r}\\ \boldsymbol{B}_{21} & \boldsymbol{B}_{22} & \cdots & \boldsymbol{B}_{2r}\\ \vdots & \vdots & & \vdots\\ \boldsymbol{B}_{s1} & \boldsymbol{B}_{s2} & \cdots & \boldsymbol{B}_{sr}\end{pmatrix}_{s\times r},$$

其中 $\boldsymbol{A}_{ij}$ 与 $\boldsymbol{B}_{ij}(i=1,2,\cdots,s;j=1,2,\cdots,r)$ 为同型矩阵,则

$$\boldsymbol{A}+\boldsymbol{B}=\begin{pmatrix}\boldsymbol{A}_{11}+\boldsymbol{B}_{11} & \boldsymbol{A}_{12}+\boldsymbol{B}_{12} & \cdots & \boldsymbol{A}_{1r}+\boldsymbol{B}_{1r}\\ \boldsymbol{A}_{21}+\boldsymbol{B}_{21} & \boldsymbol{A}_{22}+\boldsymbol{B}_{22} & \cdots & \boldsymbol{A}_{2r}+\boldsymbol{B}_{2r}\\ \vdots & \vdots & & \vdots\\ \boldsymbol{A}_{s1}+\boldsymbol{B}_{s1} & \boldsymbol{A}_{s2}+\boldsymbol{B}_{s2} & \cdots & \boldsymbol{A}_{sr}+\boldsymbol{B}_{sr}\end{pmatrix}_{s\times r}.$$

2. 数与分块矩阵的乘法

设矩阵 $\boldsymbol{A}$ 分块成 $\boldsymbol{A}=\begin{pmatrix}\boldsymbol{A}_{11} & \boldsymbol{A}_{12} & \cdots & \boldsymbol{A}_{1r}\\ \boldsymbol{A}_{21} & \boldsymbol{A}_{22} & \cdots & \boldsymbol{A}_{2r}\\ \vdots & \vdots & & \vdots\\ \boldsymbol{A}_{s1} & \boldsymbol{A}_{s2} & \cdots & \boldsymbol{A}_{sr}\end{pmatrix}_{s\times r}$,$k$ 为常数,则

$$k\boldsymbol{A}=\begin{pmatrix}k\boldsymbol{A}_{11} & k\boldsymbol{A}_{12} & \cdots & k\boldsymbol{A}_{1r}\\ k\boldsymbol{A}_{21} & k\boldsymbol{A}_{22} & \cdots & k\boldsymbol{A}_{2r}\\ \vdots & \vdots & & \vdots\\ k\boldsymbol{A}_{s1} & k\boldsymbol{A}_{s2} & \cdots & k\boldsymbol{A}_{sr}\end{pmatrix}_{s\times r}.$$

3. 分块矩阵的乘法

设 $\boldsymbol{A}$ 为 $m\times l$ 矩阵,$\boldsymbol{B}$ 为 $l\times n$ 矩阵,将 $\boldsymbol{A},\boldsymbol{B}$ 分别分块成

$$\boldsymbol{A}=\begin{pmatrix}\boldsymbol{A}_{11} & \boldsymbol{A}_{12} & \cdots & \boldsymbol{A}_{1r}\\ \boldsymbol{A}_{21} & \boldsymbol{A}_{22} & \cdots & \boldsymbol{A}_{2r}\\ \vdots & \vdots & & \vdots\\ \boldsymbol{A}_{s1} & \boldsymbol{A}_{s2} & \cdots & \boldsymbol{A}_{sr}\end{pmatrix}_{s\times r},\quad \boldsymbol{B}=\begin{pmatrix}\boldsymbol{B}_{11} & \boldsymbol{B}_{12} & \cdots & \boldsymbol{B}_{1t}\\ \boldsymbol{B}_{21} & \boldsymbol{B}_{22} & \cdots & \boldsymbol{B}_{2t}\\ \vdots & \vdots & & \vdots\\ \boldsymbol{B}_{r1} & \boldsymbol{B}_{r2} & \cdots & \boldsymbol{B}_{rt}\end{pmatrix}_{r\times t},$$

则

$$\boldsymbol{AB}=\begin{pmatrix}\boldsymbol{C}_{11} & \boldsymbol{C}_{12} & \cdots & \boldsymbol{C}_{1t}\\ \boldsymbol{C}_{21} & \boldsymbol{C}_{22} & \cdots & \boldsymbol{C}_{2t}\\ \vdots & \vdots & & \vdots\\ \boldsymbol{C}_{s1} & \boldsymbol{C}_{s2} & \cdots & \boldsymbol{C}_{st}\end{pmatrix}_{s\times t},$$

其中 $\boldsymbol{C}_{ij}=\sum\limits_{k=1}^{r}\boldsymbol{A}_{ik}\boldsymbol{B}_{kj}(i=1,2,\cdots,s;j=1,2,\cdots,t)$,且从 $\boldsymbol{C}_{ij}$ 的计算表达式不难看出,我们要

求分块矩阵 $\boldsymbol{A}=(\boldsymbol{A}_{ij})_{s\times r}$，$\boldsymbol{B}=(\boldsymbol{B}_{ij})_{r\times t}$ 中，子块 $\boldsymbol{A}_{i1},\boldsymbol{A}_{i2},\cdots,\boldsymbol{A}_{ir}$ 的列数分别等于子块 $\boldsymbol{B}_{1j}$，$\boldsymbol{B}_{2j},\cdots,\boldsymbol{B}_{rj}$ 的行数.

例 2 设矩阵

$$\boldsymbol{A}=\begin{pmatrix}1&0&-2&0\\0&1&0&-2\\0&0&5&3\end{pmatrix}_{3\times4},\quad \boldsymbol{B}=\begin{pmatrix}3&0&-2\\1&2&0\\0&1&0\\0&0&1\end{pmatrix}_{4\times3},$$

用分块矩阵计算 $\boldsymbol{AB}$.

解 将 $\boldsymbol{A},\boldsymbol{B}$ 分别分块成

$$\boldsymbol{A}=\left(\begin{array}{cc:cc}1&0&-2&0\\0&1&0&-2\\\hdashline 0&0&5&3\end{array}\right)=\begin{pmatrix}\boldsymbol{E}&-2\boldsymbol{E}\\\boldsymbol{O}&\boldsymbol{A}_1\end{pmatrix}_{2\times2},$$

$$\boldsymbol{B}=\left(\begin{array}{c:cc}3&0&-2\\1&2&0\\\hdashline 0&1&0\\0&0&1\end{array}\right)=\begin{pmatrix}\boldsymbol{B}_1&\boldsymbol{B}_2\\\boldsymbol{O}&\boldsymbol{E}\end{pmatrix}_{2\times2},$$

其中 $\boldsymbol{A}_1=(5,3)$，$\boldsymbol{B}_1=\begin{pmatrix}3\\1\end{pmatrix}$，$\boldsymbol{B}_2=\begin{pmatrix}0&-2\\2&0\end{pmatrix}$，则

$$\boldsymbol{AB}=\begin{pmatrix}\boldsymbol{E}&-2\boldsymbol{E}\\\boldsymbol{O}&\boldsymbol{A}_1\end{pmatrix}\begin{pmatrix}\boldsymbol{B}_1&\boldsymbol{B}_2\\\boldsymbol{O}&\boldsymbol{E}\end{pmatrix}=\begin{pmatrix}\boldsymbol{B}_1&\boldsymbol{B}_2-2\boldsymbol{E}\\\boldsymbol{O}&\boldsymbol{A}_1\end{pmatrix}.$$

而

$$\boldsymbol{B}_2-2\boldsymbol{E}=\begin{pmatrix}0&-2\\2&0\end{pmatrix}-\begin{pmatrix}2&0\\0&2\end{pmatrix}=\begin{pmatrix}-2&-2\\2&-2\end{pmatrix},$$

所以

$$\boldsymbol{AB}=\left(\begin{array}{c:cc}3&-2&-2\\1&2&-2\\\hdashline 0&5&3\end{array}\right).$$

例 3 设矩阵

$$\boldsymbol{A}=\begin{pmatrix}a_{11}&a_{12}&\cdots&a_{1l}\\a_{21}&a_{22}&\cdots&a_{2l}\\\vdots&\vdots&&\vdots\\a_{m1}&a_{m2}&\cdots&a_{ml}\end{pmatrix},\quad \boldsymbol{B}=\begin{pmatrix}b_{11}&b_{12}&\cdots&b_{1n}\\b_{21}&b_{22}&\cdots&b_{2n}\\\vdots&\vdots&&\vdots\\b_{l1}&b_{l2}&\cdots&b_{ln}\end{pmatrix},$$

常见的分块方法及相应的乘积 $\boldsymbol{AB}$ 运算有如下几种：

(1) 将 $\boldsymbol{A}$ 分块成

$$A=\begin{pmatrix} a_{11} & a_{12} & \cdots & a_{1l} \\ \hdashline a_{21} & a_{22} & \cdots & a_{2l} \\ \hdashline \vdots & \vdots & & \vdots \\ \hdashline a_{m1} & a_{m2} & \cdots & a_{ml} \end{pmatrix}=\begin{pmatrix} \boldsymbol{\alpha}_1 \\ \boldsymbol{\alpha}_2 \\ \vdots \\ \boldsymbol{\alpha}_m \end{pmatrix}_{m\times 1},$$

其中 $\boldsymbol{\alpha}_i=(a_{i1},a_{i2},\cdots,a_{il})\ (i=1,2,\cdots,m)$,$\boldsymbol{B}$ 不分块,此时视 $\boldsymbol{B}$ 为 1×1 分块矩阵,则

$$\boldsymbol{AB}=\begin{pmatrix} \boldsymbol{\alpha}_1 \\ \boldsymbol{\alpha}_2 \\ \vdots \\ \boldsymbol{\alpha}_m \end{pmatrix}_{m\times 1}\boldsymbol{B}=\begin{pmatrix} \boldsymbol{\alpha}_1\boldsymbol{B} \\ \boldsymbol{\alpha}_2\boldsymbol{B} \\ \vdots \\ \boldsymbol{\alpha}_m\boldsymbol{B} \end{pmatrix}_{m\times 1}.$$

(2) $\boldsymbol{A}$ 的分法与(1)一致,即 $\boldsymbol{A}=\begin{pmatrix} \boldsymbol{\alpha}_1 \\ \boldsymbol{\alpha}_2 \\ \vdots \\ \boldsymbol{\alpha}_m \end{pmatrix}_{m\times 1}$,将 $\boldsymbol{B}$ 分块成

$$\boldsymbol{B}=\left(\begin{array}{c:c:c:c} b_{11} & b_{12} & \cdots & b_{1n} \\ b_{21} & b_{22} & \cdots & b_{2n} \\ \vdots & \vdots & & \vdots \\ b_{l1} & b_{l2} & \cdots & b_{ln} \end{array}\right)=(\boldsymbol{\beta}_1,\boldsymbol{\beta}_2,\cdots,\boldsymbol{\beta}_n)_{1\times n},$$

其中 $\boldsymbol{\beta}_i=\begin{pmatrix} b_{1j} \\ b_{2j} \\ \vdots \\ b_{lj} \end{pmatrix}\ (j=1,2,\cdots,n)$,则

$$\boldsymbol{AB}=\begin{pmatrix} \boldsymbol{\alpha}_1 \\ \boldsymbol{\alpha}_2 \\ \vdots \\ \boldsymbol{\alpha}_m \end{pmatrix}_{m\times 1}(\boldsymbol{\beta}_1,\boldsymbol{\beta}_2,\cdots,\boldsymbol{\beta}_n)_{1\times n}=\begin{pmatrix} \boldsymbol{\alpha}_1\boldsymbol{\beta}_1 & \boldsymbol{\alpha}_1\boldsymbol{\beta}_2 & \cdots & \boldsymbol{\alpha}_1\boldsymbol{\beta}_n \\ \boldsymbol{\alpha}_2\boldsymbol{\beta}_1 & \boldsymbol{\alpha}_2\boldsymbol{\beta}_2 & \cdots & \boldsymbol{\alpha}_2\boldsymbol{\beta}_n \\ \vdots & \vdots & & \vdots \\ \boldsymbol{\alpha}_m\boldsymbol{\beta}_1 & \boldsymbol{\alpha}_m\boldsymbol{\beta}_2 & \cdots & \boldsymbol{\alpha}_m\boldsymbol{\beta}_n \end{pmatrix}_{m\times n}.$$

(3) $\boldsymbol{A}$ 不分块,此时视 $\boldsymbol{A}$ 为 1×1 分块矩阵,$\boldsymbol{B}$ 按(2)中方式分块成 $\boldsymbol{B}=(\boldsymbol{\beta}_1,\boldsymbol{\beta}_2,\cdots,\boldsymbol{\beta}_n)_{1\times n}$,则

$$\boldsymbol{AB}=\boldsymbol{A}(\boldsymbol{\beta}_1,\boldsymbol{\beta}_2,\cdots,\boldsymbol{\beta}_n)_{1\times n}=(\boldsymbol{A\beta}_1,\boldsymbol{A\beta}_2,\cdots,\boldsymbol{A\beta}_n)_{1\times n}.$$

除了以上三种形式,分块矩阵的乘法还可以写成哪些形式?请读者自行思考.

4. 分块矩阵的转置

设矩阵 $\boldsymbol{A}$ 分块成 $\boldsymbol{A}=\begin{pmatrix} \boldsymbol{A}_{11} & \boldsymbol{A}_{12} & \cdots & \boldsymbol{A}_{1r} \\ \boldsymbol{A}_{21} & \boldsymbol{A}_{22} & \cdots & \boldsymbol{A}_{2r} \\ \vdots & \vdots & & \vdots \\ \boldsymbol{A}_{s1} & \boldsymbol{A}_{s2} & \cdots & \boldsymbol{A}_{sr} \end{pmatrix}$,则

$$\boldsymbol{A}^{\mathrm{T}}=\begin{pmatrix} \boldsymbol{A}_{11}^{\mathrm{T}} & \boldsymbol{A}_{21}^{\mathrm{T}} & \cdots & \boldsymbol{A}_{s1}^{\mathrm{T}} \\ \boldsymbol{A}_{12}^{\mathrm{T}} & \boldsymbol{A}_{22}^{\mathrm{T}} & \cdots & \boldsymbol{A}_{s2}^{\mathrm{T}} \\ \vdots & \vdots & & \vdots \\ \boldsymbol{A}_{1r}^{\mathrm{T}} & \boldsymbol{A}_{2r}^{\mathrm{T}} & \cdots & \boldsymbol{A}_{sr}^{\mathrm{T}} \end{pmatrix}.$$

对于具体的数字矩阵的运算，一般我们无须将其转化成分块矩阵来进行，分块矩阵主要用在对某些问题的表述或理论证明中. 这些我们在后面的学习中将深有体会.

三、分块对角矩阵和分块三角形矩阵

设方阵 $\boldsymbol{A}$ 的分块矩阵为

$$\boldsymbol{A}=\begin{pmatrix}\boldsymbol{A}_1 & & & \\ & \boldsymbol{A}_2 & & \\ & & \ddots & \\ & & & \boldsymbol{A}_m\end{pmatrix},$$

即除主对角线上的子块不为零矩阵外，其余子块均为零矩阵，且 $\boldsymbol{A}_i(i=1,2,\cdots,m)$ 为方阵，则称 $\boldsymbol{A}$ 为分块对角矩阵(或准对角矩阵).

分块对角矩阵具有以下性质：

(1) $|\boldsymbol{A}|=|\boldsymbol{A}_1||\boldsymbol{A}_2|\cdots|\boldsymbol{A}_m|$；

(2) $\boldsymbol{A}^{-1}=\begin{pmatrix}\boldsymbol{A}_1^{-1} & & & \\ & \boldsymbol{A}_2^{-1} & & \\ & & \ddots & \\ & & & \boldsymbol{A}_m^{-1}\end{pmatrix}$，其中 $\boldsymbol{A}_1,\boldsymbol{A}_2,\cdots,\boldsymbol{A}_m$ 均为可逆矩阵；

(3) 分块对角矩阵的和、差、积、数乘仍是分块对角矩阵，且运算表现为对应子块的运算.

形如

$$\boldsymbol{A}=\begin{pmatrix}\boldsymbol{A}_{11} & \boldsymbol{A}_{12} & \cdots & \boldsymbol{A}_{1s}\\ \boldsymbol{O} & \boldsymbol{A}_{22} & \cdots & \boldsymbol{A}_{2s}\\ \vdots & \vdots & & \vdots\\ \boldsymbol{O} & \boldsymbol{O} & \cdots & \boldsymbol{A}_{ss}\end{pmatrix},\quad \boldsymbol{A}=\begin{pmatrix}\boldsymbol{A}_{11} & \boldsymbol{O} & \cdots & \boldsymbol{O}\\ \boldsymbol{A}_{21} & \boldsymbol{A}_{22} & \cdots & \boldsymbol{O}\\ \vdots & \vdots & & \vdots\\ \boldsymbol{A}_{s1} & \boldsymbol{A}_{s2} & \cdots & \boldsymbol{A}_{ss}\end{pmatrix}$$

的分块矩阵，分别称为分块上三角形矩阵、分块下三角形矩阵，统称为分块三角形矩阵，其中 $\boldsymbol{A}_{ii}(i=1,2,\cdots,s)$ 是方阵. 这时，可以证明：$|\boldsymbol{A}|=|\boldsymbol{A}_{11}||\boldsymbol{A}_{22}|\cdots|\boldsymbol{A}_{ss}|$. 分块上(下)三角形矩阵的和、差、积、数乘仍是分块上(下)三角形矩阵.

例 4 设矩阵 $\boldsymbol{A}=\begin{pmatrix}5 & 0 & 0\\ 0 & 3 & 1\\ 0 & 2 & 1\end{pmatrix}$，求 $\boldsymbol{A}^{-1}$.

解 将 $\boldsymbol{A}$ 分块成

$$\boldsymbol{A}=\left(\begin{array}{c|cc}5 & 0 & 0\\ \hline 0 & 3 & 1\\ 0 & 2 & 1\end{array}\right)=\begin{pmatrix}\boldsymbol{A}_1 & \boldsymbol{O}\\ \boldsymbol{O} & \boldsymbol{A}_2\end{pmatrix},$$

其中

$$A_1=(5)=5,\quad A_2=\begin{pmatrix}3&1\\2&1\end{pmatrix},$$

从而 $A_1^{-1}=\frac{1}{5}$，$A_2^{-1}=\begin{pmatrix}1&-1\\-2&3\end{pmatrix}$，于是

$$A^{-1}=\begin{pmatrix}A_1^{-1}&O\\O&A_2^{-1}\end{pmatrix}=\begin{pmatrix}\frac{1}{5}&0&0\\0&1&-1\\0&-2&3\end{pmatrix}.$$

例 5 设 A 为 $m\times n$ 矩阵，且 $A^{\mathrm{T}}A=O$，证明：$A=O$.

证明 设 $A=(a_{ij})_{m\times n}$，将 A 表示成分块矩阵的形式：$A=(\boldsymbol{\alpha}_1,\boldsymbol{\alpha}_2,\cdots,\boldsymbol{\alpha}_n)$，则

$$A^{\mathrm{T}}A=\begin{pmatrix}\boldsymbol{\alpha}_1^{\mathrm{T}}\\\boldsymbol{\alpha}_2^{\mathrm{T}}\\\vdots\\\boldsymbol{\alpha}_n^{\mathrm{T}}\end{pmatrix}(\boldsymbol{\alpha}_1,\boldsymbol{\alpha}_2,\cdots,\boldsymbol{\alpha}_n)=\begin{pmatrix}\boldsymbol{\alpha}_1^{\mathrm{T}}\boldsymbol{\alpha}_1&\boldsymbol{\alpha}_1^{\mathrm{T}}\boldsymbol{\alpha}_2&\cdots&\boldsymbol{\alpha}_1^{\mathrm{T}}\boldsymbol{\alpha}_n\\\boldsymbol{\alpha}_2^{\mathrm{T}}\boldsymbol{\alpha}_1&\boldsymbol{\alpha}_2^{\mathrm{T}}\boldsymbol{\alpha}_2&\cdots&\boldsymbol{\alpha}_2^{\mathrm{T}}\boldsymbol{\alpha}_n\\\vdots&\vdots&&\vdots\\\boldsymbol{\alpha}_n^{\mathrm{T}}\boldsymbol{\alpha}_1&\boldsymbol{\alpha}_n^{\mathrm{T}}\boldsymbol{\alpha}_2&\cdots&\boldsymbol{\alpha}_n^{\mathrm{T}}\boldsymbol{\alpha}_n\end{pmatrix}.$$

因 $A^{\mathrm{T}}A=O$，故

$$\boldsymbol{\alpha}_i^{\mathrm{T}}\boldsymbol{\alpha}_j=0\quad(i,j=1,2,\cdots,n).$$

特别地，$\boldsymbol{\alpha}_i^{\mathrm{T}}\boldsymbol{\alpha}_i=0(i=1,2,\cdots,n)$，即

$$\boldsymbol{\alpha}_i^{\mathrm{T}}\boldsymbol{\alpha}_i=(a_{1i},a_{2i},\cdots,a_{mi})\begin{pmatrix}a_{1i}\\a_{2i}\\\vdots\\a_{mi}\end{pmatrix}=a_{1i}^2+a_{2i}^2+\cdots+a_{mi}^2=0\quad(i=1,2,\cdots,n),$$

所以

$$a_{1i}=a_{2i}=\cdots=a_{mi}=0\quad(i=1,2,\cdots,n).$$

因此 $A=O$.

第五节 矩阵的初等变换

一、矩阵的初等变换

定义 11 矩阵的下列三种变换称为矩阵的初等行变换：

(1) 交换矩阵的某两行；

(2) 将矩阵某一行的各元素乘以同一个非零常数 k；

(3) 将矩阵某一行各元素的 k 倍加到另一行对应的元素上.

把定义 11 中的“行”换成“列”，即得矩阵的初等列变换的定义.

矩阵的初等行变换与初等列变换统称为矩阵的初等变换. 矩阵 $\boldsymbol{A}$ 经初等变换后变成了矩阵 $\boldsymbol{B}$，常记为 $\boldsymbol{A}\to\boldsymbol{B}$.

为了叙述上的方便，矩阵的初等变换采用同行列式变换一样的记号.

例 1　已知矩阵 $\boldsymbol{A}=\begin{pmatrix}1&1&1&1&1\\2&2&3&3&3\\2&3&2&2&2\\3&3&4&4&4\end{pmatrix}$，对其做如下初等行变换：

$$\boldsymbol{A}=\begin{pmatrix}1&1&1&1&1\\2&2&3&3&3\\2&3&2&2&2\\3&3&4&4&4\end{pmatrix}\xrightarrow[r_4-3r_1]{\substack{r_2-2r_1\\ r_3-2r_1}}\begin{pmatrix}1&1&1&1&1\\0&0&1&1&1\\0&1&0&0&0\\0&0&1&1&1\end{pmatrix}$$

$$\xrightarrow{r_2\leftrightarrow r_3}\begin{pmatrix}1&1&1&1&1\\0&1&0&0&0\\0&0&1&1&1\\0&0&1&1&1\end{pmatrix}\xrightarrow{r_4-r_3}\begin{pmatrix}1&1&1&1&1\\0&1&0&0&0\\0&0&1&1&1\\0&0&0&0&0\end{pmatrix}\triangleq\boldsymbol{B}.$$

这里的矩阵 $\boldsymbol{B}$ 依其形状的特征称为行阶梯形矩阵.

一般地，称满足下列条件的矩阵为行阶梯形矩阵：

(1) 零行(元素全为 0 的行) 位于矩阵的下方；

(2) 自上而下各非零行的首非零元(从左至右的第一个不为 0 的元素) 左边元素 0 的个数随行数的增加而增加.

对例 1 中的矩阵 $\boldsymbol{B}$ 再做如下初等行变换：

$$\boldsymbol{B}=\begin{pmatrix}1&1&1&1&1\\0&1&0&0&0\\0&0&1&1&1\\0&0&0&0&0\end{pmatrix}\xrightarrow{r_1-r_3}\begin{pmatrix}1&1&0&0&0\\0&1&0&0&0\\0&0&1&1&1\\0&0&0&0&0\end{pmatrix}\xrightarrow{r_1-r_2}\begin{pmatrix}1&0&0&0&0\\0&1&0&0&0\\0&0&1&1&1\\0&0&0&0&0\end{pmatrix}\triangleq\boldsymbol{C}.$$

这里的矩阵 $\boldsymbol{C}$ 依其形状的特征称为行最简形矩阵.

一般地，称满足下列条件的行阶梯形矩阵为行最简形矩阵：

(1) 各非零行的首非零元都是 1；

(2) 每个首非零元所在列的其余元素都是 0.

注　我们定义行阶梯形矩阵的转置为列阶梯形矩阵，行最简形矩阵的转置为列最简形矩阵. 例如，上述矩阵 $\boldsymbol{B}$ 的转置矩阵

$$\boldsymbol{B}^{\mathrm{T}}=\begin{pmatrix}1&0&0&0\\1&1&0&0\\1&0&1&0\\1&0&1&0\\1&0&1&0\end{pmatrix}$$

为列阶梯形矩阵，矩阵 $\boldsymbol{C}$ 的转置矩阵

$$C^{\mathrm{T}}=\begin{pmatrix}1&0&0&0\\0&1&0&0\\0&0&1&0\\0&0&1&0\\0&0&1&0\end{pmatrix}$$

为列最简形矩阵.

对上述矩阵 C 再做如下初等列变换:

$$C=\begin{pmatrix}1&0&0&0&0\\0&1&0&0&0\\0&0&1&1&1\\0&0&0&0&0\end{pmatrix}\xrightarrow[c_5-c_3]{c_4-c_3}\begin{pmatrix}1&0&0&0&0\\0&1&0&0&0\\0&0&1&0&0\\0&0&0&0&0\end{pmatrix}\triangleq D.$$

这里的矩阵 D 称为矩阵 A 的标准形.

一般地,矩阵 A 的标准形 D 具有以下特点:D 的左上角是一个单位矩阵,其余元素全为 0,或者 D 为零矩阵. 如果采用分块矩阵的记号,可将 D 表示为 $D=\begin{pmatrix}E_r&O\\O&O\end{pmatrix}$,其中 r 的含义将在后面的内容中给出,这里规定 $E_0=O$.

定理 2 **任意矩阵 $A=(a_{ij})_{m\times n}$ 经过有限次初等变换可以化为如下标准形:**

$$D=\begin{pmatrix}1&&&&&\\&\ddots&&&&\\&&1&&&\\&&&0&&\\&&&&\ddots&\\&&&&&0\end{pmatrix}=\begin{pmatrix}E_r&O_{r\times(n-r)}\\O_{(m-r)\times r}&O_{(m-r)\times(n-r)}\end{pmatrix}.$$

证明 如果所有 $a_{ij}=0$,则 A 已经是 D 的形式($r=0$). 如果至少有一个元素不等于 0,不妨设 $a_{11}\neq 0$(否则总可经过第一种初等变换,使左上角元素不等于 0),以 $-a_{i1}/a_{11}(i=2,3,\cdots,m)$ 乘以第一行加到第 i 行上,再以 $-a_{1j}/a_{11}(j=2,3,\cdots,n)$ 乘以所得矩阵的第一列加到第 j 列上,然后以 $1/a_{11}$ 乘以第一行,于是矩阵 A 化为

$$\begin{pmatrix}E_1&O_{1\times(n-1)}\\O_{(m-1)\times 1}&B_{(m-1)\times(n-1)}\end{pmatrix}.$$

如果 $B_{(m-1)\times(n-1)}=O$,则 A 已化为 D 的形式;否则,按上述方法对矩阵 $B_{(m-1)\times(n-1)}$ 继续做初等变换. 这样做下去,可以得到结论.

定理 2 的证明实质上也给出了如下结论:

定理 3 **任意矩阵总可以经过有限次初等行变换化为行阶梯形矩阵,并进而化为行最简形矩阵.**

例 2 将矩阵 $A=\begin{pmatrix}2&0&1\\4&1&2\\-5&3&-2\\3&-1&4\end{pmatrix}$ 化为标准形.

解 $A=\begin{pmatrix}2&0&1\\4&1&2\\-5&3&-2\\3&-1&4\end{pmatrix}\xrightarrow{c_1\leftrightarrow c_3}\begin{pmatrix}1&0&2\\2&1&4\\-2&3&-5\\4&-1&3\end{pmatrix}\xrightarrow[r_4-4r_1]{\substack{r_2-2r_1\\r_3+2r_1}}\begin{pmatrix}1&0&2\\0&1&0\\0&3&-1\\0&-1&-5\end{pmatrix}$

$$\xrightarrow{c_3-2c_1}\begin{pmatrix}1&0&0\\0&1&0\\0&3&-1\\0&-1&-5\end{pmatrix}\xrightarrow[r_4+r_2]{r_3-3r_2}\begin{pmatrix}1&0&0\\0&1&0\\0&0&-1\\0&0&-5\end{pmatrix}$$

$$\xrightarrow{r_4-5r_3}\begin{pmatrix}1&0&0\\0&1&0\\0&0&-1\\0&0&0\end{pmatrix}\xrightarrow{r_3\times(-1)}\begin{pmatrix}1&0&0\\0&1&0\\0&0&1\\0&0&0\end{pmatrix}.$$

二、初等矩阵

定义 12 对单位矩阵 $\boldsymbol{E}$ 做一次初等变换得到的矩阵称为初等矩阵.

三种初等变换分别对应着三种初等矩阵.

(1) 将 $\boldsymbol{E}$ 的第 i,j 两行(列) 互换,得到初等矩阵

$$\boldsymbol{E}(i,j)=\begin{pmatrix}1&&&&&&&&&\\&\ddots&&&&&&&&\\&&1&&&&&&&\\&&&0&\cdots&\cdots&\cdots&1&&\\&&&\vdots&1&&&\vdots&&\\&&&\vdots&&\ddots&&\vdots&&\\&&&\vdots&&&1&\vdots&&\\&&&1&\cdots&\cdots&\cdots&0&&\\&&&&&&&&1&\\&&&&&&&&&\ddots\\&&&&&&&&&&1\end{pmatrix}\begin{matrix}\\\\\\(\text{第 } i \text{ 行})\\\\\\\\(\text{第 } j \text{ 行})\\\\\\\\\end{matrix};$$

(第 i 列) (第 j 列)

(2) 将 $\boldsymbol{E}$ 的第 i 行(列) 乘以非零常数 k,得到初等矩阵

$$\boldsymbol{E}(i(k))=\begin{pmatrix}1&&&&&&\\&\ddots&&&&&\\&&1&&&&\\&&&k&&&\\&&&&1&&\\&&&&&\ddots&\\&&&&&&1\end{pmatrix}(\text{第 } i \text{ 行});$$

(第 i 列)

(3) 将 $\boldsymbol{E}$ 的第 j 行乘以常数 k 后加到第 i 行上，或将 $\boldsymbol{E}$ 的第 i 列乘以常数 k 后加到第 j 列上，得到初等矩阵

$$\boldsymbol{E}(ij(k))=\begin{pmatrix}1 & & & & & & \\ & \ddots & & & & & \\ & & 1 & \cdots & k & & \\ & & & \ddots & \vdots & & \\ & & & & 1 & & \\ & & & & & \ddots & \\ & & & & & & 1\end{pmatrix}\begin{matrix} \\ \\ (\text{第 } i \text{ 行}) \\ \\ (\text{第 } j \text{ 行}) \\ \\ \\ \end{matrix}.$$
$$\qquad\qquad(\text{第 } i \text{ 列})\ (\text{第 } j \text{ 列})$$

可以直接验证，初等矩阵具有以下性质：

(1) 初等矩阵的转置仍为初等矩阵，即

$$[\boldsymbol{E}(i,j)]^{\mathrm{T}}=\boldsymbol{E}(i,j),\quad [\boldsymbol{E}(i(k))]^{\mathrm{T}}=\boldsymbol{E}(i(k)),\quad [\boldsymbol{E}(ij(k))]^{\mathrm{T}}=\boldsymbol{E}(ji(k)).$$

(2) 初等矩阵都是可逆的，且其逆矩阵仍为同种初等矩阵，即

$$[\boldsymbol{E}(i,j)]^{-1}=\boldsymbol{E}(i,j),\quad [\boldsymbol{E}(i(k))]^{-1}=\boldsymbol{E}\left(i\left(\frac{1}{k}\right)\right),\quad [\boldsymbol{E}(ij(k))]^{-1}=\boldsymbol{E}(ij(-k)).$$

矩阵的初等变换与初等矩阵有着非常密切的关系.

定理 4 **设 $\boldsymbol{A}$ 是一个 $m\times n$ 矩阵，则对 $\boldsymbol{A}$ 做一次初等行(列)变换，就相当于用同种的 $m(n)$ 阶初等矩阵左(右)乘 $\boldsymbol{A}$.**

证明 现证明交换矩阵 $\boldsymbol{A}$ 的第 i 行与第 j 行相当于用 $\boldsymbol{E}(i,j)$ 左乘 $\boldsymbol{A}$.

将 $\boldsymbol{A}$ 与 $\boldsymbol{E}$ 分别分块成

$$\boldsymbol{A}=\begin{pmatrix}\boldsymbol{A}_1\\ \vdots\\ \boldsymbol{A}_i\\ \vdots\\ \boldsymbol{A}_j\\ \vdots\\ \boldsymbol{A}_m\end{pmatrix},\quad \boldsymbol{E}=\begin{pmatrix}\boldsymbol{\varepsilon}_1\\ \vdots\\ \boldsymbol{\varepsilon}_i\\ \vdots\\ \boldsymbol{\varepsilon}_j\\ \vdots\\ \boldsymbol{\varepsilon}_m\end{pmatrix},$$

则

$$\boldsymbol{E}(i,j)\boldsymbol{A}=\begin{pmatrix}\boldsymbol{\varepsilon}_1\\ \vdots\\ \boldsymbol{\varepsilon}_j\\ \vdots\\ \boldsymbol{\varepsilon}_i\\ \vdots\\ \boldsymbol{\varepsilon}_m\end{pmatrix}\boldsymbol{A}=\begin{pmatrix}\boldsymbol{\varepsilon}_1\boldsymbol{A}\\ \vdots\\ \boldsymbol{\varepsilon}_j\boldsymbol{A}\\ \vdots\\ \boldsymbol{\varepsilon}_i\boldsymbol{A}\\ \vdots\\ \boldsymbol{\varepsilon}_m\boldsymbol{A}\end{pmatrix}=\begin{pmatrix}\boldsymbol{A}_1\\ \vdots\\ \boldsymbol{A}_j\\ \vdots\\ \boldsymbol{A}_i\\ \vdots\\ \boldsymbol{A}_m\end{pmatrix}.$$

由此可见，$\boldsymbol{E}(i,j)\boldsymbol{A}$ 恰好等于交换矩阵 $\boldsymbol{A}$ 的第 i 行与第 j 行所得到的矩阵，即若 $\boldsymbol{A}\xrightarrow{r_i\leftrightarrow r_j}\boldsymbol{B}$,

则 $\boldsymbol{B}=\boldsymbol{E}(i,j)\boldsymbol{A}$.

同理可证其他初等变换的情形.

推论　一个方阵经若干次初等变换后不改变它的奇异性.

证明　设 $\boldsymbol{A}$ 为方阵,$\boldsymbol{Q}$ 为同阶初等矩阵,只要证明方阵 $\boldsymbol{A}$ 与 $\boldsymbol{AQ}$,$\boldsymbol{QA}$ 的奇异性相同即可.

事实上,$|\boldsymbol{QA}|=|\boldsymbol{Q}||\boldsymbol{A}|=|\boldsymbol{A}||\boldsymbol{Q}|=|\boldsymbol{AQ}|$. 故若 $|\boldsymbol{A}|\neq 0$,则 $|\boldsymbol{QA}|=|\boldsymbol{AQ}|\neq 0$;若 $|\boldsymbol{A}|=0$,则 $|\boldsymbol{QA}|=|\boldsymbol{AQ}|=0$. 这说明 $\boldsymbol{A}$ 与 $\boldsymbol{AQ}$,$\boldsymbol{QA}$ 的奇异性相同.

三、矩阵的等价

定义 13　如果一个矩阵 $\boldsymbol{A}$ 经过若干次初等变换后变成了矩阵 $\boldsymbol{B}$,则称 $\boldsymbol{A}$ 与 $\boldsymbol{B}$ 等价,记为 $\boldsymbol{A}\cong\boldsymbol{B}$.

不难证明,矩阵之间的等价关系具有下列基本性质:

(1) 反身性:$\boldsymbol{A}\cong\boldsymbol{A}$;

(2) 对称性:若 $\boldsymbol{A}\cong\boldsymbol{B}$,则 $\boldsymbol{B}\cong\boldsymbol{A}$;

(3) 传递性:若 $\boldsymbol{A}\cong\boldsymbol{B}$,$\boldsymbol{B}\cong\boldsymbol{C}$,则 $\boldsymbol{A}\cong\boldsymbol{C}$.

由定义 13 及定理 4 易得如下定理:

定理 5　**矩阵 $\boldsymbol{A}_{m\times n}\cong\boldsymbol{B}_{m\times n}$ 的充要条件是存在若干个 m 阶初等矩阵 $\boldsymbol{P}_1,\boldsymbol{P}_2,\cdots,\boldsymbol{P}_s$ 和若干个 n 阶初等矩阵 $\boldsymbol{Q}_1,\boldsymbol{Q}_2,\cdots,\boldsymbol{Q}_t$,使得**

$$\boldsymbol{P}_s\cdots\boldsymbol{P}_2\boldsymbol{P}_1\boldsymbol{A}_{m\times n}\boldsymbol{Q}_1\boldsymbol{Q}_2\cdots\boldsymbol{Q}_t=\boldsymbol{B}_{m\times n}.$$

推论 1　n 阶方阵 $\boldsymbol{A}$ 可逆的充要条件是 $\boldsymbol{A}\cong\boldsymbol{E}_n$.

证明　**必要性**　若方阵 $\boldsymbol{A}$ 可逆,则由定理 2 及定理 5 知,存在若干个 n 阶初等矩阵 $\boldsymbol{P}_1$,$\boldsymbol{P}_2,\cdots,\boldsymbol{P}_s$ 和 $\boldsymbol{Q}_1,\boldsymbol{Q}_2,\cdots,\boldsymbol{Q}_t$,使得

$$\boldsymbol{P}_s\cdots\boldsymbol{P}_2\boldsymbol{P}_1\boldsymbol{A}\boldsymbol{Q}_1\boldsymbol{Q}_2\cdots\boldsymbol{Q}_t=\begin{pmatrix}\boldsymbol{E}_r & \boldsymbol{O}\\ \boldsymbol{O} & \boldsymbol{O}\end{pmatrix}.$$

再由定理 4 的推论知 $\begin{pmatrix}\boldsymbol{E}_r & \boldsymbol{O}\\ \boldsymbol{O} & \boldsymbol{O}\end{pmatrix}$ 非奇异,因此 $r=n$,从而 $\boldsymbol{A}\cong\boldsymbol{E}_n$.

充分性　显然成立.

推论 2　n 阶方阵 $\boldsymbol{A}$ 可逆的充要条件是 $\boldsymbol{A}$ 可以表示成有限个初等矩阵的乘积.

证明　由定理 5 的推论 1 的证明过程知,方阵 $\boldsymbol{A}$ 可逆的充要条件是

$$\boldsymbol{P}_s\cdots\boldsymbol{P}_2\boldsymbol{P}_1\boldsymbol{A}\boldsymbol{Q}_1\boldsymbol{Q}_2\cdots\boldsymbol{Q}_t=\boldsymbol{E},$$

其中 $\boldsymbol{P}_1,\boldsymbol{P}_2,\cdots,\boldsymbol{P}_s$ 和 $\boldsymbol{Q}_1,\boldsymbol{Q}_2,\cdots,\boldsymbol{Q}_t$ 为 n 阶初等矩阵,即

$$\boldsymbol{A}=\boldsymbol{P}_1^{-1}\boldsymbol{P}_2^{-1}\cdots\boldsymbol{P}_s^{-1}\boldsymbol{Q}_t^{-1}\cdots\boldsymbol{Q}_2^{-1}\boldsymbol{Q}_1^{-1}.$$

而由初等矩阵的性质知 $\boldsymbol{P}_1^{-1},\boldsymbol{P}_2^{-1},\cdots,\boldsymbol{P}_s^{-1},\boldsymbol{Q}_t^{-1},\cdots,\boldsymbol{Q}_2^{-1},\boldsymbol{Q}_1^{-1}$ 均可逆且为初等矩阵,故得证.

推论 3　$\boldsymbol{A}_{m\times n}\cong\boldsymbol{B}_{m\times n}$ 的充要条件是存在 m 阶可逆矩阵 $\boldsymbol{P}$ 及 n 阶可逆矩阵 $\boldsymbol{Q}$,使得

$$\boldsymbol{P}\boldsymbol{A}_{m\times n}\boldsymbol{Q}=\boldsymbol{B}_{m\times n}.$$

证明　由定理 5 知

$$\boldsymbol{A}_{m\times n}\cong\boldsymbol{B}_{m\times n}\Leftrightarrow\boldsymbol{P}_s\cdots\boldsymbol{P}_2\boldsymbol{P}_1\boldsymbol{A}_{m\times n}\boldsymbol{Q}_1\boldsymbol{Q}_2\cdots\boldsymbol{Q}_t=\boldsymbol{B}_{m\times n},$$

其中 $\boldsymbol{P}_1,\boldsymbol{P}_2,\cdots,\boldsymbol{P}_s$ 为 m 阶初等矩阵,$\boldsymbol{Q}_1,\boldsymbol{Q}_2,\cdots,\boldsymbol{Q}_t$ 为 n 阶初等矩阵. 记

$$\boldsymbol{P}=\boldsymbol{P}_s\cdots\boldsymbol{P}_2\boldsymbol{P}_1,\quad \boldsymbol{Q}=\boldsymbol{Q}_1\boldsymbol{Q}_2\cdots\boldsymbol{Q}_t,$$

显然 $\boldsymbol{P},\boldsymbol{Q}$ 分别为 m 阶及 n 阶可逆矩阵,故

$$\boldsymbol{A}_{m\times n}\cong\boldsymbol{B}_{m\times n}\Leftrightarrow\boldsymbol{P}\boldsymbol{A}_{m\times n}\boldsymbol{Q}=\boldsymbol{B}_{m\times n}.$$

推论 4 设 $\boldsymbol{A}$ 为 n 阶可逆矩阵,则只用初等行变换就可以将 $\boldsymbol{A}$ 化为 $\boldsymbol{E}_n$,同样只用初等列变换也可以将 $\boldsymbol{A}$ 化为 $\boldsymbol{E}_n$.

证明 因 $\boldsymbol{A}$ 可逆,故 $\boldsymbol{A}^{-1}$ 可逆. 由定理 5 的推论 2 知,存在若干个初等矩阵 $\boldsymbol{P}_1,\boldsymbol{P}_2,\cdots,\boldsymbol{P}_s$,使得 $\boldsymbol{A}^{-1}=\boldsymbol{P}_1\boldsymbol{P}_2\cdots\boldsymbol{P}_s$,因而

$$\boldsymbol{A}^{-1}\boldsymbol{A}=\boldsymbol{P}_1\boldsymbol{P}_2\cdots\boldsymbol{P}_s\boldsymbol{A}=\boldsymbol{E}_n,\tag{2.5}$$

$$\boldsymbol{A}\boldsymbol{A}^{-1}=\boldsymbol{A}\boldsymbol{P}_1\boldsymbol{P}_2\cdots\boldsymbol{P}_s=\boldsymbol{E}_n.\tag{2.6}$$

由定理 4 知,(2.5) 式表明仅对 $\boldsymbol{A}$ 做初等行变换就将 $\boldsymbol{A}$ 化成了 $\boldsymbol{E}_n$,(2.6) 式表明仅对 $\boldsymbol{A}$ 做初等列变换就将 $\boldsymbol{A}$ 化成了 $\boldsymbol{E}_n$.

四、用初等变换法求逆矩阵

我们已经知道,若 n 阶方阵 $\boldsymbol{A}$ 可逆,则存在若干个初等矩阵 $\boldsymbol{P}_1,\boldsymbol{P}_2,\cdots,\boldsymbol{P}_s$,使得

$$\boldsymbol{P}_1\boldsymbol{P}_2\cdots\boldsymbol{P}_s\boldsymbol{A}=\boldsymbol{E}.$$

又显然有

$$\boldsymbol{P}_1\boldsymbol{P}_2\cdots\boldsymbol{P}_s\boldsymbol{E}=\boldsymbol{A}^{-1}.$$

如果我们构造一个 $n\times 2n$ 矩阵 $(\boldsymbol{A}\mid\boldsymbol{E})$,则由分块矩阵的乘法可得

$$\boldsymbol{P}_1\boldsymbol{P}_2\cdots\boldsymbol{P}_s(\boldsymbol{A}\mid\boldsymbol{E})=\boldsymbol{A}^{-1}(\boldsymbol{A}\mid\boldsymbol{E})=(\boldsymbol{E}\mid\boldsymbol{A}^{-1}).$$

上式表明,仅对矩阵 $(\boldsymbol{A}\mid\boldsymbol{E})$ 进行初等行变换,将其左边子块化为 $\boldsymbol{E}$,则右边子块便化成了 $\boldsymbol{A}^{-1}$. 因此,我们可以按下述步骤求 $\boldsymbol{A}^{-1}$:

(1) 构造 $n\times 2n$ 矩阵 $(\boldsymbol{A}\mid\boldsymbol{E})$;

(2) 对 $(\boldsymbol{A}\mid\boldsymbol{E})$ 做初等行变换,将其左边子块 $\boldsymbol{A}$ 化为单位矩阵 $\boldsymbol{E}$,则右边子块 $\boldsymbol{E}$ 便同时化成了 $\boldsymbol{A}^{-1}$,即

$$(\boldsymbol{A}\mid\boldsymbol{E})\xrightarrow{\text{初等行变换}}(\boldsymbol{E}\mid\boldsymbol{A}^{-1}).$$

上述求逆矩阵的方法称为初等变换法.

例 3 用初等变换法求三阶方阵 $\boldsymbol{A}=\begin{pmatrix}2&-4&1\\1&-5&2\\1&-1&1\end{pmatrix}$ 的逆矩阵.

解 $$(\boldsymbol{A}\mid\boldsymbol{E})=\left(\begin{array}{ccc:ccc}2&-4&1&1&0&0\\1&-5&2&0&1&0\\1&-1&1&0&0&1\end{array}\right)\xrightarrow{r_1\leftrightarrow r_2}\left(\begin{array}{ccc:ccc}1&-5&2&0&1&0\\2&-4&1&1&0&0\\1&-1&1&0&0&1\end{array}\right)$$

$$\xrightarrow[r_3-r_1]{r_2-2r_1}\left(\begin{array}{ccc:ccc}1&-5&2&0&1&0\\0&6&-3&1&-2&0\\0&4&-1&0&-1&1\end{array}\right)$$

$$\xrightarrow{r_2\times\frac{1}{6}}\left(\begin{array}{ccc:ccc}1&-5&2&0&1&0\\0&1&-\frac{1}{2}&\frac{1}{6}&-\frac{1}{3}&0\\0&4&-1&0&-1&1\end{array}\right)$$

$$\xrightarrow[r_3-4r_2]{r_1+5r_2}\left(\begin{array}{ccc:ccc}1&0&-\frac{1}{2}&\frac{5}{6}&-\frac{2}{3}&0\\0&1&-\frac{1}{2}&\frac{1}{6}&-\frac{1}{3}&0\\0&0&1&-\frac{2}{3}&\frac{1}{3}&1\end{array}\right)$$

$$\xrightarrow[r_2+\frac{1}{2}r_3]{r_1+\frac{1}{2}r_3}\left(\begin{array}{ccc:ccc}1&0&0&\frac{1}{2}&-\frac{1}{2}&\frac{1}{2}\\0&1&0&-\frac{1}{6}&-\frac{1}{6}&\frac{1}{2}\\0&0&1&-\frac{2}{3}&\frac{1}{3}&1\end{array}\right),$$

因此

$$\boldsymbol{A}^{-1}=\begin{pmatrix}\frac{1}{2}&-\frac{1}{2}&\frac{1}{2}\\-\frac{1}{6}&-\frac{1}{6}&\frac{1}{2}\\-\frac{2}{3}&\frac{1}{3}&1\end{pmatrix}.$$

五、用初等变换法求解矩阵方程

设矩阵 $\boldsymbol{A}$ 可逆，则求解矩阵方程 $\boldsymbol{AX}=\boldsymbol{B}$ 等价于求矩阵 $\boldsymbol{X}=\boldsymbol{A}^{-1}\boldsymbol{B}$. 为此，可采用类似用初等行变换求逆矩阵的方法，构造分块矩阵 $(\boldsymbol{A}\;\vdots\;\boldsymbol{B})$，对其做初等行变换将 $\boldsymbol{A}$ 化为单位矩阵 $\boldsymbol{E}$，则同时 $\boldsymbol{B}$ 就化成了 $\boldsymbol{A}^{-1}\boldsymbol{B}$，即

$$(\boldsymbol{A}\;\vdots\;\boldsymbol{B})\xrightarrow{\text{初等行变换}}(\boldsymbol{E}\;\vdots\;\boldsymbol{A}^{-1}\boldsymbol{B}).$$

类似地，当 $\boldsymbol{A}$ 可逆时，求解矩阵方程 $\boldsymbol{XA}=\boldsymbol{B}$ 等价于求矩阵 $\boldsymbol{X}=\boldsymbol{BA}^{-1}$. 下面介绍用初等变换求 $\boldsymbol{BA}^{-1}$ 的具体方法.

因 $\boldsymbol{A}$ 可逆，故存在初等矩阵 $\boldsymbol{P}_1,\boldsymbol{P}_2,\cdots,\boldsymbol{P}_s$，使得

$$\boldsymbol{AP}_1\boldsymbol{P}_2\cdots\boldsymbol{P}_s=\boldsymbol{E}.$$

又显然有

$$\boldsymbol{BP}_1\boldsymbol{P}_2\cdots\boldsymbol{P}_s=\boldsymbol{BA}^{-1},$$

因而有

$$\begin{pmatrix} \boldsymbol{A} \\ \hdashline \boldsymbol{B} \end{pmatrix} \boldsymbol{P}_1 \boldsymbol{P}_2 \cdots \boldsymbol{P}_s = \begin{pmatrix} \boldsymbol{E} \\ \hdashline \boldsymbol{B}\boldsymbol{A}^{-1} \end{pmatrix}.$$

上式表明,对矩阵$\begin{pmatrix} \boldsymbol{A} \\ \hdashline \boldsymbol{B} \end{pmatrix}$做初等列变换,将其上面的子块 $\boldsymbol{A}$ 化为单位矩阵 $\boldsymbol{E}$,则下面的子块 $\boldsymbol{B}$ 便同时化成了 $\boldsymbol{B}\boldsymbol{A}^{-1}$,即

$$\begin{pmatrix} \boldsymbol{A} \\ \hdashline \boldsymbol{B} \end{pmatrix} \xrightarrow{\text{初等列变换}} \begin{pmatrix} \boldsymbol{E} \\ \hdashline \boldsymbol{B}\boldsymbol{A}^{-1} \end{pmatrix}.$$

例 4 解矩阵方程 $\boldsymbol{AX} = \boldsymbol{A} + 2\boldsymbol{X}$,其中 $\boldsymbol{A} = \begin{pmatrix} 4 & 2 & 3 \\ 1 & 1 & 0 \\ -1 & 2 & 3 \end{pmatrix}$,$\boldsymbol{X}$ 为未知矩阵.

解 由已知矩阵方程得$(\boldsymbol{A} - 2\boldsymbol{E})\boldsymbol{X} = \boldsymbol{A}$,以及

$$\boldsymbol{A} - 2\boldsymbol{E} = \begin{pmatrix} 4 & 2 & 3 \\ 1 & 1 & 0 \\ -1 & 2 & 3 \end{pmatrix} - 2\begin{pmatrix} 1 & 0 & 0 \\ 0 & 1 & 0 \\ 0 & 0 & 1 \end{pmatrix} = \begin{pmatrix} 2 & 2 & 3 \\ 1 & -1 & 0 \\ -1 & 2 & 1 \end{pmatrix}.$$

因为

$$(\boldsymbol{A} - 2\boldsymbol{E} \mid \boldsymbol{A}) = \left(\begin{array}{ccc:ccc} 2 & 2 & 3 & 4 & 2 & 3 \\ 1 & -1 & 0 & 1 & 1 & 0 \\ -1 & 2 & 1 & -1 & 2 & 3 \end{array}\right) \xrightarrow[r_3 + r_2]{r_1 - 2r_2} \left(\begin{array}{ccc:ccc} 0 & 4 & 3 & 2 & 0 & 3 \\ 1 & -1 & 0 & 1 & 1 & 0 \\ 0 & 1 & 1 & 0 & 3 & 3 \end{array}\right)$$

$$\xrightarrow[r_2 + r_3]{r_1 - 4r_3} \left(\begin{array}{ccc:ccc} 0 & 0 & -1 & 2 & -12 & -9 \\ 1 & 0 & 1 & 1 & 4 & 3 \\ 0 & 1 & 1 & 0 & 3 & 3 \end{array}\right)$$

$$\xrightarrow[r_3 + r_1]{r_2 + r_1} \left(\begin{array}{ccc:ccc} 0 & 0 & -1 & 2 & -12 & -9 \\ 1 & 0 & 0 & 3 & -8 & -6 \\ 0 & 1 & 0 & 2 & -9 & -6 \end{array}\right)$$

$$\xrightarrow{r_1 \times (-1)} \left(\begin{array}{ccc:ccc} 0 & 0 & 1 & -2 & 12 & 9 \\ 1 & 0 & 0 & 3 & -8 & -6 \\ 0 & 1 & 0 & 2 & -9 & -6 \end{array}\right)$$

$$\xrightarrow{r_1 \leftrightarrow r_3} \left(\begin{array}{ccc:ccc} 0 & 1 & 0 & 2 & -9 & -6 \\ 1 & 0 & 0 & 3 & -8 & -6 \\ 0 & 0 & 1 & -2 & 12 & 9 \end{array}\right)$$

$$\xrightarrow{r_1 \leftrightarrow r_2} \left(\begin{array}{ccc:ccc} 1 & 0 & 0 & 3 & -8 & -6 \\ 0 & 1 & 0 & 2 & -9 & -6 \\ 0 & 0 & 1 & -2 & 12 & 9 \end{array}\right),$$

所以

$$\boldsymbol{X} = \begin{pmatrix} 3 & -8 & -6 \\ 2 & -9 & -6 \\ -2 & 12 & 9 \end{pmatrix}.$$

第六节　矩阵的秩

一、矩阵的秩

矩阵的秩的概念是讨论向量组的线性相关性、线性方程组解的存在性等问题的重要工具.从第五节已看到,矩阵可经过初等行变换化成行阶梯形矩阵,且行阶梯形矩阵所含非零行的行数是唯一确定的.这个行数就是矩阵的“秩”.鉴于这个数的唯一性尚未证明,在本节中,我们首先利用行列式来定义矩阵的秩,然后给出用初等变换求矩阵的秩的方法.

定义 14　设矩阵 $\boldsymbol{A}=(a_{ij})_{m\times n}$,从 $\boldsymbol{A}$ 中任意选定 k 行、k 列($1\leqslant k\leqslant \min\{m,n\}$),位于这些行和列交叉处的 k^2 个元素,保持它们原有的相对顺序所构成的 k 阶行列式,称为矩阵 $\boldsymbol{A}$ 的一个 k 阶子式.

例如,矩阵

$$\boldsymbol{A} = \begin{pmatrix} 1 & 2 & 4 & -1 \\ 2 & 3 & 0 & 1 \\ 1 & 2 & -1 & 2 \end{pmatrix}$$

中的第一、二行与第二、三列交叉处的元素构成的二阶子式为 $\begin{vmatrix} 2 & 4 \\ 3 & 0 \end{vmatrix}$.

根据定义 14,$\boldsymbol{A}$ 中的任意一个元素都是 $\boldsymbol{A}$ 的一个一阶子式.$\boldsymbol{A}$ 的 k 阶子式共有 $C_m^k C_n^k$ 个($1\leqslant k\leqslant \min\{m,n\}$),且若 $m=n$,即 $\boldsymbol{A}$ 为方阵,则 $|\boldsymbol{A}|$ 是 $\boldsymbol{A}$ 的一个 n 阶子式.当 $\boldsymbol{A}\neq \boldsymbol{O}$ 时,它至少有一个不为 0 的一阶子式.

定义 15　设矩阵 $\boldsymbol{A}=(a_{ij})_{m\times n}$.如果 $\boldsymbol{A}$ 存在不为 0 的 r 阶子式,而任何 $r+1$ 阶子式(如果有的话)皆为 0,则称数 r 为矩阵 $\boldsymbol{A}$ 的秩,记为 $\mathrm{R}(\boldsymbol{A})$.规定零矩阵的秩为 0.

例如,在矩阵

$$\boldsymbol{A} = \begin{pmatrix} 1 & 1 & 2 & 3 & 4 \\ 0 & 0 & 1 & -1 & 0 \\ 0 & 0 & 0 & 2 & 0 \\ 0 & 0 & 0 & 0 & 0 \end{pmatrix}$$

中,有一个三阶子式

$$\begin{vmatrix} 1 & 2 & 3 \\ 0 & 1 & -1 \\ 0 & 0 & 2 \end{vmatrix} = 2 \neq 0,$$

而所有的四阶子式显然都为 0,因此 $\mathrm{R}(\boldsymbol{A})=3$.

根据矩阵的秩的定义,容易得到如下结论:

(1) $\mathrm{R}(\boldsymbol{A})=0$ 的充要条件是 $\boldsymbol{A}=\boldsymbol{O}$.

(2) $0 \leqslant \mathrm{R}(\boldsymbol{A}_{m\times n}) \leqslant \min\{m,n\}$.

(3) 如果 $\boldsymbol{A}$ 中有一个不为 0 的 r 阶子式,则 $\mathrm{R}(\boldsymbol{A}) \geqslant r$.

(4) $\mathrm{R}(\boldsymbol{A}^{\mathrm{T}})=\mathrm{R}(\boldsymbol{A})$,$\mathrm{R}(k\boldsymbol{A})=\mathrm{R}(\boldsymbol{A})$ (常数 $k \neq 0$).

(5) 分块矩阵的秩不小于它的各个子块的秩. 例如,$\mathrm{R}(\boldsymbol{A} \mid \boldsymbol{B}) \geqslant \mathrm{R}(\boldsymbol{A})$,$\mathrm{R}(\boldsymbol{A} \mid \boldsymbol{B}) \geqslant \mathrm{R}(\boldsymbol{B})$;$\mathrm{R}\begin{pmatrix} \boldsymbol{A}_{11} & \boldsymbol{A}_{12} \\ \boldsymbol{A}_{21} & \boldsymbol{A}_{22} \end{pmatrix} \geqslant \mathrm{R}(\boldsymbol{A}_{ij})$ $(i,j=1,2)$ 等.

(6) $\mathrm{R}\begin{pmatrix} \boldsymbol{E}_r & \boldsymbol{O} \\ \boldsymbol{O} & \boldsymbol{O} \end{pmatrix} = r$.

(7) 行(列) 阶梯形矩阵的秩等于它的非零行(列) 的行(列) 数.

如果 $\mathrm{R}(\boldsymbol{A}_{m\times n})=m$,则称 $\boldsymbol{A}_{m\times n}$ 为行满秩矩阵;如果 $\mathrm{R}(\boldsymbol{A}_{m\times n})=n$,则称 $\boldsymbol{A}_{m\times n}$ 为列满秩矩阵;如果 $\mathrm{R}(\boldsymbol{A}_n)=n$,则称 $\boldsymbol{A}_n$ 为满秩矩阵.

由上面的讨论知,利用定义计算矩阵的秩,需要由高阶到低阶考虑矩阵的子式,当矩阵的行数与列数较高时,按定义求秩是非常麻烦的. 由于行(列) 阶梯形矩阵的秩很容易判断,而任意矩阵都可以经过有限次初等行(列) 变换化成行(列) 阶梯形矩阵,因此可考虑借助初等变换求矩阵的秩.

二、用初等变换法求矩阵的秩

定理 6 若 $\boldsymbol{A} \to \boldsymbol{B}$,则 $\mathrm{R}(\boldsymbol{A})=\mathrm{R}(\boldsymbol{B})$.

***证明** 先考虑对矩阵 $\boldsymbol{A}$ 做一次初等行变换的情形.

(1) $\boldsymbol{A} \xrightarrow{r_i \leftrightarrow r_j} \boldsymbol{B}$. 两行互换,行列式仅改变符号,因而矩阵 $\boldsymbol{B}$ 与矩阵 $\boldsymbol{A}$ 的子式相等或相差一个符号,所以 $\boldsymbol{A}$ 与 $\boldsymbol{B}$ 的秩相等.

(2) $\boldsymbol{A} \xrightarrow{r_i \times k} \boldsymbol{B}$(常数 $k \neq 0$). 用非零数乘以矩阵的某一行,矩阵 $\boldsymbol{B}$ 与矩阵 $\boldsymbol{A}$ 的子式相等或相差一个非零倍数,所以 $\boldsymbol{A}$ 与 $\boldsymbol{B}$ 的秩相等.

(3) $\boldsymbol{A} \xrightarrow{r_i + kr_j} \boldsymbol{B}$. 设 $\mathrm{R}(\boldsymbol{A})=r$,则 $\boldsymbol{A}$ 的所有 $r+1$ 阶子式都等于 0. 在 $\boldsymbol{B}$ 中任取一个 $r+1$ 阶子式 D.

① 若 D 中不含 $\boldsymbol{B}$ 的第 i 行,则 D 与 $\boldsymbol{A}$ 中相应的 $r+1$ 阶子式完全相同,因此 $D=0$;

② 若 D 中含有 $\boldsymbol{B}$ 的第 i 行,同时也含有 $\boldsymbol{B}$ 的第 j 行,则由行列式的性质,D 与 $\boldsymbol{A}$ 中相应的 $r+1$ 阶子式相等,因此 $D=0$;

③ 若 D 中含有 $\boldsymbol{B}$ 的第 i 行,但不含 $\boldsymbol{B}$ 的第 j 行,则由行列式的性质,D 可化为两个行列式之和,其中一个行列式是 $\boldsymbol{A}$ 的 $r+1$ 阶子式,而另一个行列式是 $\boldsymbol{A}$ 的 $r+1$ 阶子式的常数倍,

均为 0,因此 $D=0$.

综合 ①,②,③,有 $R(\boldsymbol{B})\leqslant r=R(\boldsymbol{A})$. 另外,$\boldsymbol{A}$ 也可看作由 $\boldsymbol{B}$ 经过同类型初等行变换而得,从而有 $R(\boldsymbol{A})=r\leqslant R(\boldsymbol{B})$. 因此 $R(\boldsymbol{A})=R(\boldsymbol{B})$.

由经一次初等行变换后矩阵的秩不变,即可知经有限次初等行变换后矩阵的秩也不变.

同理可证,经有限次初等列变换后矩阵的秩不变.

总之,若矩阵 $\boldsymbol{A}$ 经有限次初等变换后变为矩阵 $\boldsymbol{B}(\boldsymbol{A}\rightarrow\boldsymbol{B})$,则 $R(\boldsymbol{A})=R(\boldsymbol{B})$.

由此可得利用初等变换求矩阵 $\boldsymbol{A}$ 的秩的方法(称为初等变换法):对 $\boldsymbol{A}$ 做初等变换将其化成行(列)阶梯形矩阵,则行(列)阶梯形矩阵中非零行(列)的行(列)数就是 $\boldsymbol{A}$ 的秩.

例 1　求矩阵 $\boldsymbol{A}=\begin{pmatrix}2&-4&2&3\\1&-2&-1&0\\-1&2&2&1\end{pmatrix}$ 的秩.

解　因为

$$\boldsymbol{A}\xrightarrow{r_1\leftrightarrow r_2}\begin{pmatrix}1&-2&-1&0\\2&-4&2&3\\-1&2&2&1\end{pmatrix}\xrightarrow[r_3+r_1]{r_2-2r_1}\begin{pmatrix}1&-2&-1&0\\0&0&4&3\\0&0&1&1\end{pmatrix}$$

$$\xrightarrow{r_2\leftrightarrow r_3}\begin{pmatrix}1&-2&-1&0\\0&0&1&1\\0&0&4&3\end{pmatrix}\xrightarrow{r_3-4r_2}\begin{pmatrix}1&-2&-1&0\\0&0&1&1\\0&0&0&-1\end{pmatrix},$$

典型例题

所以 $R(\boldsymbol{A})=3$.

由于每个矩阵都有等价的标准形,因此可得如下定理:

定理 7　**矩阵 $\boldsymbol{A}$ 与 $\boldsymbol{B}$ 等价的充要条件是它们有相同的标准形.**

证明　必要性　设 $\boldsymbol{A}$ 的标准形为 $\begin{pmatrix}\boldsymbol{E}_r&\boldsymbol{O}\\\boldsymbol{O}&\boldsymbol{O}\end{pmatrix}$,$\boldsymbol{B}$ 的标准形为 $\begin{pmatrix}\boldsymbol{E}_s&\boldsymbol{O}\\\boldsymbol{O}&\boldsymbol{O}\end{pmatrix}$,则 $R(\boldsymbol{A})=r$, $R(\boldsymbol{B})=s$. 因为 $\boldsymbol{A}\simeq\boldsymbol{B}$,所以 $R(\boldsymbol{A})=R(\boldsymbol{B})$,即 $r=s$,亦即 $\boldsymbol{A}$ 与 $\boldsymbol{B}$ 有相同的标准形.

充分性　因 $\boldsymbol{A}$ 与 $\boldsymbol{B}$ 有相同的标准形,故由矩阵等价的传递性知 $\boldsymbol{A}\simeq\boldsymbol{B}$.

推论　设 $\boldsymbol{A},\boldsymbol{B}$ 为两个同型矩阵,则 $\boldsymbol{A}\simeq\boldsymbol{B}$ 的充要条件是 $R(\boldsymbol{A})=R(\boldsymbol{B})$.

证明　必要性　根据定理 6,结论是显然的.

充分性　因为 $R(\boldsymbol{A})=R(\boldsymbol{B})$,所以 $\boldsymbol{A}$ 与 $\boldsymbol{B}$ 有相同的标准形,从而 $\boldsymbol{A}\simeq\boldsymbol{B}$.

例 2　设 $\boldsymbol{P}$ 为 m 阶满秩矩阵,$\boldsymbol{A}$ 为 $m\times n$ 矩阵,证明:$R(\boldsymbol{PA})=R(\boldsymbol{A})$.

证明　因 $\boldsymbol{P}$ 为满秩矩阵,故 $\boldsymbol{P}$ 可表示成有限个初等矩阵的乘积,即

$$\boldsymbol{P}=\boldsymbol{P}_1\boldsymbol{P}_2\cdots\boldsymbol{P}_s,$$

其中 $\boldsymbol{P}_i(i=1,2,\cdots,s)$ 为初等矩阵,从而

$$\boldsymbol{PA}=\boldsymbol{P}_1\boldsymbol{P}_2\cdots\boldsymbol{P}_s\boldsymbol{A}.$$

此式表明 $\boldsymbol{PA}$ 是 $\boldsymbol{A}$ 经有限次初等行变换后所得的矩阵,因而有

$$R(\boldsymbol{PA})=R(\boldsymbol{A}).$$

注 类似于例 2,可得如下结论:

(1) 若 $\boldsymbol{P}$ 为 n 阶满秩矩阵,$\boldsymbol{A}$ 为 $m\times n$ 矩阵,则 $R(\boldsymbol{AP})=R(\boldsymbol{A})$;

(2) 若 $\boldsymbol{P},\boldsymbol{Q}$ 分别为 m 阶及 n 阶满秩矩阵,$\boldsymbol{A}$ 为 $m\times n$ 矩阵,则 $R(\boldsymbol{PAQ})=R(\boldsymbol{A})$.

习题二

1. 二人零和对策问题. A,B 两儿童玩"石头-剪刀-布"的游戏,每人的出法只能在{石头、剪刀、布}中选择一种,当他们各选定一种出法(亦称策略)时,就确定了一个"局势",也就得出了各自的输赢. 若规定胜者得 1 分,负者得 -1 分,平手各得 0 分,则对于各种可能的局势,试用矩阵来表示 A 的得分.

2. 设矩阵 $\boldsymbol{A}=\begin{pmatrix}2&0&-1\\3&1&-2\end{pmatrix}$,$\boldsymbol{B}=\begin{pmatrix}-1&1&2\\-2&1&5\end{pmatrix}$,求:(1) $2\boldsymbol{A}+\boldsymbol{B}$;(2) $\boldsymbol{A}-3\boldsymbol{B}$.

3. 如果矩阵 $\boldsymbol{X}$ 满足 $\boldsymbol{X}-2\boldsymbol{A}=\boldsymbol{B}-\boldsymbol{X}$,其中矩阵 $\boldsymbol{A}=\begin{pmatrix}2&-1\\-1&2\end{pmatrix}$,$\boldsymbol{B}=\begin{pmatrix}0&-2\\-2&0\end{pmatrix}$,求 $\boldsymbol{X}$.

4. 设有 A,B,C,D 四个工厂,计划把 Ⅰ,Ⅱ 两种产品销往甲、乙、丙三座城市,数量分别如表 2-1 与表 2-2 所示.

表 2-1 (单位:万件)

城市	工厂			
	A	B	C	D
甲	7.5	10	5	6.5
乙	7.5	6.5	15	5
丙	15	0	5.5	8.5

表 2-2 (单位:万件)

城市	工厂			
	A	B	C	D
甲	4	6	0	5
乙	6	0	8	3
丙	0	7	9	0

但实际上,产品 Ⅰ 只销售了计划的 80%,而产品 Ⅱ 销售了计划的 120%. 试把这四个工厂的两种产品实际销往三座城市的总量分别用矩阵表示出来.

5. 求下列矩阵的乘积:

(1) $\begin{pmatrix}3&-2&1\\1&-1&2\end{pmatrix}\begin{pmatrix}-1&5\\-2&4\\3&-1\end{pmatrix}$; (2) $\begin{pmatrix}3&1&2&-1\\0&3&1&0\\1&0&1&0\end{pmatrix}\begin{pmatrix}0&5\\2&0\\0&-1\\-3&0\end{pmatrix}$;

(3) $\begin{pmatrix}1\\2\\3\\4\end{pmatrix}(4,3,2,1)$；　　(4) $(1,2,3,4)\begin{pmatrix}4\\3\\2\\1\end{pmatrix}$；

(5) $\begin{pmatrix}3&1&1\\2&1&2\\1&2&3\end{pmatrix}\begin{pmatrix}1&1&-1\\2&-1&0\\1&-1&0\end{pmatrix}$；　　(6) $(1,-1,2)\begin{pmatrix}-1&2&0\\0&1&1\\3&0&-1\end{pmatrix}\begin{pmatrix}2\\-1\\2\end{pmatrix}$.

6. 设矩阵 $\boldsymbol{A}=\begin{pmatrix}1&1\\1&1\end{pmatrix}$，求所有与 $\boldsymbol{A}$ 可交换的矩阵.

7. 已知两个线性变换

$$\begin{cases}x_1=3y_1-y_3,\\x_2=2y_1+3y_2+y_3,\\x_3=y_2-2y_3,\end{cases}\quad\begin{cases}y_1=z_1+z_2,\\y_2=z_1-z_2,\\y_3=z_2.\end{cases}$$

(1) 试把这两个线性变换分别写成矩阵形式；

(2) 用矩阵的乘法求从变量 z_1,z_2 到变量 x_1,x_2,x_3 的线性变换.

8. 求下列方阵的幂：

(1) $\begin{pmatrix}0&-1&0\\1&0&1\\0&1&0\end{pmatrix}^4$；　　(2) $\begin{pmatrix}2&1&0\\0&2&1\\0&0&2\end{pmatrix}^4$；

(3) $\begin{pmatrix}a&0&0\\0&b&0\\0&0&c\end{pmatrix}^n$；　　(4) $\begin{pmatrix}1&1\\1&1\end{pmatrix}^n$.

9. 设多项式 $f(x)=a_mx^m+a_{m-1}x^{m-1}+\cdots+a_1x+a_0$，$\boldsymbol{A}$ 是一个 n 阶方阵，定义 $f(\boldsymbol{A})=a_m\boldsymbol{A}^m+a_{m-1}\boldsymbol{A}^{m-1}+\cdots+a_1\boldsymbol{A}+a_0\boldsymbol{E}_n$［称 $f(\boldsymbol{A})$ 为方阵 $\boldsymbol{A}$ 的多项式］. 当 $f(x)=x^2+3x+2$，方阵 $\boldsymbol{A}=\begin{pmatrix}1&-1&2\\3&2&1\\0&1&-1\end{pmatrix}$ 时，求 $f(\boldsymbol{A})$.

10. 设矩阵 $\boldsymbol{A},\boldsymbol{B}$ 是可交换的，求证：

(1) $(\boldsymbol{A}+\boldsymbol{B})(\boldsymbol{A}-\boldsymbol{B})=\boldsymbol{A}^2-\boldsymbol{B}^2$；　　(2) $(\boldsymbol{A}+\boldsymbol{B})^2=\boldsymbol{A}^2+2\boldsymbol{AB}+\boldsymbol{B}^2$.

11. 设 $\boldsymbol{A},\boldsymbol{B}$ 为同阶方阵，且 $\boldsymbol{A}=\frac{1}{2}(\boldsymbol{B}+\boldsymbol{E})$，证明：$\boldsymbol{A}^2=\boldsymbol{A}$ 当且仅当 $\boldsymbol{B}^2=\boldsymbol{E}$.

12. 设 $\boldsymbol{A}$ 为方阵，证明：

(1) 如果 $\boldsymbol{A}=\boldsymbol{A}^{\mathrm{T}}$，且 $\boldsymbol{A}^2=\boldsymbol{O}$，则 $\boldsymbol{A}=\boldsymbol{O}$；

(2) 如果 $\boldsymbol{AA}^{\mathrm{T}}=\boldsymbol{O}$ 或 $\boldsymbol{A}^{\mathrm{T}}\boldsymbol{A}=\boldsymbol{O}$，则 $\boldsymbol{A}=\boldsymbol{O}$.

13. 证明：

(1) 对于任意 n 阶方阵 $\boldsymbol{A}$，$\boldsymbol{A}^{\mathrm{T}}\boldsymbol{A}$ 和 $\boldsymbol{A}\boldsymbol{A}^{\mathrm{T}}$ 都是对称矩阵；

(2) 对于任意 n 阶方阵 $\boldsymbol{A}$，$\boldsymbol{A}+\boldsymbol{A}^{\mathrm{T}}$ 为对称矩阵，$\boldsymbol{A}-\boldsymbol{A}^{\mathrm{T}}$ 为反对称矩阵；

(3) 任意 n 阶方阵 $\boldsymbol{A}$ 可表示为一个对称矩阵与一个反对称矩阵的和.

14. 设 $\boldsymbol{A}$，$\boldsymbol{B}$ 是同阶方阵，证明：

(1) 如果 $\boldsymbol{A}^{\mathrm{T}}=\boldsymbol{A}$，$\boldsymbol{B}^{\mathrm{T}}=\boldsymbol{B}$，则 $(\boldsymbol{AB})^{\mathrm{T}}=\boldsymbol{AB}$ 的充要条件是 $\boldsymbol{AB}=\boldsymbol{BA}$；

(2) 如果 $\boldsymbol{A}^2=\boldsymbol{E}$，$\boldsymbol{B}^2=\boldsymbol{E}$，则 $(\boldsymbol{AB})^2=\boldsymbol{E}$ 的充要条件是 $\boldsymbol{AB}=\boldsymbol{BA}$；

(3) 如果 $\boldsymbol{A}^2=\boldsymbol{A}$，$\boldsymbol{B}^2=\boldsymbol{B}$，则 $(\boldsymbol{A}+\boldsymbol{B})^2=\boldsymbol{A}+\boldsymbol{B}$ 的充要条件是 $\boldsymbol{AB}=-\boldsymbol{BA}$.

15. 设矩阵 $\boldsymbol{A}=\begin{pmatrix} a_{11} & a_{12} & a_{13} \\ & a_{22} & a_{23} \\ & & a_{33} \end{pmatrix}$，$\boldsymbol{B}=\begin{pmatrix} b_{11} & b_{12} & b_{13} \\ & b_{22} & b_{23} \\ & & b_{33} \end{pmatrix}$，验证 $a\boldsymbol{A}$，$\boldsymbol{A}+\boldsymbol{B}$，$\boldsymbol{AB}$ 仍为同阶同结构的上三角形矩阵(a 为常数).

16. 设 $\boldsymbol{A}$ 为 n 阶方阵，满足 $\boldsymbol{A}^k=\boldsymbol{O}$($k$ 为正整数)，证明：$\boldsymbol{E}-\boldsymbol{A}$ 可逆，并且

$$(\boldsymbol{E}-\boldsymbol{A})^{-1}=\boldsymbol{E}+\boldsymbol{A}+\boldsymbol{A}^2+\cdots+\boldsymbol{A}^{k-1}.$$

17. 若矩阵 $\boldsymbol{A}$ 可逆，证明：$\boldsymbol{A}^k$ 也可逆(k 为正整数)，且 $(\boldsymbol{A}^k)^{-1}=(\boldsymbol{A}^{-1})^k$.

18. 设 $\boldsymbol{A}$ 是一个 n 阶上三角形矩阵，主对角线上的元素 $a_{ii}\neq 0(i=1,2,\cdots,n)$，证明：$\boldsymbol{A}$ 可逆，且 $\boldsymbol{A}^{-1}$ 也是上三角形矩阵.

19. 若矩阵 $\boldsymbol{A}$ 可逆，试证：$\boldsymbol{A}^*$ 也可逆；并且求 $(\boldsymbol{A}^*)^{-1}$ 和 $|\boldsymbol{A}^*|$.

20. 设 $\boldsymbol{A}$ 为 n 阶对称矩阵，证明：

(1) $\boldsymbol{A}^*$ 也是对称矩阵；

(2) 如果 $\boldsymbol{A}$ 可逆，则 $\boldsymbol{A}^{-1}$ 也是对称矩阵.

21. 设 $\boldsymbol{A}$ 为 n 阶方阵，试证：

(1) $(-\boldsymbol{A})^*=(-1)^{n-1}\boldsymbol{A}^*$；

(2) $(\boldsymbol{A}^{-1})^*=(\boldsymbol{A}^*)^{-1}$ ($\boldsymbol{A}$ 可逆)；

(3) $(\boldsymbol{A}^*)^{\mathrm{T}}=(\boldsymbol{A}^{\mathrm{T}})^*$；

(4) $(\boldsymbol{A}^*)^*=|\boldsymbol{A}|^{n-2}\boldsymbol{A}$ ($n\geqslant 2$).

22. 设 $\boldsymbol{A}$，$\boldsymbol{B}$，$\boldsymbol{C}$ 为同阶方阵，且 $\boldsymbol{C}$ 非奇异，满足 $\boldsymbol{C}^{-1}\boldsymbol{AC}=\boldsymbol{B}$，求证：$\boldsymbol{C}^{-1}\boldsymbol{A}^m\boldsymbol{C}=\boldsymbol{B}^m$($m$ 为正整数).

23. 求下列矩阵的逆矩阵：

(1) $\begin{pmatrix} 1 & -1 & 2 \\ -2 & -1 & -2 \\ 4 & 3 & 3 \end{pmatrix}$；　　(2) $\begin{pmatrix} 0 & 2 & 1 \\ 1 & -1 & 1 \\ 3 & -1 & 2 \end{pmatrix}$；

(3) $\begin{pmatrix} 1 & 2 & 3 & 4 \\ 2 & 3 & 1 & 2 \\ 1 & 1 & 1 & -1 \\ 1 & 0 & -2 & -6 \end{pmatrix}$；

(4) $\begin{pmatrix} a_1 & & & \\ & a_2 & & \\ & & \ddots & \\ & & & a_n \end{pmatrix}$，其中 $a_i \neq 0(i=1,2,\cdots,n)$；

(5) $\begin{pmatrix} & & & b_1 \\ & & b_2 & \\ & \iddots & & \\ b_n & & & \end{pmatrix}$，其中 $b_i \neq 0(i=1,2,\cdots,n)$；

(6) $\begin{pmatrix} 0 & a_1 & 0 & \cdots & 0 \\ 0 & 0 & a_2 & \cdots & 0 \\ \vdots & \vdots & \vdots & & \vdots \\ 0 & 0 & 0 & \cdots & a_{n-1} \\ a_n & 0 & 0 & \cdots & 0 \end{pmatrix}$，其中 $a_i \neq 0(i=1,2,\cdots,n)$.

24. 解下列矩阵方程：

(1) $\begin{pmatrix} 3 & 5 \\ 1 & 2 \end{pmatrix}\boldsymbol{X}=\begin{pmatrix} 4 & -1 & 2 \\ 3 & 0 & -1 \end{pmatrix}$；

(2) $\boldsymbol{X}\begin{pmatrix} 1 & 0 & 5 \\ 1 & 1 & 2 \\ 1 & 2 & 5 \end{pmatrix}=\begin{pmatrix} 1 & 1 & 2 \\ 0 & 0 & -6 \end{pmatrix}$；

(3) $\begin{pmatrix} 2 & 1 \\ -2 & 3 \end{pmatrix}\boldsymbol{X}\begin{pmatrix} -2 & -1 \\ 1 & 1 \end{pmatrix}=\begin{pmatrix} -2 & 3 \\ -6 & 1 \end{pmatrix}$；

(4) $\begin{pmatrix} 0 & 1 & 0 \\ -1 & 1 & 1 \\ -1 & 0 & -1 \end{pmatrix}\boldsymbol{X}+\begin{pmatrix} 1 & -1 \\ 2 & 0 \\ 5 & -3 \end{pmatrix}=\boldsymbol{X}$.

25. 已知 n 阶方阵 $\boldsymbol{A}$ 满足 $\boldsymbol{A}^2-3\boldsymbol{A}-2\boldsymbol{E}=\boldsymbol{O}$，试证：$\boldsymbol{A}$ 可逆；并且求 $\boldsymbol{A}^{-1}$.

26. 设 $\boldsymbol{P}^{-1}\boldsymbol{A}\boldsymbol{P}=\boldsymbol{\Lambda}$，其中矩阵 $\boldsymbol{P}=\begin{pmatrix} -1 & -4 \\ 1 & 1 \end{pmatrix}$，$\boldsymbol{\Lambda}=\begin{pmatrix} -1 & 0 \\ 0 & 2 \end{pmatrix}$，求 $\boldsymbol{A}^{11}$.

27. 设 $\boldsymbol{A}\boldsymbol{P}=\boldsymbol{P}\boldsymbol{\Lambda}$，其中矩阵 $\boldsymbol{P}=\begin{pmatrix} 1 & 1 & 1 \\ 1 & 0 & -2 \\ 1 & -1 & 1 \end{pmatrix}$，$\boldsymbol{\Lambda}=\begin{pmatrix} -1 & & \\ & 1 & \\ & & 5 \end{pmatrix}$，求 $\boldsymbol{A}^8(5\boldsymbol{E}-6\boldsymbol{A}+\boldsymbol{A}^2)$.

28. 设 $\boldsymbol{A},\boldsymbol{B},\boldsymbol{C}$ 均为 n 阶方阵，$|\boldsymbol{E}-\boldsymbol{A}|\neq 0$. 如果 $\boldsymbol{C}=\boldsymbol{A}+\boldsymbol{C}\boldsymbol{A}$，$\boldsymbol{B}=\boldsymbol{E}+\boldsymbol{A}\boldsymbol{B}$，求证：

$$\boldsymbol{B}-\boldsymbol{C}=\boldsymbol{E}.$$

29. 设 $\boldsymbol{A}$ 为三阶方阵，$\boldsymbol{A}^*$ 为 $\boldsymbol{A}$ 的伴随矩阵. 已知 $|\boldsymbol{A}|=\dfrac{1}{2}$，求 $|(3\boldsymbol{A})^{-1}-2\boldsymbol{A}^*|$.

30. 按指定的分块方法,用分块矩阵的乘法求下列矩阵的乘积:

(1) $\left(\begin{array}{cc|cc} 1 & 0 & 0 & 0 \\ 0 & 1 & 0 & 0 \\ \hline 1 & 0 & 1 & 1 \\ -1 & 1 & 0 & 1 \end{array}\right)\left(\begin{array}{cc|c} 3 & -2 & 5 \\ -2 & 1 & 3 \\ \hline 1 & 0 & -2 \\ 0 & 1 & 1 \end{array}\right)$;

(2) $\left(\begin{array}{cc|cc} a & 0 & 0 & 0 \\ 0 & a & 0 & 0 \\ \hline 1 & 0 & b & 0 \\ 0 & 1 & 0 & b \end{array}\right)\left(\begin{array}{cc|cc} 1 & 0 & c & 0 \\ 0 & 1 & 0 & c \\ \hline 0 & 0 & d & 0 \\ 0 & 0 & 0 & d \end{array}\right)$.

31. 设 $\boldsymbol{A}$ 为三阶方阵, $|\boldsymbol{A}|=2$. 把 $\boldsymbol{A}$ 按列分块为 $\boldsymbol{A}=(\boldsymbol{A}_1,\boldsymbol{A}_2,\boldsymbol{A}_3)$,其中 $\boldsymbol{A}_j\ (j=1,2,3)$ 是 $\boldsymbol{A}$ 的第 j 列,求:

(1) $|\boldsymbol{A}_1,2\boldsymbol{A}_3,\boldsymbol{A}_2|$; (2) $|\boldsymbol{A}_3-3\boldsymbol{A}_1,3\boldsymbol{A}_2,\boldsymbol{A}_1|$.

32. 设 $\boldsymbol{A},\boldsymbol{B}$ 为 n 阶方阵,试证:

$$\begin{vmatrix} \boldsymbol{A} & \boldsymbol{B} \\ \boldsymbol{B} & \boldsymbol{A} \end{vmatrix}=|\boldsymbol{A}+\boldsymbol{B}|\,|\boldsymbol{A}-\boldsymbol{B}|.$$

33. 设 m 阶方阵 $\boldsymbol{A}$ 及 n 阶方阵 $\boldsymbol{B}$ 都可逆,试证:

(1) $\begin{pmatrix} \boldsymbol{O} & \boldsymbol{A} \\ \boldsymbol{B} & \boldsymbol{O} \end{pmatrix}^{-1}=\begin{pmatrix} \boldsymbol{O} & \boldsymbol{B}^{-1} \\ \boldsymbol{A}^{-1} & \boldsymbol{O} \end{pmatrix}$; (2) $\begin{pmatrix} \boldsymbol{A} & \boldsymbol{C} \\ \boldsymbol{O} & \boldsymbol{B} \end{pmatrix}^{-1}=\begin{pmatrix} \boldsymbol{A}^{-1} & -\boldsymbol{A}^{-1}\boldsymbol{C}\boldsymbol{B}^{-1} \\ \boldsymbol{O} & \boldsymbol{B}^{-1} \end{pmatrix}$.

34. 求下列分块矩阵的逆矩阵:

(1) $\left(\begin{array}{cc|cc} 2 & 1 & 0 & 0 \\ 1 & 1 & 0 & 0 \\ \hline 0 & 0 & 2 & 5 \\ 0 & 0 & 1 & 3 \end{array}\right)$; (2) $\left(\begin{array}{ccc|c} 1 & -1 & 2 & -1 \\ -2 & -1 & -2 & 1 \\ 4 & 3 & 3 & 1 \\ \hline 0 & 0 & 0 & 2 \end{array}\right)$.

35. 用初等变换法求下列矩阵的秩:

(1) $\begin{pmatrix} 1 & -3 & 4 & 5 \\ 2 & -2 & 7 & 9 \\ 3 & 3 & 9 & 12 \end{pmatrix}$; (2) $\begin{pmatrix} 1 & -1 & 2 & 1 & 0 \\ 2 & 0 & 6 & 0 & 1 \\ -1 & 5 & 2 & -5 & 2 \end{pmatrix}$;

(3) $\begin{pmatrix} 3 & 1 & 0 & 2 \\ 1 & -1 & 2 & -1 \\ 1 & 3 & -4 & 4 \end{pmatrix}$; (4) $\begin{pmatrix} 1 & 3 & -1 & -2 \\ 2 & -1 & 2 & -4 \\ 3 & 2 & 1 & -6 \\ 1 & -4 & 3 & 5 \end{pmatrix}$.

第三章

n 维向量

向量同矩阵一样，也是线性代数中一个非常重要的概念，对它的讨论是线性代数的重要内容之一. 在第四章对线性方程组的讨论中，不仅需要行列式、矩阵，而且也需要向量这个重要工具.

第一节 向量及其线性运算

在中学我们已经学习了平面向量和空间向量的概念及相关运算,现在我们将其推广.

一、向量的概念

定义 1 由 n 个数组成的有序数组

$$(a_1,a_2,\cdots,a_n) \tag{3.1}$$

或

$$\begin{pmatrix} a_1 \\ a_2 \\ \vdots \\ a_n \end{pmatrix} \tag{3.2}$$

称为一个 n 维向量,简称向量.

我们通常用小写希腊字母 $\boldsymbol{\alpha},\boldsymbol{\beta},\boldsymbol{\gamma},\cdots$ 表示向量.(3.1)式称为行向量,(3.2)式称为列向量. 数 $a_1,a_2,\cdots,a_n$ 称为这两个向量的分量,$a_i(i=1,2,\cdots,n)$ 称为第 i 个分量或坐标.

分量都是实数的向量称为实向量,分量中含有复数的向量称为复向量.

后面我们会发现,对列向量成立的有关理论,对行向量也同样成立. 行向量与列向量的区别只在于其表达形式的不同. 若没有特别指明,本书所讨论的向量都可视为列向量. 通常也将列向量(3.2)写成$(a_1,a_2,\cdots,a_n)^{\mathrm{T}}$.

实际上,n 维行向量可以看成 $1\times n$ 矩阵,n 维列向量可以看成 $n\times 1$ 矩阵.

注 在解析几何中,我们把既有大小又有方向的量称为向量,并把可随意移动的有向线段作为向量的几何形象,引入坐标系后,又定义了向量的坐标表示式(两个或三个有序实数组成的数组). 因此,当 $n\leqslant 3$ 时,n 维向量可以把有向线段作为其几何形象. 当 $n>3$ 时,n 维向量没有直观的几何形象.

定义 2 如果向量 $\boldsymbol{\alpha}=(a_1,a_2,\cdots,a_n)^{\mathrm{T}}$ 和 $\boldsymbol{\beta}=(b_1,b_2,\cdots,b_n)^{\mathrm{T}}$ 的对应分量都相等,即

$$a_i=b_i \quad (i=1,2,\cdots,n),$$

则称这两个向量相等,记为 $\boldsymbol{\alpha}=\boldsymbol{\beta}$.

若干个同维数的列向量(行向量)所组成的集合称为一个向量组.

例如,一个 $m\times n$ 矩阵 $\boldsymbol{A}=\begin{pmatrix} a_{11} & a_{12} & \cdots & a_{1n} \\ a_{21} & a_{22} & \cdots & a_{2n} \\ \vdots & \vdots & & \vdots \\ a_{m1} & a_{m2} & \cdots & a_{mn} \end{pmatrix}$ 的每一列

$$\boldsymbol{\alpha}_j=\begin{pmatrix}a_{1j}\\a_{2j}\\\vdots\\a_{mj}\end{pmatrix}\quad(j=1,2,\cdots,n)$$

构成一个列向量，它们组成的向量组 $\boldsymbol{\alpha}_1,\boldsymbol{\alpha}_2,\cdots,\boldsymbol{\alpha}_n$ 称为 $\boldsymbol{A}$ 的列向量组，而由 $\boldsymbol{A}$ 的每一行

$$\boldsymbol{\beta}_i=(a_{i1},a_{i2},\cdots,a_{in})\quad(i=1,2,\cdots,m)$$

构成一个行向量，它们组成的向量组 $\boldsymbol{\beta}_1,\boldsymbol{\beta}_2,\cdots,\boldsymbol{\beta}_m$ 称为 $\boldsymbol{A}$ 的行向量组.

根据上面的讨论，$\boldsymbol{A}$ 可记为

$$\boldsymbol{A}=(\boldsymbol{\alpha}_1,\boldsymbol{\alpha}_2,\cdots,\boldsymbol{\alpha}_n)\quad\text{或}\quad\boldsymbol{A}=\begin{pmatrix}\boldsymbol{\beta}_1\\\boldsymbol{\beta}_2\\\vdots\\\boldsymbol{\beta}_m\end{pmatrix}.$$

这样，$\boldsymbol{A}$ 就与其行向量组或列向量组之间建立了一一对应关系.

二、向量的线性运算

对于给定的向量 $\boldsymbol{\alpha}=(a_1,a_2,\cdots,a_n)^{\mathrm{T}},\boldsymbol{\beta}=(b_1,b_2,\cdots,b_n)^{\mathrm{T}}$，我们引入如下概念：

定义 3　向量

$$(a_1+b_1,a_2+b_2,\cdots,a_n+b_n)^{\mathrm{T}}$$

称为向量 $\boldsymbol{\alpha}$ 与 $\boldsymbol{\beta}$ 的和，记为 $\boldsymbol{\alpha}+\boldsymbol{\beta}$. 这种运算称为向量的加法. 设 k 为一个数，向量

$$(ka_1,ka_2,\cdots,ka_n)^{\mathrm{T}}$$

称为向量 $\boldsymbol{\alpha}$ 与数 k 的乘积，记为 $k\boldsymbol{\alpha}$. 这种运算称为向量的数乘.

定义 4　向量

$$(-a_1,-a_2,\cdots,-a_n)^{\mathrm{T}}$$

称为 $\boldsymbol{\alpha}$ 的负向量，记为 $-\boldsymbol{\alpha}$. 而向量的减法定义为

$$\boldsymbol{\alpha}-\boldsymbol{\beta}=\boldsymbol{\alpha}+(-\boldsymbol{\beta}).$$

定义 5　分量全为 0 的向量 $(0,0,\cdots,0)^{\mathrm{T}}$ 称为零向量，记为 $\mathbf{0}$.

注　对于行向量，我们也有上述类似的定义. 例如，若向量 $\boldsymbol{\alpha}=(a_1,a_2,\cdots,a_n)$，$\boldsymbol{\beta}=(b_1,b_2,\cdots,b_n)$，则定义 $\boldsymbol{\alpha}$ 与 $\boldsymbol{\beta}$ 的和为

$$\boldsymbol{\alpha}+\boldsymbol{\beta}=(a_1+b_1,a_2+b_2,\cdots,a_n+b_n).$$

对于类似的问题，以后不再赘述.

向量的加法和数乘运算统称为向量的线性运算.

向量的线性运算具有与矩阵的线性运算相同的规律，从而也满足下列 8 条运算规律（$\boldsymbol{\alpha}$，$\boldsymbol{\beta}$，$\boldsymbol{\gamma}$ 为 n 维向量，k,l 为常数）：

(1) $\boldsymbol{\alpha}+\boldsymbol{\beta}=\boldsymbol{\beta}+\boldsymbol{\alpha}$；

(2) $(\boldsymbol{\alpha}+\boldsymbol{\beta})+\boldsymbol{\gamma}=\boldsymbol{\alpha}+(\boldsymbol{\beta}+\boldsymbol{\gamma})$；

(3) $\boldsymbol{\alpha}+\mathbf{0}=\boldsymbol{\alpha}$；

(4) $\boldsymbol{\alpha}+(-\boldsymbol{\alpha})=\mathbf{0}$;

(5) $(k+l)\boldsymbol{\alpha}=k\boldsymbol{\alpha}+l\boldsymbol{\alpha}$;

(6) $k(\boldsymbol{\alpha}+\boldsymbol{\beta})=k\boldsymbol{\alpha}+k\boldsymbol{\beta}$;

(7) $(kl)\boldsymbol{\alpha}=k(l\boldsymbol{\alpha})=l(k\boldsymbol{\alpha})$;

(8) $1\cdot\boldsymbol{\alpha}=\boldsymbol{\alpha}$.

例 1 设向量 $\boldsymbol{\alpha}_1=(2,5,1,3)^{\mathrm{T}}$,$\boldsymbol{\alpha}_2=(-1,1,2,0)^{\mathrm{T}}$,求 $\boldsymbol{\alpha}_1-2\boldsymbol{\alpha}_2$.

解
$$\begin{aligned}\boldsymbol{\alpha}_1-2\boldsymbol{\alpha}_2&=(2,5,1,3)^{\mathrm{T}}-2(-1,1,2,0)^{\mathrm{T}}\\&=(2,5,1,3)^{\mathrm{T}}-(-2,2,4,0)^{\mathrm{T}}\\&=(4,3,-3,3)^{\mathrm{T}}.\end{aligned}$$

例 2 设向量 $\boldsymbol{\alpha}_1=(2,5,1,3)^{\mathrm{T}}$,$\boldsymbol{\alpha}_2=(10,1,5,10)^{\mathrm{T}}$,$\boldsymbol{\alpha}_3=(4,1,-1,1)^{\mathrm{T}}$,且 $3(\boldsymbol{\alpha}_1-\boldsymbol{\alpha})+2(\boldsymbol{\alpha}_2+\boldsymbol{\alpha})=5(\boldsymbol{\alpha}_3+\boldsymbol{\alpha})$,求 $\boldsymbol{\alpha}$.

解 根据向量的线性运算规律,将已知等式化简,得
$$\begin{aligned}\boldsymbol{\alpha}&=\frac{1}{2}\boldsymbol{\alpha}_1+\frac{1}{3}\boldsymbol{\alpha}_2-\frac{5}{6}\boldsymbol{\alpha}_3\\&=\frac{1}{2}(2,5,1,3)^{\mathrm{T}}+\frac{1}{3}(10,1,5,10)^{\mathrm{T}}-\frac{5}{6}(4,1,-1,1)^{\mathrm{T}}\\&=(1,2,3,4)^{\mathrm{T}}.\end{aligned}$$

第二节 向量间的线性关系

一、向量组的线性组合

考虑线性方程组
$$\begin{cases}a_{11}x_1+a_{12}x_2+\cdots+a_{1n}x_n=b_1,\\a_{21}x_1+a_{22}x_2+\cdots+a_{2n}x_n=b_2,\\\qquad\cdots\cdots\\a_{m1}x_1+a_{m2}x_2+\cdots+a_{mn}x_n=b_m,\end{cases}\tag{3.3}$$
令
$$\boldsymbol{\alpha}_j=\begin{pmatrix}a_{1j}\\a_{2j}\\\vdots\\a_{mj}\end{pmatrix}\ (j=1,2,\cdots,n),\quad\boldsymbol{\beta}=\begin{pmatrix}b_1\\b_2\\\vdots\\b_m\end{pmatrix},$$
则方程组(3.3)可以表示为如下形式:
$$x_1\boldsymbol{\alpha}_1+x_2\boldsymbol{\alpha}_2+\cdots+x_n\boldsymbol{\alpha}_n=\boldsymbol{\beta}.\tag{3.4}$$
于是,方程组(3.3)是否有解,就相当于是否存在一组数 $k_1,k_2,\cdots,k_n$,使得等式
$$\boldsymbol{\beta}=k_1\boldsymbol{\alpha}_1+k_2\boldsymbol{\alpha}_2+\cdots+k_n\boldsymbol{\alpha}_n$$

成立.

为探讨这一问题,下面先介绍几个有关向量组的概念.

定义 6　给定向量组 $A:\boldsymbol{\alpha}_1,\boldsymbol{\alpha}_2,\cdots,\boldsymbol{\alpha}_s$,对于任何一组数 $k_1,k_2,\cdots,k_s$,称表达式 $k_1\boldsymbol{\alpha}_1+k_2\boldsymbol{\alpha}_2+\cdots+k_s\boldsymbol{\alpha}_s$ 为向量组A 的一个线性组合,其中 $k_1,k_2,\cdots,k_s$ 称为这个线性组合的系数.

定义 7　给定向量组 $A:\boldsymbol{\alpha}_1,\boldsymbol{\alpha}_2,\cdots,\boldsymbol{\alpha}_s$ 和向量 $\boldsymbol{\beta}$,若存在一组数 $k_1,k_2,\cdots,k_s$,使得

$$\boldsymbol{\beta}=k_1\boldsymbol{\alpha}_1+k_2\boldsymbol{\alpha}_2+\cdots+k_s\boldsymbol{\alpha}_s,$$

则称向量 $\boldsymbol{\beta}$ 是向量组A 的线性组合,或者称 $\boldsymbol{\beta}$ 能由向量组A 线性表示(或线性表出);否则,称 $\boldsymbol{\beta}$ 不能由向量组 A 线性表示.

注　(1) 向量 $\boldsymbol{\beta}$ 能由向量组 $\boldsymbol{\alpha}_1,\boldsymbol{\alpha}_2,\cdots,\boldsymbol{\alpha}_s$ 唯一线性表示的充要条件是线性方程组 $x_1\boldsymbol{\alpha}_1+x_2\boldsymbol{\alpha}_2+\cdots+x_s\boldsymbol{\alpha}_s=\boldsymbol{\beta}$ 有唯一解.

(2) 向量 $\boldsymbol{\beta}$ 能由向量组 $\boldsymbol{\alpha}_1,\boldsymbol{\alpha}_2,\cdots,\boldsymbol{\alpha}_s$ 线性表示且表示不唯一的充要条件是线性方程组 $x_1\boldsymbol{\alpha}_1+x_2\boldsymbol{\alpha}_2+\cdots+x_s\boldsymbol{\alpha}_s=\boldsymbol{\beta}$ 有无穷多解.

(3) 向量 $\boldsymbol{\beta}$ 不能由向量组 $\boldsymbol{\alpha}_1,\boldsymbol{\alpha}_2,\cdots,\boldsymbol{\alpha}_s$ 线性表示的充要条件是线性方程组 $x_1\boldsymbol{\alpha}_1+x_2\boldsymbol{\alpha}_2+\cdots+x_s\boldsymbol{\alpha}_s=\boldsymbol{\beta}$ 无解.

(4) 任意向量 $\boldsymbol{\alpha}=(a_1,a_2,\cdots,a_n)^{\mathrm{T}}$ 都可由向量组 $\boldsymbol{\varepsilon}_1=(1,0,\cdots,0)^{\mathrm{T}},\boldsymbol{\varepsilon}_2=(0,1,\cdots,0)^{\mathrm{T}},\cdots,\boldsymbol{\varepsilon}_n=(0,0,\cdots,1)^{\mathrm{T}}$ 线性表示,且表示式为

$$\boldsymbol{\alpha}=a_1\boldsymbol{\varepsilon}_1+a_2\boldsymbol{\varepsilon}_2+\cdots+a_n\boldsymbol{\varepsilon}_n.$$

我们称向量组 $\boldsymbol{\varepsilon}_1,\boldsymbol{\varepsilon}_2,\cdots,\boldsymbol{\varepsilon}_n$ 为 n 维基本单位向量组(简称基本单位向量组).

(5) 在向量组 $\boldsymbol{\alpha}_1,\boldsymbol{\alpha}_2,\cdots,\boldsymbol{\alpha}_s$ 中,任一向量 $\boldsymbol{\alpha}_j(j=1,2,\cdots,s)$ 都可由该向量组线性表示,因为

$$\boldsymbol{\alpha}_j=0\boldsymbol{\alpha}_1+\cdots+1\boldsymbol{\alpha}_j+\cdots+0\boldsymbol{\alpha}_s.$$

例 1　判断向量 $\boldsymbol{\beta}=(1,2,3)^{\mathrm{T}}$ 是否可由向量组 $\boldsymbol{\alpha}_1=(1,0,0)^{\mathrm{T}},\boldsymbol{\alpha}_2=(1,1,0)^{\mathrm{T}},\boldsymbol{\alpha}_3=(1,1,1)^{\mathrm{T}}$ 线性表示,如果可以,请求出表示式.

解　由于线性方程组

$$x_1\boldsymbol{\alpha}_1+x_2\boldsymbol{\alpha}_2+x_3\boldsymbol{\alpha}_3=\boldsymbol{\beta},$$

即

$$\begin{cases}x_1+x_2+x_3=1,\\ \qquad x_2+x_3=2,\\ \qquad\qquad x_3=3\end{cases}$$

有唯一解

$$x_1=-1,\quad x_2=-1,\quad x_3=3,$$

因此 $\boldsymbol{\beta}$ 可以由向量组 $\boldsymbol{\alpha}_1,\boldsymbol{\alpha}_2,\boldsymbol{\alpha}_3$ 唯一线性表示,且表示式为

$$\boldsymbol{\beta}=-\boldsymbol{\alpha}_1-\boldsymbol{\alpha}_2+3\boldsymbol{\alpha}_3.$$

二、向量组的线性相关性

定义 8　给定向量组 $A:\boldsymbol{\alpha}_1,\boldsymbol{\alpha}_2,\cdots,\boldsymbol{\alpha}_s$,如果存在一组不全为 0 的数 $k_1,k_2,\cdots,k_s$,

使得

$$k_1\boldsymbol{\alpha}_1+k_2\boldsymbol{\alpha}_2+\cdots+k_s\boldsymbol{\alpha}_s=\mathbf{0},$$

则称向量组 A 线性相关;否则,称向量组 A 线性无关.

注 (1) 向量组 $\boldsymbol{\alpha}_1,\boldsymbol{\alpha}_2,\cdots,\boldsymbol{\alpha}_s$ 线性相关(无关)的充要条件是齐次线性方程组 $x_1\boldsymbol{\alpha}_1+x_2\boldsymbol{\alpha}_2+\cdots+x_s\boldsymbol{\alpha}_s=\mathbf{0}$ 有非零解(只有零解).

(2) 向量组

$$\boldsymbol{\alpha}_1=(a_{11},a_{21},\cdots,a_{n1})^{\mathrm{T}},\quad \boldsymbol{\alpha}_2=(a_{12},a_{22},\cdots,a_{n2})^{\mathrm{T}},\quad \cdots,\quad \boldsymbol{\alpha}_n=(a_{1n},a_{2n},\cdots,a_{nn})^{\mathrm{T}}$$

线性相关(无关)的充要条件是

$$\begin{vmatrix} a_{11} & a_{12} & \cdots & a_{1n} \\ a_{21} & a_{22} & \cdots & a_{2n} \\ \vdots & \vdots & & \vdots \\ a_{n1} & a_{n2} & \cdots & a_{nn} \end{vmatrix}=0 \quad (\neq 0).$$

(3) n 维基本单位向量组 $\boldsymbol{\varepsilon}_1,\boldsymbol{\varepsilon}_2,\cdots,\boldsymbol{\varepsilon}_n$ 线性无关.

(4) 含零向量的向量组必线性相关.

(5) 仅含一个向量的向量组 $\boldsymbol{\alpha}$ 线性相关(无关)的充要条件是 $\boldsymbol{\alpha}=\mathbf{0}$ $(\boldsymbol{\alpha}\neq\mathbf{0})$.

(6) 仅含两个非零向量的向量组线性相关(无关)的充要条件是这两个向量的对应分量成(不成)比例.

例 2 证明:如果向量组 $\boldsymbol{\alpha}_1,\boldsymbol{\alpha}_2,\boldsymbol{\alpha}_3$ 线性无关,则向量组 $\boldsymbol{\alpha}_1+\boldsymbol{\alpha}_2,\boldsymbol{\alpha}_2+2\boldsymbol{\alpha}_3,\boldsymbol{\alpha}_3+3\boldsymbol{\alpha}_1$ 也线性无关.

证明 设存在一组数 x_1,x_2,x_3,使得

$$x_1(\boldsymbol{\alpha}_1+\boldsymbol{\alpha}_2)+x_2(\boldsymbol{\alpha}_2+2\boldsymbol{\alpha}_3)+x_3(\boldsymbol{\alpha}_3+3\boldsymbol{\alpha}_1)=\mathbf{0},$$

即

$$(x_1+3x_3)\boldsymbol{\alpha}_1+(x_1+x_2)\boldsymbol{\alpha}_2+(2x_2+x_3)\boldsymbol{\alpha}_3=\mathbf{0}.$$

由于向量组 $\boldsymbol{\alpha}_1,\boldsymbol{\alpha}_2,\boldsymbol{\alpha}_3$ 线性无关,因此

典型例题

$$\begin{cases} x_1+3x_3=0, \\ x_1+x_2=0, \\ 2x_2+x_3=0. \end{cases}$$

因这个齐次线性方程组的系数行列式

$$D=\begin{vmatrix} 1 & 0 & 3 \\ 1 & 1 & 0 \\ 0 & 2 & 1 \end{vmatrix}=7\neq 0,$$

故它只有零解 $x_1=x_2=x_3=0$,从而向量组 $\boldsymbol{\alpha}_1+\boldsymbol{\alpha}_2,\boldsymbol{\alpha}_2+2\boldsymbol{\alpha}_3,\boldsymbol{\alpha}_3+3\boldsymbol{\alpha}_1$ 线性无关.

三、向量组线性相关性的判定

利用定义判断向量组的线性相关性往往比较复杂,下面介绍几个判定定理.通常称向量组中的部分向量组成的向量组为原向量组的部分组.

定理 1 **向量组 $\boldsymbol{\alpha}_1,\boldsymbol{\alpha}_2,\cdots,\boldsymbol{\alpha}_s(s\geqslant 2)$ 线性相关的充要条件是向量组中至少有一个**

向量,它可由其余向量线性表示.

证明 必要性 设向量组 $\boldsymbol{\alpha}_1,\boldsymbol{\alpha}_2,\cdots,\boldsymbol{\alpha}_s$ 线性相关,则存在 s 个不全为0的数 $k_1,k_2,\cdots,k_s$,使得

$$k_1\boldsymbol{\alpha}_1+k_2\boldsymbol{\alpha}_2+\cdots+k_s\boldsymbol{\alpha}_s=\mathbf{0}.$$

不妨设 $k_1\neq 0$,于是

$$\boldsymbol{\alpha}_1=\left(-\frac{k_2}{k_1}\right)\boldsymbol{\alpha}_2+\cdots+\left(-\frac{k_s}{k_1}\right)\boldsymbol{\alpha}_s,$$

即 $\boldsymbol{\alpha}_1$ 可由其余向量线性表示.

充分性 设向量组 $\boldsymbol{\alpha}_1,\boldsymbol{\alpha}_2,\cdots,\boldsymbol{\alpha}_s$ 中至少有一个向量,它可由其余向量线性表示. 不妨设

$$\boldsymbol{\alpha}_1=k_2\boldsymbol{\alpha}_2+\cdots+k_s\boldsymbol{\alpha}_s,$$

即

$$(-1)\boldsymbol{\alpha}_1+k_2\boldsymbol{\alpha}_2+\cdots+k_s\boldsymbol{\alpha}_s=\mathbf{0},$$

故向量组 $\boldsymbol{\alpha}_1,\boldsymbol{\alpha}_2,\cdots,\boldsymbol{\alpha}_s$ 线性相关.

定理 1′ **向量组 $\boldsymbol{\alpha}_1,\boldsymbol{\alpha}_2,\cdots,\boldsymbol{\alpha}_s(s\geqslant 2)$ 线性无关的充要条件是该向量组中任意向量都不能由其余向量线性表示.**

定理 2 **若向量组 $\boldsymbol{\alpha}_1,\boldsymbol{\alpha}_2,\cdots,\boldsymbol{\alpha}_s$ 线性无关,而向量组 $\boldsymbol{\alpha}_1,\boldsymbol{\alpha}_2,\cdots,\boldsymbol{\alpha}_s,\boldsymbol{\beta}$ 线性相关,则向量 $\boldsymbol{\beta}$ 可由向量组 $\boldsymbol{\alpha}_1,\boldsymbol{\alpha}_2,\cdots,\boldsymbol{\alpha}_s$ 线性表示,且表示式唯一.**

证明 先证 $\boldsymbol{\beta}$ 可由向量组 $\boldsymbol{\alpha}_1,\boldsymbol{\alpha}_2,\cdots,\boldsymbol{\alpha}_s$ 线性表示.

因为向量组 $\boldsymbol{\alpha}_1,\boldsymbol{\alpha}_2,\cdots,\boldsymbol{\alpha}_s,\boldsymbol{\beta}$ 线性相关,所以存在一组不全为 0 的数 $k_1,k_2,\cdots,k_s,k$,使得

$$k_1\boldsymbol{\alpha}_1+k_2\boldsymbol{\alpha}_2+\cdots+k_s\boldsymbol{\alpha}_s+k\boldsymbol{\beta}=\mathbf{0}.$$

注意到向量组 $\boldsymbol{\alpha}_1,\boldsymbol{\alpha}_2,\cdots,\boldsymbol{\alpha}_s$ 线性无关,易知 $k\neq 0$,因此

$$\boldsymbol{\beta}=\left(-\frac{k_1}{k}\right)\boldsymbol{\alpha}_1+\left(-\frac{k_2}{k}\right)\boldsymbol{\alpha}_2+\cdots+\left(-\frac{k_s}{k}\right)\boldsymbol{\alpha}_s.$$

再证表示式的唯一性. 若

$$\boldsymbol{\beta}=h_1\boldsymbol{\alpha}_1+h_2\boldsymbol{\alpha}_2+\cdots+h_s\boldsymbol{\alpha}_s,\quad \boldsymbol{\beta}=l_1\boldsymbol{\alpha}_1+l_2\boldsymbol{\alpha}_2+\cdots+l_s\boldsymbol{\alpha}_s,$$

其中 $h_i,l_i(i=1,2,\cdots,s)$ 为常数,则有

$$(h_1-l_1)\boldsymbol{\alpha}_1+(h_2-l_2)\boldsymbol{\alpha}_2+\cdots+(h_s-l_s)\boldsymbol{\alpha}_s=\mathbf{0}.$$

由向量组 $\boldsymbol{\alpha}_1,\boldsymbol{\alpha}_2,\cdots,\boldsymbol{\alpha}_s$ 线性无关,易知

$$h_1=l_1,\quad h_2=l_2,\quad \cdots,\quad h_s=l_s.$$

故表示式唯一.

定理 2′ **若向量组 $\boldsymbol{\alpha}_1,\boldsymbol{\alpha}_2,\cdots,\boldsymbol{\alpha}_s$ 线性无关,且向量 $\boldsymbol{\beta}$ 不能由向量组 $\boldsymbol{\alpha}_1,\boldsymbol{\alpha}_2,\cdots,\boldsymbol{\alpha}_s$ 线性表示,则向量组 $\boldsymbol{\alpha}_1,\boldsymbol{\alpha}_2,\cdots,\boldsymbol{\alpha}_s,\boldsymbol{\beta}$ 线性无关.**

定理 3 **若向量组中某一部分组线性相关,则整个向量组线性相关.**

证明 设向量组 $\boldsymbol{\alpha}_1,\boldsymbol{\alpha}_2,\cdots,\boldsymbol{\alpha}_s$ 中某一含有 r 个向量的部分组线性相关. 不妨设部分组 $\boldsymbol{\alpha}_1,\boldsymbol{\alpha}_2,\cdots,\boldsymbol{\alpha}_r$ 线性相关,则存在一组不全为 0 的数 $k_1,k_2,\cdots,k_r$,使得

$$k_1\boldsymbol{\alpha}_1+k_2\boldsymbol{\alpha}_2+\cdots+k_r\boldsymbol{\alpha}_r=\mathbf{0},$$

因而

$$k_1\boldsymbol{\alpha}_1+k_2\boldsymbol{\alpha}_2+\cdots+k_r\boldsymbol{\alpha}_r+0\boldsymbol{\alpha}_{r+1}+\cdots+0\boldsymbol{\alpha}_s=\mathbf{0}.$$

故向量组 $\boldsymbol{\alpha}_1,\boldsymbol{\alpha}_2,\cdots,\boldsymbol{\alpha}_s$ 线性相关.

定理 3′ **若向量组线性无关,则它的任意部分组也线性无关.**

定理 4 **若向量组线性无关,则其各向量相应增加分量后仍线性无关.**

证明 设 m 维向量组 $\boldsymbol{\alpha}_1,\boldsymbol{\alpha}_2,\cdots,\boldsymbol{\alpha}_s$ 线性无关,在每一个向量中相应添加 $n-m$ 个分量后得到 n 维向量组 $\boldsymbol{\beta}_1,\boldsymbol{\beta}_2,\cdots,\boldsymbol{\beta}_s$. 先证明分量全部添加在向量 $\boldsymbol{\alpha}_i(i=1,2,\cdots,s)$ 的后面时成立. 设 $\boldsymbol{\alpha}_i=(a_{i1},a_{i2},\cdots,a_{im})^{\mathrm{T}}$,这时 $\boldsymbol{\beta}_i=(a_{i1},a_{i2},\cdots,a_{im},a_{i,m+1},\cdots,a_{in})^{\mathrm{T}}(i=1,2,\cdots,s)$.

设存在一组数 $x_1,x_2,\cdots,x_s$,使得

$$x_1\boldsymbol{\beta}_1+x_2\boldsymbol{\beta}_2+\cdots+x_s\boldsymbol{\beta}_s=\mathbf{0},$$

由此可得齐次线性方程组

$$\begin{cases}a_{11}x_1+a_{21}x_2+\cdots+a_{s1}x_s=0,\\ a_{12}x_1+a_{22}x_2+\cdots+a_{s2}x_s=0,\\ \cdots\cdots\\ a_{1m}x_1+a_{2m}x_2+\cdots+a_{sm}x_s=0,\\ a_{1,m+1}x_1+a_{2,m+1}x_2+\cdots+a_{s,m+1}x_s=0,\\ \cdots\cdots\\ a_{1n}x_1+a_{2n}x_2+\cdots+a_{sn}x_s=0.\end{cases} \tag{3.5}$$

该方程组的前 m 个方程表明

$$x_1\boldsymbol{\alpha}_1+x_2\boldsymbol{\alpha}_2+\cdots+x_s\boldsymbol{\alpha}_s=\mathbf{0}.$$

再由向量组 $\boldsymbol{\alpha}_1,\boldsymbol{\alpha}_2,\cdots,\boldsymbol{\alpha}_s$ 线性无关知 $x_1=x_2=\cdots=x_s=0$,即方程组(3.5)的前 m 个方程只有零解,从而方程组(3.5)也只有零解. 故向量组 $\boldsymbol{\beta}_1,\boldsymbol{\beta}_2,\cdots,\boldsymbol{\beta}_s$ 线性无关.

从上述证明过程可以看出,若分量相应添加在向量 $\boldsymbol{\alpha}_i(i=1,2,\cdots,s)$ 的各分量之间,定理 4 仍然成立.

例如,因向量组 $\boldsymbol{\alpha}_1=(1,0,0)^{\mathrm{T}},\boldsymbol{\alpha}_2=(0,1,0)^{\mathrm{T}}$ 线性无关,故向量组 $\boldsymbol{\beta}_1=(1,a,0,0)^{\mathrm{T}}$, $\boldsymbol{\beta}_2=(0,b,1,0)^{\mathrm{T}}$ 也线性无关.

定理 4′ **若向量组线性相关,则其各向量相应减少分量后也线性相关.**

例如,由于向量组 $\boldsymbol{\alpha}_1=(1,0,-1,3)^{\mathrm{T}},\boldsymbol{\alpha}_2=(4,-1,2,7)^{\mathrm{T}},\boldsymbol{\alpha}_3=(2,-1,4,1)^{\mathrm{T}}$ 线性相关,因此向量组 $\boldsymbol{\beta}_1=(1,0,-1)^{\mathrm{T}},\boldsymbol{\beta}_2=(4,-1,2)^{\mathrm{T}},\boldsymbol{\beta}_3=(2,-1,4)^{\mathrm{T}}$ 也线性相关. 同样,向量组 $\boldsymbol{\gamma}_1=(1,0,3)^{\mathrm{T}},\boldsymbol{\gamma}_2=(4,-1,7)^{\mathrm{T}},\boldsymbol{\gamma}_3=(2,-1,1)^{\mathrm{T}}$ 也线性相关.

四、向量组间的线性表示

定义 9 设有向量组

$$A:\boldsymbol{\alpha}_1,\boldsymbol{\alpha}_2,\cdots,\boldsymbol{\alpha}_s,\quad B:\boldsymbol{\beta}_1,\boldsymbol{\beta}_2,\cdots,\boldsymbol{\beta}_t.$$

若向量组 B 中的每一个向量都可由向量组 A 线性表示,则称向量组 B 能由向量组 A 线性表示. 若向量组 A 与向量组 B 能互相线性表示,则称向量组 A 与向量组 B 等价,记为

$$\{\boldsymbol{\alpha}_1,\boldsymbol{\alpha}_2,\cdots,\boldsymbol{\alpha}_s\}\cong\{\boldsymbol{\beta}_1,\boldsymbol{\beta}_2,\cdots,\boldsymbol{\beta}_t\}.$$

例如,向量组 $\boldsymbol{\alpha}_1=(1,0)^{\mathrm{T}},\boldsymbol{\alpha}_2=(0,1)^{\mathrm{T}}$ 与向量组 $\boldsymbol{\beta}_1=(1,1)^{\mathrm{T}},\boldsymbol{\beta}_2=(2,3)^{\mathrm{T}}$ 等价,这是因为有

$$\begin{cases}\boldsymbol{\alpha}_1=3\boldsymbol{\beta}_1-\boldsymbol{\beta}_2,\\ \boldsymbol{\alpha}_2=-2\boldsymbol{\beta}_1+\boldsymbol{\beta}_2\end{cases}\quad 和\quad \begin{cases}\boldsymbol{\beta}_1=\boldsymbol{\alpha}_1+\boldsymbol{\alpha}_2,\\ \boldsymbol{\beta}_2=2\boldsymbol{\alpha}_1+3\boldsymbol{\alpha}_2.\end{cases}$$

根据向量组等价的定义,不难验证向量组的等价关系具有以下性质:

(1) 反身性:任一向量组和它自身等价,即

$$\{\boldsymbol{\alpha}_1,\boldsymbol{\alpha}_2,\cdots,\boldsymbol{\alpha}_s\}\cong\{\boldsymbol{\alpha}_1,\boldsymbol{\alpha}_2,\cdots,\boldsymbol{\alpha}_s\};$$

(2) 对称性:如果 $\{\boldsymbol{\alpha}_1,\boldsymbol{\alpha}_2,\cdots,\boldsymbol{\alpha}_s\}\cong\{\boldsymbol{\beta}_1,\boldsymbol{\beta}_2,\cdots,\boldsymbol{\beta}_t\}$,则

$$\{\boldsymbol{\beta}_1,\boldsymbol{\beta}_2,\cdots,\boldsymbol{\beta}_t\}\cong\{\boldsymbol{\alpha}_1,\boldsymbol{\alpha}_2,\cdots,\boldsymbol{\alpha}_s\};$$

(3) 传递性:如果 $\{\boldsymbol{\alpha}_1,\boldsymbol{\alpha}_2,\cdots,\boldsymbol{\alpha}_s\}\cong\{\boldsymbol{\beta}_1,\boldsymbol{\beta}_2,\cdots,\boldsymbol{\beta}_t\}$, $\{\boldsymbol{\beta}_1,\boldsymbol{\beta}_2,\cdots,\boldsymbol{\beta}_t\}\cong\{\boldsymbol{\gamma}_1,\boldsymbol{\gamma}_2,\cdots,\boldsymbol{\gamma}_p\}$,则

$$\{\boldsymbol{\alpha}_1,\boldsymbol{\alpha}_2,\cdots,\boldsymbol{\alpha}_s\}\cong\{\boldsymbol{\gamma}_1,\boldsymbol{\gamma}_2,\cdots,\boldsymbol{\gamma}_p\}.$$

定理 5 **如果向量组 $\boldsymbol{\alpha}_1,\boldsymbol{\alpha}_2,\cdots,\boldsymbol{\alpha}_s$ 线性无关,并且可由向量组 $\boldsymbol{\beta}_1,\boldsymbol{\beta}_2,\cdots,\boldsymbol{\beta}_t$ 线性表示,则 $s\leqslant t$.**

***证明** 对 s 使用数学归纳法.

当 $s=1$ 时,定理显然成立.

假设前一个向量组含有 $s-1$ 个向量时定理成立,下面证明前一个向量组含有 s 个向量时定理也成立.设

$$\begin{cases}\boldsymbol{\alpha}_1=a_{11}\boldsymbol{\beta}_1+a_{12}\boldsymbol{\beta}_2+\cdots+a_{1t}\boldsymbol{\beta}_t,\\ \boldsymbol{\alpha}_2=a_{21}\boldsymbol{\beta}_1+a_{22}\boldsymbol{\beta}_2+\cdots+a_{2t}\boldsymbol{\beta}_t,\\ \qquad\cdots\cdots\\ \boldsymbol{\alpha}_s=a_{s1}\boldsymbol{\beta}_1+a_{s2}\boldsymbol{\beta}_2+\cdots+a_{st}\boldsymbol{\beta}_t.\end{cases}\tag{3.6}$$

由于向量组 $\boldsymbol{\alpha}_1,\boldsymbol{\alpha}_2,\cdots,\boldsymbol{\alpha}_s$ 线性无关,因此其中一定不会有零向量,从而在(3.6)式的每一个等式中,$\boldsymbol{\beta}_1,\boldsymbol{\beta}_2,\cdots,\boldsymbol{\beta}_t$ 前面的系数不能同时为0.对于(3.6)式的最后一个等式,不妨设 $a_{st}\neq 0$,于是得到

$$\boldsymbol{\beta}_t=\frac{1}{a_{st}}\boldsymbol{\alpha}_s-\frac{a_{s1}}{a_{st}}\boldsymbol{\beta}_1-\frac{a_{s2}}{a_{st}}\boldsymbol{\beta}_2-\cdots-\frac{a_{s,t-1}}{a_{st}}\boldsymbol{\beta}_{t-1}.\tag{3.7}$$

将(3.7)式代入(3.6)式,合并整理可得

$$\begin{cases}\boldsymbol{\alpha}_1+p_1\boldsymbol{\alpha}_s=q_{11}\boldsymbol{\beta}_1+q_{12}\boldsymbol{\beta}_2+\cdots+q_{1,t-1}\boldsymbol{\beta}_{t-1},\\ \boldsymbol{\alpha}_2+p_2\boldsymbol{\alpha}_s=q_{21}\boldsymbol{\beta}_1+q_{22}\boldsymbol{\beta}_2+\cdots+q_{2,t-1}\boldsymbol{\beta}_{t-1},\\ \qquad\cdots\cdots\\ \boldsymbol{\alpha}_{s-1}+p_{s-1}\boldsymbol{\alpha}_s=q_{s-1,1}\boldsymbol{\beta}_1+q_{s-1,2}\boldsymbol{\beta}_2+\cdots+q_{s-1,t-1}\boldsymbol{\beta}_{t-1},\end{cases}\tag{3.8}$$

其中 $p_h,q_{hl}(h=1,2,\cdots,s-1;l=1,2,\cdots,t-1)$ 是可由常数 $a_{ij}(i=1,2,\cdots,s;j=1,2,\cdots,t)$ 确定的常数.下面证明向量组 $\boldsymbol{\alpha}_1+p_1\boldsymbol{\alpha}_s,\boldsymbol{\alpha}_2+p_2\boldsymbol{\alpha}_s,\cdots,\boldsymbol{\alpha}_{s-1}+p_{s-1}\boldsymbol{\alpha}_s$ 线性无关.

假设

$$k_1(\boldsymbol{\alpha}_1+p_1\boldsymbol{\alpha}_s)+k_2(\boldsymbol{\alpha}_2+p_2\boldsymbol{\alpha}_s)+\cdots+k_{s-1}(\boldsymbol{\alpha}_{s-1}+p_{s-1}\boldsymbol{\alpha}_s)=\boldsymbol{0}.$$

由于向量组 $\boldsymbol{\alpha}_1,\boldsymbol{\alpha}_2,\cdots,\boldsymbol{\alpha}_s$ 线性无关,因此上式的所有系数都必须为 0,得

$$k_1=k_2=\cdots=k_{s-1}=0,$$

从而向量组 $\boldsymbol{\alpha}_1+p_1\boldsymbol{\alpha}_s,\boldsymbol{\alpha}_2+p_2\boldsymbol{\alpha}_s,\cdots,\boldsymbol{\alpha}_{s-1}+p_{s-1}\boldsymbol{\alpha}_s$ 线性无关. 而(3.8)式表明,这 $s-1$ 个线性无关的向量可由向量组 $\boldsymbol{\beta}_1,\boldsymbol{\beta}_2,\cdots,\boldsymbol{\beta}_{t-1}$ 线性表示. 由归纳假设知 $s-1\leqslant t-1$,于是 $s\leqslant t$.

综上所述,由数学归纳法可知,定理对任意的正整数 s 都成立.

定理 5′ **如果向量组 $\boldsymbol{\alpha}_1,\boldsymbol{\alpha}_2,\cdots,\boldsymbol{\alpha}_s$ 可由向量组 $\boldsymbol{\beta}_1,\boldsymbol{\beta}_2,\cdots,\boldsymbol{\beta}_t$ 线性表示,并且 $s>t$,则向量组 $\boldsymbol{\alpha}_1,\boldsymbol{\alpha}_2,\cdots,\boldsymbol{\alpha}_s$ 线性相关.**

推论 1 两个等价的线性无关向量组所含向量的个数相同.

证明 设 $\boldsymbol{\alpha}_1,\boldsymbol{\alpha}_2,\cdots,\boldsymbol{\alpha}_s$ 和 $\boldsymbol{\beta}_1,\boldsymbol{\beta}_2,\cdots,\boldsymbol{\beta}_t$ 都是线性无关向量组,且

$$\{\boldsymbol{\alpha}_1,\boldsymbol{\alpha}_2,\cdots,\boldsymbol{\alpha}_s\}\cong\{\boldsymbol{\beta}_1,\boldsymbol{\beta}_2,\cdots,\boldsymbol{\beta}_t\}.$$

由定理 5 可知,$s\leqslant t$ 且 $t\leqslant s$,于是 $s=t$,即这两个向量组所含向量的个数相同.

推论 2 若向量组所含向量的个数大于其所含向量的维数,则向量组线性相关.

证明 设 $\boldsymbol{\alpha}_1,\boldsymbol{\alpha}_2,\cdots,\boldsymbol{\alpha}_s$ 为 n 维向量组,且 $s>n$. 由于向量组 $\boldsymbol{\alpha}_1,\boldsymbol{\alpha}_2,\cdots,\boldsymbol{\alpha}_s$ 可由 n 维基本单位向量组 $\boldsymbol{\varepsilon}_1,\boldsymbol{\varepsilon}_2,\cdots,\boldsymbol{\varepsilon}_n$ 线性表示,因此根据定理 5′,向量组 $\boldsymbol{\alpha}_1,\boldsymbol{\alpha}_2,\cdots,\boldsymbol{\alpha}_s$ 线性相关.

第三节 向量组的秩

一、极大无关组

对于任意给定的一个向量组,研究其线性无关的部分组最多可以含有多少个向量,在理论及应用上都是十分重要的. 为此,给出如下定义:

定义 10 如果某一向量组的一个部分组 $\boldsymbol{\alpha}_1,\boldsymbol{\alpha}_2,\cdots,\boldsymbol{\alpha}_r$ 满足条件:

(1) 部分组 $\boldsymbol{\alpha}_1,\boldsymbol{\alpha}_2,\cdots,\boldsymbol{\alpha}_r$ 线性无关;

(2) 该向量组中任一向量都可以由部分组 $\boldsymbol{\alpha}_1,\boldsymbol{\alpha}_2,\cdots,\boldsymbol{\alpha}_r$ 线性表示,

则称部分组 $\boldsymbol{\alpha}_1,\boldsymbol{\alpha}_2,\cdots,\boldsymbol{\alpha}_r$ 为该向量组的一个极大线性无关部分组,简称极大无关组.

例如,考虑向量组 $\boldsymbol{\alpha}_1=(1,0,0)^{\mathrm{T}},\boldsymbol{\alpha}_2=(0,1,0)^{\mathrm{T}},\boldsymbol{\alpha}_3=(1,1,0)^{\mathrm{T}}$. 显然,部分组 $\boldsymbol{\alpha}_1,\boldsymbol{\alpha}_2$ 线性无关,且向量组 $\boldsymbol{\alpha}_1,\boldsymbol{\alpha}_2,\boldsymbol{\alpha}_3$ 中的任一向量都可由部分组 $\boldsymbol{\alpha}_1,\boldsymbol{\alpha}_2$ 线性表示:

$$\boldsymbol{\alpha}_1=\boldsymbol{\alpha}_1+0\boldsymbol{\alpha}_2,\quad \boldsymbol{\alpha}_2=0\boldsymbol{\alpha}_1+\boldsymbol{\alpha}_2,\quad \boldsymbol{\alpha}_3=\boldsymbol{\alpha}_1+\boldsymbol{\alpha}_2.$$

因此,$\boldsymbol{\alpha}_1,\boldsymbol{\alpha}_2$ 是向量组 $\boldsymbol{\alpha}_1,\boldsymbol{\alpha}_2,\boldsymbol{\alpha}_3$ 的一个极大无关组. 不难验证,$\boldsymbol{\alpha}_1,\boldsymbol{\alpha}_3$ 及 $\boldsymbol{\alpha}_2,\boldsymbol{\alpha}_3$ 也是向量组 $\boldsymbol{\alpha}_1,\boldsymbol{\alpha}_2,\boldsymbol{\alpha}_3$ 的一个极大无关组.

由定理 2 和定理 5′ 易得与定义 10 等价的定义.

定义 10′ 如果某一向量组的一个部分组 $\boldsymbol{\alpha}_1,\boldsymbol{\alpha}_2,\cdots,\boldsymbol{\alpha}_r$ 满足条件:

(1) 部分组 $\boldsymbol{\alpha}_1,\boldsymbol{\alpha}_2,\cdots,\boldsymbol{\alpha}_r$ 线性无关;

(2) 该向量组中任意 $r+1$ 个向量(如果有的话)都线性相关,

则称部分组 $\boldsymbol{\alpha}_1,\boldsymbol{\alpha}_2,\cdots,\boldsymbol{\alpha}_r$ 为该向量组的一个极大无关组.

注 (1) 一个向量组的极大无关组可以不唯一;

(2) 若向量组 $\boldsymbol{\alpha}_1,\boldsymbol{\alpha}_2,\cdots,\boldsymbol{\alpha}_s$ 线性无关，则 $\boldsymbol{\alpha}_1,\boldsymbol{\alpha}_2,\cdots,\boldsymbol{\alpha}_s$ 就是它本身的一个极大无关组；

(3) 只含有零向量的向量组没有极大无关组，含有非零向量的向量组必有极大无关组；

(4) 一个向量组的极大无关组所含向量的个数不超过这个向量组中所含向量的维数.

由向量组等价的定义及极大无关组的定义有如下定理：

定理 6　**任一向量组和它的极大无关组等价.**

由定理 6 及向量组等价的传递性有如下推论：

推论 1　向量组的任何两个极大无关组等价.

推论 2　向量组的任何两个极大无关组所含向量的个数相同.

证明　设向量组的两个极大无关组分别为

$$\boldsymbol{\alpha}_1,\boldsymbol{\alpha}_2,\cdots,\boldsymbol{\alpha}_s \quad 和 \quad \boldsymbol{\beta}_1,\boldsymbol{\beta}_2,\cdots,\boldsymbol{\beta}_t,$$

由定理 6 的推论 1 知

$$\{\boldsymbol{\alpha}_1,\boldsymbol{\alpha}_2,\cdots,\boldsymbol{\alpha}_s\}\cong\{\boldsymbol{\beta}_1,\boldsymbol{\beta}_2,\cdots,\boldsymbol{\beta}_t\}.$$

再由定理 5′ 的推论 1 知 $s=t$.

二、向量组的秩

定义 11　向量组 $\boldsymbol{\alpha}_1,\boldsymbol{\alpha}_2,\cdots,\boldsymbol{\alpha}_s$ 的极大无关组所含向量的个数称为此向量组的秩，记为 $R(\boldsymbol{\alpha}_1,\boldsymbol{\alpha}_2,\cdots,\boldsymbol{\alpha}_s)$.

如果一个向量组仅含有零向量，则规定它的秩为 0.

显然，如果向量组 $\boldsymbol{\alpha}_1,\boldsymbol{\alpha}_2,\cdots,\boldsymbol{\alpha}_s$ 线性无关，则 $R(\boldsymbol{\alpha}_1,\boldsymbol{\alpha}_2,\cdots,\boldsymbol{\alpha}_s)=s$，此时称 $\boldsymbol{\alpha}_1,\boldsymbol{\alpha}_2,\cdots,\boldsymbol{\alpha}_s$ 为满秩向量组；否则，称之为降秩向量组.

例 1　求向量组 $\boldsymbol{\alpha}_1=(-1,1,0,1,0)^T,\boldsymbol{\alpha}_2=(-1,-2,1,9,1)^T,\boldsymbol{\alpha}_3=(0,1,1,2,-1)^T,\boldsymbol{\alpha}_4=(1,0,1,1,-1)^T,\boldsymbol{\alpha}_5=(1,1,0,-4,-1)^T$ 的秩.

解　因为 $\begin{vmatrix}0&1&1\\1&0&1\\1&1&0\end{vmatrix}=2\neq0$，所以向量组 $(0,1,1)^T,(1,0,1)^T,(1,1,0)^T$ 线性无关，从而向量组 $\boldsymbol{\alpha}_3=(0,1,1,2,-1)^T,\boldsymbol{\alpha}_4=(1,0,1,1,-1)^T,\boldsymbol{\alpha}_5=(1,1,0,-4,-1)^T$ 线性无关. 又因为 $\boldsymbol{\alpha}_1=\boldsymbol{\alpha}_3-\boldsymbol{\alpha}_4,\boldsymbol{\alpha}_2=\boldsymbol{\alpha}_4-2\boldsymbol{\alpha}_5$，所以 $\boldsymbol{\alpha}_3,\boldsymbol{\alpha}_4,\boldsymbol{\alpha}_5$ 是向量组 $\boldsymbol{\alpha}_1,\boldsymbol{\alpha}_2,\boldsymbol{\alpha}_3,\boldsymbol{\alpha}_4,\boldsymbol{\alpha}_5$ 的一个极大无关组，从而

$$R(\boldsymbol{\alpha}_1,\boldsymbol{\alpha}_2,\boldsymbol{\alpha}_3,\boldsymbol{\alpha}_4,\boldsymbol{\alpha}_5)=3.$$

定理 7　**等价向量组的秩相等，即如果** $\{\boldsymbol{\alpha}_1,\boldsymbol{\alpha}_2,\cdots,\boldsymbol{\alpha}_s\}\cong\{\boldsymbol{\beta}_1,\boldsymbol{\beta}_2,\cdots,\boldsymbol{\beta}_t\}$**，则**

$$R(\boldsymbol{\alpha}_1,\boldsymbol{\alpha}_2,\cdots,\boldsymbol{\alpha}_s)=R(\boldsymbol{\beta}_1,\boldsymbol{\beta}_2,\cdots,\boldsymbol{\beta}_t).$$

证明　设 $R(\boldsymbol{\alpha}_1,\boldsymbol{\alpha}_2,\cdots,\boldsymbol{\alpha}_s)=r,\boldsymbol{\alpha}'_1,\boldsymbol{\alpha}'_2,\cdots,\boldsymbol{\alpha}'_r$ 为向量组 $\boldsymbol{\alpha}_1,\boldsymbol{\alpha}_2,\cdots,\boldsymbol{\alpha}_s$ 的一个极大无关组，又设 $R(\boldsymbol{\beta}_1,\boldsymbol{\beta}_2,\cdots,\boldsymbol{\beta}_t)=p,\boldsymbol{\beta}'_1,\boldsymbol{\beta}'_2,\cdots,\boldsymbol{\beta}'_p$ 为向量组 $\boldsymbol{\beta}_1,\boldsymbol{\beta}_2,\cdots,\boldsymbol{\beta}_t$ 的一个极大无关组，则有

$$\{\boldsymbol{\alpha}_1,\boldsymbol{\alpha}_2,\cdots,\boldsymbol{\alpha}_s\}\cong\{\boldsymbol{\alpha}'_1,\boldsymbol{\alpha}'_2,\cdots,\boldsymbol{\alpha}'_r\},$$
$$\{\boldsymbol{\beta}_1,\boldsymbol{\beta}_2,\cdots,\boldsymbol{\beta}_t\}\cong\{\boldsymbol{\beta}'_1,\boldsymbol{\beta}'_2,\cdots,\boldsymbol{\beta}'_p\}.$$

又因为

$$\{\boldsymbol{\alpha}_1,\boldsymbol{\alpha}_2,\cdots,\boldsymbol{\alpha}_s\}\cong\{\boldsymbol{\beta}_1,\boldsymbol{\beta}_2,\cdots,\boldsymbol{\beta}_t\},$$

所以

$$\{\boldsymbol{\alpha}'_1,\boldsymbol{\alpha}'_2,\cdots,\boldsymbol{\alpha}'_r\}\cong\{\boldsymbol{\beta}'_1,\boldsymbol{\beta}'_2,\cdots,\boldsymbol{\beta}'_p\}.$$

再由定理 5′ 的推论 1 知 $r=p$,即等价向量组的秩相等.

推论 若向量组 $\boldsymbol{\alpha}_1,\boldsymbol{\alpha}_2,\cdots,\boldsymbol{\alpha}_s$ 可由向量组 $\boldsymbol{\beta}_1,\boldsymbol{\beta}_2,\cdots,\boldsymbol{\beta}_t$ 线性表示,则

$$\mathrm{R}(\boldsymbol{\alpha}_1,\boldsymbol{\alpha}_2,\cdots,\boldsymbol{\alpha}_s)\leqslant\mathrm{R}(\boldsymbol{\beta}_1,\boldsymbol{\beta}_2,\cdots,\boldsymbol{\beta}_t).$$

证明 由于向量组 $\boldsymbol{\alpha}_1,\boldsymbol{\alpha}_2,\cdots,\boldsymbol{\alpha}_s$ 可由向量组 $\boldsymbol{\beta}_1,\boldsymbol{\beta}_2,\cdots,\boldsymbol{\beta}_t$ 线性表示,因此向量组 $\boldsymbol{\alpha}_1,\boldsymbol{\alpha}_2,\cdots,\boldsymbol{\alpha}_s$ 的极大无关组也可由向量组 $\boldsymbol{\beta}_1,\boldsymbol{\beta}_2,\cdots,\boldsymbol{\beta}_t$ 的极大无关组线性表示. 再由定理 5 可得

$$\mathrm{R}(\boldsymbol{\alpha}_1,\boldsymbol{\alpha}_2,\cdots,\boldsymbol{\alpha}_s)\leqslant\mathrm{R}(\boldsymbol{\beta}_1,\boldsymbol{\beta}_2,\cdots,\boldsymbol{\beta}_t).$$

三、矩阵的秩和向量组的秩的关系

定理 8 **如果矩阵 $\boldsymbol{A}$ 经初等行变换化为矩阵 $\boldsymbol{B}$,则 $\boldsymbol{A}$ 的列向量组与 $\boldsymbol{B}$ 的列向量组有相同的线性相关性.**

证明 设 $\boldsymbol{A}$ 是 $m\times n$ 矩阵. 由 $\boldsymbol{A}$ 经过初等行变换化为矩阵 $\boldsymbol{B}$ 知,存在 m 阶可逆矩阵 $\boldsymbol{P}$,使得

$$\boldsymbol{PA}=\boldsymbol{B}.$$

对于矩阵 $\boldsymbol{A}$ 的任意 $k(1\leqslant k\leqslant n)$ 个列向量 $\boldsymbol{\alpha}_1,\boldsymbol{\alpha}_2,\cdots,\boldsymbol{\alpha}_k$,设它们对应矩阵 $\boldsymbol{B}$ 的 k 个列向量依次为 $\boldsymbol{\beta}_1,\boldsymbol{\beta}_2,\cdots,\boldsymbol{\beta}_k$,由 $\boldsymbol{PA}=\boldsymbol{B}$,得

$$\boldsymbol{P\alpha}_i=\boldsymbol{\beta}_i,\quad 即\quad \boldsymbol{\alpha}_i=\boldsymbol{P}^{-1}\boldsymbol{\beta}_i\quad (i=1,2,\cdots,k).$$

设存在一组数 $x_1,x_2,\cdots,x_k$,使得

$$x_1\boldsymbol{\alpha}_1+x_2\boldsymbol{\alpha}_2+\cdots+x_k\boldsymbol{\alpha}_k=\boldsymbol{0}.$$

用矩阵 $\boldsymbol{P}$ 左乘上式两边,得

$$x_1\boldsymbol{\beta}_1+x_2\boldsymbol{\beta}_2+\cdots+x_k\boldsymbol{\beta}_k=\boldsymbol{0}.$$

反之,如果存在一组数 $\lambda_1,\lambda_2,\cdots,\lambda_k$,使得

$$\lambda_1\boldsymbol{\beta}_1+\lambda_2\boldsymbol{\beta}_2+\cdots+\lambda_k\boldsymbol{\beta}_k=\boldsymbol{0}.$$

用矩阵 $\boldsymbol{P}^{-1}$ 左乘上式两边,得

$$\lambda_1\boldsymbol{\alpha}_1+\lambda_2\boldsymbol{\alpha}_2+\cdots+\lambda_k\boldsymbol{\alpha}_k=\boldsymbol{0}.$$

因此,向量组 $\boldsymbol{\alpha}_1,\boldsymbol{\alpha}_2,\cdots,\boldsymbol{\alpha}_k$ 与向量组 $\boldsymbol{\beta}_1,\boldsymbol{\beta}_2,\cdots,\boldsymbol{\beta}_k$ 具有相同的线性相关性. 特别地,当 $k=n$ 时,矩阵 $\boldsymbol{A}$ 的列向量组与矩阵 $\boldsymbol{B}$ 的列向量组有相同的线性相关性.

推论 在定理 8 的条件下,有

(1) 矩阵 $\boldsymbol{A}$ 和 $\boldsymbol{B}$ 的列向量组的极大无关组一一对应,且 $\mathrm{R}(\boldsymbol{B})=\mathrm{R}(\boldsymbol{A})$;

(2) 设 $\boldsymbol{\alpha}_1,\boldsymbol{\alpha}_2,\cdots,\boldsymbol{\alpha}_n$ 是矩阵 $\boldsymbol{A}$ 的列向量,它们对应矩阵 $\boldsymbol{B}$ 的列向量依次为 $\boldsymbol{\beta}_1,\boldsymbol{\beta}_2,\cdots,\boldsymbol{\beta}_n$,则对于任意 $j=1,2,\cdots,n$,$\boldsymbol{\alpha}_j=k_1\boldsymbol{\alpha}_{i_1}+k_2\boldsymbol{\alpha}_{i_2}+\cdots+k_r\boldsymbol{\alpha}_{i_r}$ 的充要条件是 $\boldsymbol{\beta}_j=k_1\boldsymbol{\beta}_{i_1}+k_2\boldsymbol{\beta}_{i_2}+\cdots+k_r\boldsymbol{\beta}_{i_r}$,其中 $k_1,k_2,\cdots,k_r$ 为常数,$i_1,i_2,\cdots,i_r$ 为 $\{1,2,\cdots,n\}$ 中 r 个不同的数.

定理 9 **矩阵的秩等于它的列向量组的秩,也等于它的行向量组的秩.**

证明 设 $\boldsymbol{A}$ 为 $m\times n$ 矩阵,且 $\mathrm{R}(\boldsymbol{A})=r$. 用初等行变换将 $\boldsymbol{A}$ 化为行最简形矩阵 $\boldsymbol{B}$,即

$$\boldsymbol{A}=(\boldsymbol{\alpha}_1,\boldsymbol{\alpha}_2,\cdots,\boldsymbol{\alpha}_n)\rightarrow\boldsymbol{B}=(\boldsymbol{\beta}_1,\boldsymbol{\beta}_2,\cdots,\boldsymbol{\beta}_n),$$

则由第二章定理 6 知 $\mathrm{R}(\boldsymbol{B})=r$. 故不妨设

$$\boldsymbol{B}=\begin{pmatrix}1 & & & & b_{1,r+1} & \cdots & b_{1n}\\ & 1 & & & b_{2,r+1} & \cdots & b_{2n}\\ & & \ddots & & \vdots & & \vdots\\ & & & 1 & b_{r,r+1} & \cdots & b_{rn}\\ 0 & 0 & \cdots & 0 & 0 & \cdots & 0\\ \vdots & \vdots & & \vdots & \vdots & & \vdots\\ 0 & 0 & \cdots & 0 & 0 & \cdots & 0\end{pmatrix}.$$

显然，向量组 $\boldsymbol{\beta}_1,\boldsymbol{\beta}_2,\cdots,\boldsymbol{\beta}_r$ 线性无关.

$\boldsymbol{\beta}_{r+1},\cdots,\boldsymbol{\beta}_n$ 为 $\boldsymbol{B}$ 的后 $n-r$ 个列向量，且可由向量组 $\boldsymbol{\beta}_1,\boldsymbol{\beta}_2,\cdots,\boldsymbol{\beta}_r$ 线性表示. 由定义 10 知，$\boldsymbol{\beta}_1,\boldsymbol{\beta}_2,\cdots,\boldsymbol{\beta}_r$ 是 $\boldsymbol{B}$ 的列向量组的一个极大无关组，从而 $\boldsymbol{B}$ 的秩等于它的列向量组的秩. 由定理 8 得，$\boldsymbol{A}$ 的列向量组的秩等于 $\boldsymbol{B}$ 的列向量组的秩，即等于 $\boldsymbol{B}$ 的秩，从而等于 $\boldsymbol{A}$ 的秩.

再由 $\mathrm{R}(\boldsymbol{A})=\mathrm{R}(\boldsymbol{A}^{\mathrm{T}})$，将上述证明用在矩阵 $\boldsymbol{A}^{\mathrm{T}}$ 上，可证明 $\boldsymbol{A}$ 的秩也等于 $\boldsymbol{A}$ 的行向量组的秩.

我们也称矩阵 $\boldsymbol{A}$ 的列向量组的秩为 $\boldsymbol{A}$ 的列秩，$\boldsymbol{A}$ 的行向量组的秩为 $\boldsymbol{A}$ 的行秩，从而由定理 9 不难得知，$\boldsymbol{A}$ 的列秩与行秩相等，都等于 $\boldsymbol{A}$ 的秩.

根据定理 9，如果我们要判定向量组的线性相关性或求向量组的秩，可由向量组构造一个矩阵，然后利用初等行变换将其化为行阶梯形矩阵来解决. 如果向量组为满秩的，则该向量组线性无关；否则，该向量组线性相关.

例 2　求例 1 中向量组 $\boldsymbol{\alpha}_1,\boldsymbol{\alpha}_2,\boldsymbol{\alpha}_3,\boldsymbol{\alpha}_4,\boldsymbol{\alpha}_5$ 的秩.

解　将向量组 $\boldsymbol{\alpha}_1,\boldsymbol{\alpha}_2,\boldsymbol{\alpha}_3,\boldsymbol{\alpha}_4,\boldsymbol{\alpha}_5$ 构成如下矩阵 $\boldsymbol{A}$，并对其做初等行变换：

$$\boldsymbol{A}=(\boldsymbol{\alpha}_1,\boldsymbol{\alpha}_2,\boldsymbol{\alpha}_3,\boldsymbol{\alpha}_4,\boldsymbol{\alpha}_5)=\begin{pmatrix}-1 & -1 & 0 & 1 & 1\\ 1 & -2 & 1 & 0 & 1\\ 0 & 1 & 1 & 1 & 0\\ 1 & 9 & 2 & 1 & -4\\ 0 & 1 & -1 & -1 & -1\end{pmatrix}\to\begin{pmatrix}-1 & -1 & 0 & 1 & 1\\ 0 & -3 & 1 & 1 & 2\\ 0 & 1 & 1 & 1 & 0\\ 0 & 8 & 2 & 2 & -3\\ 0 & 1 & -1 & -1 & -1\end{pmatrix}$$

$$\to\begin{pmatrix}-1 & -1 & 0 & 1 & 1\\ 0 & 1 & 1 & 1 & 0\\ 0 & 0 & 4 & 4 & 2\\ 0 & 0 & -6 & -6 & -3\\ 0 & 0 & -2 & -2 & -1\end{pmatrix}\to\begin{pmatrix}-1 & 1 & 0 & 1 & 1\\ 0 & 1 & 1 & 1 & 0\\ 0 & 0 & 2 & 2 & 1\\ 0 & 0 & 0 & 0 & 0\\ 0 & 0 & 0 & 0 & 0\end{pmatrix},$$

因此 $\mathrm{R}(\boldsymbol{\alpha}_1,\boldsymbol{\alpha}_2,\boldsymbol{\alpha}_3,\boldsymbol{\alpha}_4,\boldsymbol{\alpha}_5)=\mathrm{R}(\boldsymbol{A})=3$.

例 3　已知向量组 $\boldsymbol{\alpha}_1=(1,-1,2,1,0)$，$\boldsymbol{\alpha}_2=(2,-2,4,-2,0)$，$\boldsymbol{\alpha}_3=(3,0,6,-1,1)$，$\boldsymbol{\alpha}_4=(0,3,0,0,1)$，试求向量组 $\boldsymbol{\alpha}_1,\boldsymbol{\alpha}_2,\boldsymbol{\alpha}_3,\boldsymbol{\alpha}_4$ 的一个极大无关组，并将其余向量由这个极大无关组线性表示.

解　**方法一**　可将向量组 $\boldsymbol{\alpha}_1,\boldsymbol{\alpha}_2,\boldsymbol{\alpha}_3,\boldsymbol{\alpha}_4$ 看作一个矩阵的行向量组，构成矩阵

$$\boldsymbol{A}=\begin{pmatrix}1&-1&2&1&0\\2&-2&4&-2&0\\3&0&6&-1&1\\0&3&0&0&1\end{pmatrix}\begin{matrix}\boldsymbol{\alpha}_1\\\boldsymbol{\alpha}_2\\\boldsymbol{\alpha}_3\\\boldsymbol{\alpha}_4\end{matrix}.$$

对 $\boldsymbol{A}$ 仅做初等行变换,把 $\boldsymbol{A}$ 化为行阶梯形矩阵:

$$\boldsymbol{A}\to\begin{pmatrix}1&-1&2&1&0\\0&0&0&-4&0\\0&3&0&-4&1\\0&3&0&0&1\end{pmatrix}\begin{matrix}\boldsymbol{\alpha}_1\\\boldsymbol{\alpha}_2-2\boldsymbol{\alpha}_1\\\boldsymbol{\alpha}_3-3\boldsymbol{\alpha}_1\\\boldsymbol{\alpha}_4\end{matrix}\to\begin{pmatrix}1&-1&2&1&0\\0&3&0&-4&1\\0&0&0&-4&0\\0&3&0&0&1\end{pmatrix}\begin{matrix}\boldsymbol{\alpha}_1\\\boldsymbol{\alpha}_3-3\boldsymbol{\alpha}_1\\\boldsymbol{\alpha}_2-2\boldsymbol{\alpha}_1\\\boldsymbol{\alpha}_4\end{matrix}$$

$$\to\begin{pmatrix}1&-1&2&1&0\\0&3&0&-4&1\\0&0&0&-4&0\\0&0&0&4&0\end{pmatrix}\begin{matrix}\boldsymbol{\alpha}_1\\\boldsymbol{\alpha}_3-3\boldsymbol{\alpha}_1\\\boldsymbol{\alpha}_2-2\boldsymbol{\alpha}_1\\\boldsymbol{\alpha}_4-\boldsymbol{\alpha}_3+3\boldsymbol{\alpha}_1\end{matrix}$$

$$\to\begin{pmatrix}1&-1&2&1&0\\0&3&0&-4&1\\0&0&0&-4&0\\0&0&0&0&0\end{pmatrix}\begin{matrix}\boldsymbol{\alpha}_1\\\boldsymbol{\alpha}_3-3\boldsymbol{\alpha}_1\\\boldsymbol{\alpha}_2-3\boldsymbol{\alpha}_1\\\boldsymbol{\alpha}_4-\boldsymbol{\alpha}_3+\boldsymbol{\alpha}_2+\ \boldsymbol{\alpha}_1\end{matrix}.$$

由最后的行阶梯形矩阵可知,$\mathrm{R}(\boldsymbol{\alpha}_1,\boldsymbol{\alpha}_2,\boldsymbol{\alpha}_3,\boldsymbol{\alpha}_4)=\mathrm{R}(\boldsymbol{A})=3$,从而极大无关组含有 3 个向量.由最后的零行得 $\boldsymbol{\alpha}_4-\boldsymbol{\alpha}_3+\boldsymbol{\alpha}_2+\boldsymbol{\alpha}_1=\boldsymbol{0}$,即 $\boldsymbol{\alpha}_4=-\boldsymbol{\alpha}_1-\boldsymbol{\alpha}_2+\boldsymbol{\alpha}_3$. 显然,$\{\boldsymbol{\alpha}_1,\boldsymbol{\alpha}_2,\boldsymbol{\alpha}_3,\boldsymbol{\alpha}_4\}\cong\{\boldsymbol{\alpha}_1,\boldsymbol{\alpha}_2,\boldsymbol{\alpha}_3\}$,从而 $\mathrm{R}(\boldsymbol{\alpha}_1,\boldsymbol{\alpha}_2,\boldsymbol{\alpha}_3,\boldsymbol{\alpha}_4)=\mathrm{R}(\boldsymbol{\alpha}_1,\boldsymbol{\alpha}_2,\boldsymbol{\alpha}_3)=3$. 故 $\boldsymbol{\alpha}_1,\boldsymbol{\alpha}_2,\boldsymbol{\alpha}_3$ 为向量组 $\boldsymbol{\alpha}_1,\boldsymbol{\alpha}_2,\boldsymbol{\alpha}_3,\boldsymbol{\alpha}_4$ 的一个极大无关组,且该向量组的其余向量 $\boldsymbol{\alpha}_4$ 可由这个极大无关组线性表示为

$$\boldsymbol{\alpha}_4=-\boldsymbol{\alpha}_1-\boldsymbol{\alpha}_2+\boldsymbol{\alpha}_3.$$

方法二 对矩阵 $\boldsymbol{B}=(\boldsymbol{\alpha}_1^{\mathrm{T}},\boldsymbol{\alpha}_2^{\mathrm{T}},\boldsymbol{\alpha}_3^{\mathrm{T}},\boldsymbol{\alpha}_4^{\mathrm{T}})$ 仅做初等行变换:

$$\boldsymbol{B}=\begin{pmatrix}1&2&3&0\\-1&-2&0&3\\2&4&6&0\\1&-2&-1&0\\0&0&1&1\end{pmatrix}\to\begin{pmatrix}1&2&3&0\\0&0&3&3\\0&0&0&0\\0&-4&-4&0\\0&0&1&1\end{pmatrix}\to\begin{pmatrix}1&2&3&0\\0&1&1&0\\0&0&1&1\\0&0&0&0\\0&0&0&0\end{pmatrix}$$

$$\to\begin{pmatrix}1&0&1&0\\0&1&1&0\\0&0&1&1\\0&0&0&0\\0&0&0&0\end{pmatrix}\to\begin{pmatrix}1&0&0&-1\\0&1&0&-1\\0&0&1&1\\0&0&0&0\\0&0&0&0\end{pmatrix}.$$

由最后的行最简形矩阵可知,$\boldsymbol{\alpha}_1,\boldsymbol{\alpha}_2,\boldsymbol{\alpha}_3$ 为向量组 $\boldsymbol{\alpha}_1,\boldsymbol{\alpha}_2,\boldsymbol{\alpha}_3,\boldsymbol{\alpha}_4$ 的一个极大无关组,且该向量组的其余向量 $\boldsymbol{\alpha}_4$ 可由这个极大无关组线性表示为

$$\boldsymbol{\alpha}_4=-\boldsymbol{\alpha}_1-\boldsymbol{\alpha}_2+\boldsymbol{\alpha}_3.$$

由例 3 可以看出,若需要求出一个向量组的极大无关组和秩,并将其余向量由该极大无

关组线性表示，只要由该向量组构造矩阵 $\boldsymbol{A}$，并对 $\boldsymbol{A}$ 做初等行变换即可. 具体做法有两种：方法一，以各向量作为 $\boldsymbol{A}$ 的行向量，用初等行变换将 $\boldsymbol{A}$ 化为行阶梯形矩阵，注意在对 $\boldsymbol{A}$ 做初等行变换时，要记录计算过程，这样便可得到所求；方法二，以各向量作为 $\boldsymbol{A}$ 的列向量，用初等行变换将 $\boldsymbol{A}$ 化为行最简形矩阵，进而可得到所求. 一般地，我们利用方法二计算这类问题.

例 4　设 $\boldsymbol{A},\boldsymbol{B}$ 均为 $m\times n$ 矩阵，证明：$\mathrm{R}(\boldsymbol{A}+\boldsymbol{B})\leqslant \mathrm{R}(\boldsymbol{A})+\mathrm{R}(\boldsymbol{B})$.

分析　只要证明 $\boldsymbol{A}+\boldsymbol{B}$ 的列向量组可以由 $\boldsymbol{A}$ 和 $\boldsymbol{B}$ 的列向量组线性表示即可.

证明　设 $\boldsymbol{A}=(\boldsymbol{\alpha}_1,\boldsymbol{\alpha}_2,\cdots,\boldsymbol{\alpha}_n)$，$\boldsymbol{B}=(\boldsymbol{\beta}_1,\boldsymbol{\beta}_2,\cdots,\boldsymbol{\beta}_n)$，则

$$\boldsymbol{A}+\boldsymbol{B}=(\boldsymbol{\alpha}_1+\boldsymbol{\beta}_1,\boldsymbol{\alpha}_2+\boldsymbol{\beta}_2,\cdots,\boldsymbol{\alpha}_n+\boldsymbol{\beta}_n),$$

其中 $\boldsymbol{\alpha}_1,\boldsymbol{\alpha}_2,\cdots,\boldsymbol{\alpha}_n$ 和 $\boldsymbol{\beta}_1,\boldsymbol{\beta}_2,\cdots,\boldsymbol{\beta}_n$ 分别是 $\boldsymbol{A}$ 和 $\boldsymbol{B}$ 的列向量组.

不妨设 $\boldsymbol{\alpha}_1,\boldsymbol{\alpha}_2,\cdots,\boldsymbol{\alpha}_r$ 是 $\boldsymbol{A}$ 的列向量组的一个极大无关组，$\boldsymbol{\beta}_1,\boldsymbol{\beta}_2,\cdots,\boldsymbol{\beta}_t$ 是 $\boldsymbol{B}$ 的列向量组的一个极大无关组. 显然，$\boldsymbol{A}+\boldsymbol{B}$ 的列向量组可以由向量组 $\boldsymbol{\alpha}_1,\boldsymbol{\alpha}_2,\cdots,\boldsymbol{\alpha}_n,\boldsymbol{\beta}_1,\boldsymbol{\beta}_2,\cdots,\boldsymbol{\beta}_n$ 线性表示，从而也可由向量组 $\boldsymbol{\alpha}_1,\boldsymbol{\alpha}_2,\cdots,\boldsymbol{\alpha}_r,\boldsymbol{\beta}_1,\boldsymbol{\beta}_2,\cdots,\boldsymbol{\beta}_t$ 线性表示，故

$$\begin{aligned}\mathrm{R}(\boldsymbol{A}+\boldsymbol{B})&=\mathrm{R}(\boldsymbol{\alpha}_1+\boldsymbol{\beta}_1,\boldsymbol{\alpha}_2+\boldsymbol{\beta}_2,\cdots,\boldsymbol{\alpha}_n+\boldsymbol{\beta}_n)\\&\leqslant \mathrm{R}(\boldsymbol{\alpha}_1,\boldsymbol{\alpha}_2,\cdots,\boldsymbol{\alpha}_n,\boldsymbol{\beta}_1,\boldsymbol{\beta}_2,\cdots,\boldsymbol{\beta}_n)\\&\leqslant \mathrm{R}(\boldsymbol{\alpha}_1,\boldsymbol{\alpha}_2,\cdots,\boldsymbol{\alpha}_r,\boldsymbol{\beta}_1,\boldsymbol{\beta}_2,\cdots,\boldsymbol{\beta}_t)\\&\leqslant r+t=\mathrm{R}(\boldsymbol{A})+\mathrm{R}(\boldsymbol{B}).\end{aligned}$$

例 5　用矩阵的秩与向量组的秩的关系证明：$\mathrm{R}(\boldsymbol{AB})\leqslant \min\{\mathrm{R}(\boldsymbol{A}),\mathrm{R}(\boldsymbol{B})\}$.

证明　设 $\boldsymbol{A},\boldsymbol{B}$ 分别为 $m\times l$ 和 $l\times n$ 矩阵，$\boldsymbol{AB}=\boldsymbol{C}$，则 $\boldsymbol{C}$ 是 $m\times n$ 矩阵.

先证 $\mathrm{R}(\boldsymbol{AB})\leqslant \mathrm{R}(\boldsymbol{A})$. 将 $\boldsymbol{A}$ 和 $\boldsymbol{C}$ 按列分块，它们可看成由列向量构成的矩阵，设

$$\boldsymbol{A}=(\boldsymbol{\alpha}_1,\boldsymbol{\alpha}_2,\cdots,\boldsymbol{\alpha}_l),\quad \boldsymbol{C}=(\boldsymbol{\gamma}_1,\boldsymbol{\gamma}_2,\cdots,\boldsymbol{\gamma}_n).$$

再设 $\boldsymbol{B}=(b_{ij})(i=1,2,\cdots,l;j=1,2,\cdots,n)$，可把 $\boldsymbol{C}=\boldsymbol{AB}$ 写成

$$(\boldsymbol{\gamma}_1,\boldsymbol{\gamma}_2,\cdots,\boldsymbol{\gamma}_n)=(\boldsymbol{\alpha}_1,\boldsymbol{\alpha}_2,\cdots,\boldsymbol{\alpha}_l)\begin{pmatrix}b_{11}&b_{12}&\cdots&b_{1n}\\b_{21}&b_{22}&\cdots&b_{2n}\\\vdots&\vdots&&\vdots\\b_{l1}&b_{l2}&\cdots&b_{ln}\end{pmatrix}$$

或

$$\begin{cases}\boldsymbol{\gamma}_1=b_{11}\boldsymbol{\alpha}_1+b_{21}\boldsymbol{\alpha}_2+\cdots+b_{l1}\boldsymbol{\alpha}_l,\\\boldsymbol{\gamma}_2=b_{12}\boldsymbol{\alpha}_1+b_{22}\boldsymbol{\alpha}_2+\cdots+b_{l2}\boldsymbol{\alpha}_l,\\\quad\cdots\cdots\\\boldsymbol{\gamma}_n=b_{1n}\boldsymbol{\alpha}_1+b_{2n}\boldsymbol{\alpha}_2+\cdots+b_{ln}\boldsymbol{\alpha}_l,\end{cases}$$

这说明，$\boldsymbol{C}$ 的列向量组可由 $\boldsymbol{A}$ 的列向量组线性表示. 由定理 7 的推论得

$$\mathrm{R}(\boldsymbol{\gamma}_1,\boldsymbol{\gamma}_2,\cdots,\boldsymbol{\gamma}_n)\leqslant \mathrm{R}(\boldsymbol{\alpha}_1,\boldsymbol{\alpha}_2,\cdots,\boldsymbol{\alpha}_l),$$

即 $\mathrm{R}(\boldsymbol{C})\leqslant \mathrm{R}(\boldsymbol{A})$，亦即 $\mathrm{R}(\boldsymbol{AB})\leqslant \mathrm{R}(\boldsymbol{A})$.

因为 $\boldsymbol{C}^{\mathrm{T}}=\boldsymbol{B}^{\mathrm{T}}\boldsymbol{A}^{\mathrm{T}}$，由上述证明知 $\mathrm{R}(\boldsymbol{C}^{\mathrm{T}})\leqslant \mathrm{R}(\boldsymbol{B}^{\mathrm{T}})$，所以 $\mathrm{R}(\boldsymbol{C})\leqslant \mathrm{R}(\boldsymbol{B})$，即 $\mathrm{R}(\boldsymbol{AB})\leqslant \mathrm{R}(\boldsymbol{B})$. 故 $\mathrm{R}(\boldsymbol{AB})\leqslant \min\{\mathrm{R}(\boldsymbol{A}),\mathrm{R}(\boldsymbol{B})\}$.

利用同样的方法，可以证明（请读者自证）

$$\max\{\mathrm{R}(\boldsymbol{A}),\mathrm{R}(\boldsymbol{B})\}\leqslant \mathrm{R}(\boldsymbol{A}\mid\boldsymbol{B})\leqslant \mathrm{R}(\boldsymbol{A})+\mathrm{R}(\boldsymbol{B}).$$

典型例题

第四节 向量空间

一、向量空间

定义 12 如果数集 F 满足条件：

(1) 0 与 1 在 F 中；

(2) F 中任意两个数的和、差、积、商仍在 F 中，

则称数集 F 为数域.

例如，全体实数组成的集合 $\mathbf{R}$ 是数域，全体有理数组成的集合 $\mathbf{Q}$ 也是数域.

定义 13 设 V 为一个非空集合，V 中的元素用小写希腊字母 $\boldsymbol{\alpha},\boldsymbol{\beta},\boldsymbol{\gamma}$ 等表示，对 V 中的任意两个元素 $\boldsymbol{\alpha},\boldsymbol{\beta}$ 及数域 F 中的数 k，定义了加法运算(记为 $\boldsymbol{\alpha}+\boldsymbol{\beta}$) 及数乘运算(记为 $k\boldsymbol{\alpha}$)，且 $\boldsymbol{\alpha}+\boldsymbol{\beta}\in V, k\boldsymbol{\alpha}\in V$. 如果所定义的加法运算和数乘运算(统称为线性运算) 满足下述 8 条运算规律：

(1) $\boldsymbol{\alpha}+\boldsymbol{\beta}=\boldsymbol{\beta}+\boldsymbol{\alpha}$；

(2) $(\boldsymbol{\alpha}+\boldsymbol{\beta})+\boldsymbol{\gamma}=\boldsymbol{\alpha}+(\boldsymbol{\beta}+\boldsymbol{\gamma})$；

(3) 存在元素 $\mathbf{0}\in V$，使得 $\mathbf{0}+\boldsymbol{\alpha}=\boldsymbol{\alpha}$(称 $\mathbf{0}$ 为零元素)；

(4) 存在元素 $\tilde{\boldsymbol{\alpha}}\in V$，使得 $\boldsymbol{\alpha}+\tilde{\boldsymbol{\alpha}}=\mathbf{0}$(称 $\tilde{\boldsymbol{\alpha}}$ 为 $\boldsymbol{\alpha}$ 的负元素，记为 $-\boldsymbol{\alpha}$)；

(5) $1\cdot\boldsymbol{\alpha}=\boldsymbol{\alpha}$；

(6) $k(l\boldsymbol{\alpha})=(kl)\boldsymbol{\alpha}$；

(7) $(k+l)\boldsymbol{\alpha}=k\boldsymbol{\alpha}+l\boldsymbol{\alpha}$；

(8) $k(\boldsymbol{\alpha}+\boldsymbol{\beta})=k\boldsymbol{\alpha}+k\boldsymbol{\beta}$，

其中 $\boldsymbol{\alpha},\boldsymbol{\beta},\boldsymbol{\gamma}$ 为 V 中的任意元素，k,l 为数域 F 中的任意数，则称 V 为数域 F 上的一个线性空间.

例 1 实数域 $\mathbf{R}$ 上的全体 n 维向量组成的集合 $\mathbf{R}^n$，按照向量的加法与数乘运算是 $\mathbf{R}$ 上的一个线性空间.

例 2 实数域 $\mathbf{R}$ 上的全体 $m\times n$ 矩阵组成的集合 $\mathbf{R}^{m\times n}$，按照矩阵的加法与数乘运算是 $\mathbf{R}$ 上的一个线性空间.

例 3 定义在闭区间$[a,b]$上的全体连续函数组成的集合 $C[a,b]$，按照函数的加法与数乘运算是实数域 $\mathbf{R}$ 上的一个线性空间.

例 4 数域 F 上的线性空间 V 中的单个零元素组成的集合$\{\mathbf{0}\}$是 F 上的一个线性空间，称为零空间.

由上面的例子可以看出，线性空间的概念比向量空间 $\mathbf{R}^n$ 的概念更具有普遍性. 通常我们也将线性空间中的元素称为向量(广义的)，并将线性空间称为向量空间.

为了对向量空间进行深入讨论，就要引入向量(广义的) 的线性组合、线性相关、线性无

关等概念，而第一节与第二节所讨论的 n 维向量（狭义的）的有关定义和定理可以推广到数域 F 上的线性空间中来，本书便不再叙述这些内容.

定义 14　设 V 是一个向量空间. 如果 V 中的 r 个向量 $\boldsymbol{\alpha}_1,\boldsymbol{\alpha}_2,\cdots,\boldsymbol{\alpha}_r$ 满足条件：

(1) 向量组 $\boldsymbol{\alpha}_1,\boldsymbol{\alpha}_2,\cdots,\boldsymbol{\alpha}_r$ 线性无关；

(2) V 中任一向量都可由向量组 $\boldsymbol{\alpha}_1,\boldsymbol{\alpha}_2,\cdots,\boldsymbol{\alpha}_r$ 线性表示，

则称向量组 $\boldsymbol{\alpha}_1,\boldsymbol{\alpha}_2,\cdots,\boldsymbol{\alpha}_r$ 为向量空间 V 的一组基底，简称基. 数 r 称为向量空间 V 的维数，记为 $\dim V$，即 $\dim V=r$，并称 V 为 r 维向量空间.

例如，在向量空间 $\mathbf{R}^n$ 中，由于基本单位向量组 $\boldsymbol{\varepsilon}_1,\boldsymbol{\varepsilon}_2,\cdots,\boldsymbol{\varepsilon}_n$ 线性无关，而任意向量 $\boldsymbol{\alpha}$ 都能由向量组 $\boldsymbol{\varepsilon}_1,\boldsymbol{\varepsilon}_2,\cdots,\boldsymbol{\varepsilon}_n$ 线性表示，因此 $\dim \mathbf{R}^n=n$.

注　(1) 若把向量空间 V 看作一个向量组，则它的一个极大无关组就是 V 的一组基. 这个极大无关组所含向量的个数就是 V 的维数.

(2) 零空间没有基. 规定零空间 $\{\mathbf{0}\}$ 的维数为 0.

下面只讨论实数域 $\mathbf{R}$ 上的 n 维向量空间 $\mathbf{R}^n$.

定义 15　设 $\boldsymbol{\xi}_1,\boldsymbol{\xi}_2,\cdots,\boldsymbol{\xi}_n$ 为 $\mathbf{R}^n$ 的一组基. 如果 $\mathbf{R}^n$ 中的向量 $\boldsymbol{\alpha}$ 可由基 $\boldsymbol{\xi}_1,\boldsymbol{\xi}_2,\cdots,\boldsymbol{\xi}_n$ 线性表示为

$$\boldsymbol{\alpha}=a_1\boldsymbol{\xi}_1+a_2\boldsymbol{\xi}_2+\cdots+a_n\boldsymbol{\xi}_n,$$

则称系数 $a_1,a_2,\cdots,a_n$ 为向量 $\boldsymbol{\alpha}$ 在基 $\boldsymbol{\xi}_1,\boldsymbol{\xi}_2,\cdots,\boldsymbol{\xi}_n$ 下的坐标，记为 $(a_1,a_2,\cdots,a_n)$.

例 5　基本单位向量组 $\boldsymbol{\varepsilon}_1,\boldsymbol{\varepsilon}_2,\cdots,\boldsymbol{\varepsilon}_n$ 为 $\mathbf{R}^n$ 的一组基，显然向量 $\boldsymbol{\alpha}=(a_1,a_2,\cdots,a_n)^{\mathrm{T}}$ 在该组基下的坐标为 $(a_1,a_2,\cdots,a_n)$.

由 $\mathbf{R}^n$ 中向量的坐标的定义及向量的运算易得下述结论.

定理 10　**设 $\boldsymbol{\xi}_1,\boldsymbol{\xi}_2,\cdots,\boldsymbol{\xi}_n$ 是 $\mathbf{R}^n$ 的一组基，$\boldsymbol{\alpha},\boldsymbol{\beta}$ 是 $\mathbf{R}^n$ 中的两个向量，它们在基 $\boldsymbol{\xi}_1,\boldsymbol{\xi}_2,\cdots,\boldsymbol{\xi}_n$ 下的坐标分别为 $(x_1,x_2,\cdots,x_n)$ 和 $(y_1,y_2,\cdots,y_n)$，则 $\boldsymbol{\alpha}+\boldsymbol{\beta}$ 在这组基下的坐标为 $(x_1+y_1,x_2+y_2,\cdots,x_n+y_n)$，$k\boldsymbol{\alpha}\,(k\in\mathbf{R})$ 在这组基下的坐标为 $(kx_1,kx_2,\cdots,kx_n)$.**

例 6　在 $\mathbf{R}^3$ 中，求向量 $\boldsymbol{\alpha}=(8,7,2)^{\mathrm{T}}$ 在基 $\boldsymbol{\alpha}_1=(1,0,0)^{\mathrm{T}},\boldsymbol{\alpha}_2=(1,1,0)^{\mathrm{T}},\boldsymbol{\alpha}_3=(1,1,1)^{\mathrm{T}}$ 下的坐标.

解　设 $\boldsymbol{\alpha}=x_1\boldsymbol{\alpha}_1+x_2\boldsymbol{\alpha}_2+x_3\boldsymbol{\alpha}_3$，则有

$$\begin{cases} x_1+x_2+x_3=8, \\ \qquad x_2+x_3=7, \\ \qquad\qquad x_3=2. \end{cases}$$

解得 $x_1=1,x_2=5,x_3=2$，故 $\boldsymbol{\alpha}$ 在基 $\boldsymbol{\alpha}_1,\boldsymbol{\alpha}_2,\boldsymbol{\alpha}_3$ 下的坐标为 $(1,5,2)$.

二、基变换与坐标变换

定义 16　设 $\boldsymbol{\xi}_1,\boldsymbol{\xi}_2,\cdots,\boldsymbol{\xi}_n$ 和 $\boldsymbol{\eta}_1,\boldsymbol{\eta}_2,\cdots,\boldsymbol{\eta}_n$ 为 $\mathbf{R}^n$ 的两组基，它们之间的线性关系为

$$\begin{cases} \boldsymbol{\eta}_1=a_{11}\boldsymbol{\xi}_1+a_{21}\boldsymbol{\xi}_2+\cdots+a_{n1}\boldsymbol{\xi}_n, \\ \boldsymbol{\eta}_2=a_{12}\boldsymbol{\xi}_1+a_{22}\boldsymbol{\xi}_2+\cdots+a_{n2}\boldsymbol{\xi}_n, \\ \qquad\cdots\cdots \\ \boldsymbol{\eta}_n=a_{1n}\boldsymbol{\xi}_1+a_{2n}\boldsymbol{\xi}_2+\cdots+a_{nn}\boldsymbol{\xi}_n, \end{cases}$$

即

$$(\boldsymbol{\eta}_1,\boldsymbol{\eta}_2,\cdots,\boldsymbol{\eta}_n)=(\boldsymbol{\xi}_1,\boldsymbol{\xi}_2,\cdots,\boldsymbol{\xi}_n)\begin{pmatrix}a_{11} & a_{12} & \cdots & a_{1n}\\ a_{21} & a_{22} & \cdots & a_{2n}\\ \vdots & \vdots & & \vdots\\ a_{n1} & a_{n2} & \cdots & a_{nn}\end{pmatrix}, \tag{3.9}$$

则称矩阵

$$\boldsymbol{A}=\begin{pmatrix}a_{11} & a_{12} & \cdots & a_{1n}\\ a_{21} & a_{22} & \cdots & a_{2n}\\ \vdots & \vdots & & \vdots\\ a_{n1} & a_{n2} & \cdots & a_{nn}\end{pmatrix}$$

为由基 $\boldsymbol{\xi}_1,\boldsymbol{\xi}_2,\cdots,\boldsymbol{\xi}_n$ 到基 $\boldsymbol{\eta}_1,\boldsymbol{\eta}_2,\cdots,\boldsymbol{\eta}_n$ 的过渡矩阵.(3.9)式可简记为

$$(\boldsymbol{\eta}_1,\boldsymbol{\eta}_2,\cdots,\boldsymbol{\eta}_n)=(\boldsymbol{\xi}_1,\boldsymbol{\xi}_2,\cdots,\boldsymbol{\xi}_n)\boldsymbol{A},$$

称为由基 $\boldsymbol{\xi}_1,\boldsymbol{\xi}_2,\cdots,\boldsymbol{\xi}_n$ 到基 $\boldsymbol{\eta}_1,\boldsymbol{\eta}_2,\cdots,\boldsymbol{\eta}_n$ 的基变换.

定理 11 **设 $\boldsymbol{\alpha}_1,\boldsymbol{\alpha}_2,\cdots,\boldsymbol{\alpha}_n;\boldsymbol{\beta}_1,\boldsymbol{\beta}_2,\cdots,\boldsymbol{\beta}_n$ 及 $\boldsymbol{\gamma}_1,\boldsymbol{\gamma}_2,\cdots,\boldsymbol{\gamma}_n$ 都是 $\mathbf{R}^n$ 的基,$\boldsymbol{A},\boldsymbol{B}$ 为 n 阶方阵,并且**

$$(\boldsymbol{\beta}_1,\boldsymbol{\beta}_2,\cdots,\boldsymbol{\beta}_n)=(\boldsymbol{\alpha}_1,\boldsymbol{\alpha}_2,\cdots,\boldsymbol{\alpha}_n)\boldsymbol{A},$$
$$(\boldsymbol{\gamma}_1,\boldsymbol{\gamma}_2,\cdots,\boldsymbol{\gamma}_n)=(\boldsymbol{\beta}_1,\boldsymbol{\beta}_2,\cdots,\boldsymbol{\beta}_n)\boldsymbol{B},$$

则

$$(\boldsymbol{\gamma}_1,\boldsymbol{\gamma}_2,\cdots,\boldsymbol{\gamma}_n)=(\boldsymbol{\alpha}_1,\boldsymbol{\alpha}_2,\cdots,\boldsymbol{\alpha}_n)\boldsymbol{AB}.$$

定理的结论是显然的.

过渡矩阵具有以下性质:

定理 12 **设 $\boldsymbol{\alpha}_1,\boldsymbol{\alpha}_2,\cdots,\boldsymbol{\alpha}_n$ 和 $\boldsymbol{\beta}_1,\boldsymbol{\beta}_2,\cdots,\boldsymbol{\beta}_n$ 均为 $\mathbf{R}^n$ 的基,且 $(\boldsymbol{\beta}_1,\boldsymbol{\beta}_2,\cdots,\boldsymbol{\beta}_n)=(\boldsymbol{\alpha}_1,\boldsymbol{\alpha}_2,\cdots,\boldsymbol{\alpha}_n)\boldsymbol{A}$,则过渡矩阵 $\boldsymbol{A}$ 可逆,且**

$$(\boldsymbol{\alpha}_1,\boldsymbol{\alpha}_2,\cdots,\boldsymbol{\alpha}_n)=(\boldsymbol{\beta}_1,\boldsymbol{\beta}_2,\cdots,\boldsymbol{\beta}_n)\boldsymbol{A}^{-1}.$$

反之,任一 n 阶可逆矩阵 $\boldsymbol{A}$ 都可以作为 $\mathbf{R}^n$ 中由一组基到另一组基的过渡矩阵.

证明 设由基 $\boldsymbol{\beta}_1,\boldsymbol{\beta}_2,\cdots,\boldsymbol{\beta}_n$ 到基 $\boldsymbol{\alpha}_1,\boldsymbol{\alpha}_2,\cdots,\boldsymbol{\alpha}_n$ 的过渡矩阵为 $\boldsymbol{B}$,则有

$$(\boldsymbol{\alpha}_1,\boldsymbol{\alpha}_2,\cdots,\boldsymbol{\alpha}_n)=(\boldsymbol{\beta}_1,\boldsymbol{\beta}_2,\cdots,\boldsymbol{\beta}_n)\boldsymbol{B}.$$

再由假设

$$(\boldsymbol{\beta}_1,\boldsymbol{\beta}_2,\cdots,\boldsymbol{\beta}_n)=(\boldsymbol{\alpha}_1,\boldsymbol{\alpha}_2,\cdots,\boldsymbol{\alpha}_n)\boldsymbol{A},$$

有

$$(\boldsymbol{\beta}_1,\boldsymbol{\beta}_2,\cdots,\boldsymbol{\beta}_n)=(\boldsymbol{\beta}_1,\boldsymbol{\beta}_2,\cdots,\boldsymbol{\beta}_n)\boldsymbol{BA},$$
$$(\boldsymbol{\alpha}_1,\boldsymbol{\alpha}_2,\cdots,\boldsymbol{\alpha}_n)=(\boldsymbol{\alpha}_1,\boldsymbol{\alpha}_2,\cdots,\boldsymbol{\alpha}_n)\boldsymbol{AB}.$$

由于 $\boldsymbol{\alpha}_1,\boldsymbol{\alpha}_2,\cdots,\boldsymbol{\alpha}_n$ 和 $\boldsymbol{\beta}_1,\boldsymbol{\beta}_2,\cdots,\boldsymbol{\beta}_n$ 都是 $\mathbf{R}^n$ 的基,因此 $\boldsymbol{AB}=\boldsymbol{E}=\boldsymbol{BA}$,从而 $\boldsymbol{A}$ 可逆,且

$$\boldsymbol{B}=\boldsymbol{A}^{-1}.$$

反之,若 $\boldsymbol{A}=(a_{ij})$ 是任一 n 阶可逆矩阵,$\boldsymbol{\alpha}_1,\boldsymbol{\alpha}_2,\cdots,\boldsymbol{\alpha}_n$ 为 $\mathbf{R}^n$ 的一组基,取

$$\boldsymbol{\beta}_1=a_{11}\boldsymbol{\alpha}_1+a_{21}\boldsymbol{\alpha}_2+\cdots+a_{n1}\boldsymbol{\alpha}_n,$$
$$\boldsymbol{\beta}_2=a_{12}\boldsymbol{\alpha}_1+a_{22}\boldsymbol{\alpha}_2+\cdots+a_{n2}\boldsymbol{\alpha}_n,$$
$$\cdots\cdots$$
$$\boldsymbol{\beta}_n=a_{1n}\boldsymbol{\alpha}_1+a_{2n}\boldsymbol{\alpha}_2+\cdots+a_{nn}\boldsymbol{\alpha}_n,$$

于是有

$$(\boldsymbol{\beta}_1,\boldsymbol{\beta}_2,\cdots,\boldsymbol{\beta}_n)=(\boldsymbol{\alpha}_1,\boldsymbol{\alpha}_2,\cdots,\boldsymbol{\alpha}_n)\boldsymbol{A}.$$

因 $\boldsymbol{A}$ 可逆,从而有

$$(\boldsymbol{\alpha}_1,\boldsymbol{\alpha}_2,\cdots,\boldsymbol{\alpha}_n)=(\boldsymbol{\beta}_1,\boldsymbol{\beta}_2,\cdots,\boldsymbol{\beta}_n)\boldsymbol{A}^{-1},$$

这表明,向量组 $\boldsymbol{\alpha}_1,\boldsymbol{\alpha}_2,\cdots,\boldsymbol{\alpha}_n$ 可由向量组 $\boldsymbol{\beta}_1,\boldsymbol{\beta}_2,\cdots,\boldsymbol{\beta}_n$ 线性表示. 再由假设向量组 $\boldsymbol{\alpha}_1,\boldsymbol{\alpha}_2,\cdots,\boldsymbol{\alpha}_n$ 线性无关知向量组 $\boldsymbol{\beta}_1,\boldsymbol{\beta}_2,\cdots,\boldsymbol{\beta}_n$ 也线性无关,因而 $\boldsymbol{\beta}_1,\boldsymbol{\beta}_2,\cdots,\boldsymbol{\beta}_n$ 也是 $\mathbf{R}^n$ 的一组基,并且 $\boldsymbol{A}$ 就是由基 $\boldsymbol{\alpha}_1,\boldsymbol{\alpha}_2,\cdots,\boldsymbol{\alpha}_n$ 到基 $\boldsymbol{\beta}_1,\boldsymbol{\beta}_2,\cdots,\boldsymbol{\beta}_n$ 的过渡矩阵.

下面讨论同一向量关于不同基的坐标的关系.

定理 13 **设 $\boldsymbol{\alpha}_1,\boldsymbol{\alpha}_2,\cdots,\boldsymbol{\alpha}_n$ 和 $\boldsymbol{\beta}_1,\boldsymbol{\beta}_2,\cdots,\boldsymbol{\beta}_n$ 为 $\mathbf{R}^n$ 的两组基,且基变换为**

$$(\boldsymbol{\beta}_1,\boldsymbol{\beta}_2,\cdots,\boldsymbol{\beta}_n)=(\boldsymbol{\alpha}_1,\boldsymbol{\alpha}_2,\cdots,\boldsymbol{\alpha}_n)\boldsymbol{A},$$

$\mathbf{R}^n$ 中的向量 $\boldsymbol{\alpha}$ 在基 $\boldsymbol{\alpha}_1,\boldsymbol{\alpha}_2,\cdots,\boldsymbol{\alpha}_n$ 和基 $\boldsymbol{\beta}_1,\boldsymbol{\beta}_2,\cdots,\boldsymbol{\beta}_n$ 下的坐标分别为 $(x_1,x_2,\cdots,x_n)$ 和 $(y_1,y_2,\cdots,y_n)$,则有

$$\begin{pmatrix}x_1\\x_2\\\vdots\\x_n\end{pmatrix}=\boldsymbol{A}\begin{pmatrix}y_1\\y_2\\\vdots\\y_n\end{pmatrix}\quad\text{或}\quad\begin{pmatrix}y_1\\y_2\\\vdots\\y_n\end{pmatrix}=\boldsymbol{A}^{-1}\begin{pmatrix}x_1\\x_2\\\vdots\\x_n\end{pmatrix}.\tag{3.10}$$

证明 因

$$(\boldsymbol{\beta}_1,\boldsymbol{\beta}_2,\cdots,\boldsymbol{\beta}_n)=(\boldsymbol{\alpha}_1,\boldsymbol{\alpha}_2,\cdots,\boldsymbol{\alpha}_n)\boldsymbol{A},$$

又

$$\boldsymbol{\alpha}=x_1\boldsymbol{\alpha}_1+x_2\boldsymbol{\alpha}_2+\cdots+x_n\boldsymbol{\alpha}_n=(\boldsymbol{\alpha}_1,\boldsymbol{\alpha}_2,\cdots,\boldsymbol{\alpha}_n)\begin{pmatrix}x_1\\x_2\\\vdots\\x_n\end{pmatrix},$$

$$\begin{aligned}\boldsymbol{\alpha}=y_1\boldsymbol{\beta}_1+y_2\boldsymbol{\beta}_2+\cdots+y_n\boldsymbol{\beta}_n&=(\boldsymbol{\beta}_1,\boldsymbol{\beta}_2,\cdots,\boldsymbol{\beta}_n)\begin{pmatrix}y_1\\y_2\\\vdots\\y_n\end{pmatrix}\\&=(\boldsymbol{\alpha}_1,\boldsymbol{\alpha}_2,\cdots,\boldsymbol{\alpha}_n)\boldsymbol{A}\begin{pmatrix}y_1\\y_2\\\vdots\\y_n\end{pmatrix},\end{aligned}$$

故

$$(\boldsymbol{\alpha}_1,\boldsymbol{\alpha}_2,\cdots,\boldsymbol{\alpha}_n)\begin{pmatrix}x_1\\x_2\\\vdots\\x_n\end{pmatrix}=(\boldsymbol{\alpha}_1,\boldsymbol{\alpha}_2,\cdots,\boldsymbol{\alpha}_n)\boldsymbol{A}\begin{pmatrix}y_1\\y_2\\\vdots\\y_n\end{pmatrix},$$

从而

$$\begin{pmatrix}x_1\\x_2\\\vdots\\x_n\end{pmatrix}=\boldsymbol{A}\begin{pmatrix}y_1\\y_2\\\vdots\\y_n\end{pmatrix}\quad 或\quad \begin{pmatrix}y_1\\y_2\\\vdots\\y_n\end{pmatrix}=\boldsymbol{A}^{-1}\begin{pmatrix}x_1\\x_2\\\vdots\\x_n\end{pmatrix}.$$

称(3.10)式为坐标变换公式.

例 7 已知 $\mathbf{R}^2$ 的两组基 $\boldsymbol{\varepsilon}_1=(1,0)^{\mathrm{T}},\boldsymbol{\varepsilon}_2=(0,1)^{\mathrm{T}}$ 及 $\boldsymbol{\eta}_1=(1,1)^{\mathrm{T}},\boldsymbol{\eta}_2=(-1,1)^{\mathrm{T}}$,求向量 $\boldsymbol{\alpha}=(2,2)^{\mathrm{T}}$ 分别在基 $\boldsymbol{\varepsilon}_1,\boldsymbol{\varepsilon}_2$ 及基 $\boldsymbol{\eta}_1,\boldsymbol{\eta}_2$ 下的坐标.

解 因为 $\boldsymbol{\alpha}=2\boldsymbol{\varepsilon}_1+2\boldsymbol{\varepsilon}_2$,所以 $\boldsymbol{\alpha}$ 在基 $\boldsymbol{\varepsilon}_1,\boldsymbol{\varepsilon}_2$ 下的坐标为(2,2).

又因为

$$\boldsymbol{\eta}_1=\boldsymbol{\varepsilon}_1+\boldsymbol{\varepsilon}_2,\quad \boldsymbol{\eta}_2=-\boldsymbol{\varepsilon}_1+\boldsymbol{\varepsilon}_2,$$

所以

$$(\boldsymbol{\eta}_1,\boldsymbol{\eta}_2)=(\boldsymbol{\varepsilon}_1,\boldsymbol{\varepsilon}_2)\begin{pmatrix}1&-1\\1&1\end{pmatrix}.$$

记矩阵 $\boldsymbol{A}=\begin{pmatrix}1&-1\\1&1\end{pmatrix}$,设 $\boldsymbol{\alpha}$ 在基 $\boldsymbol{\eta}_1,\boldsymbol{\eta}_2$ 下的坐标为 (x_1,x_2),则

典型例题

$$\begin{pmatrix}x_1\\x_2\end{pmatrix}=\boldsymbol{A}^{-1}\begin{pmatrix}2\\2\end{pmatrix}=\begin{pmatrix}\frac{1}{2}&\frac{1}{2}\\-\frac{1}{2}&\frac{1}{2}\end{pmatrix}\begin{pmatrix}2\\2\end{pmatrix}=\begin{pmatrix}2\\0\end{pmatrix}.$$

故 $\boldsymbol{\alpha}$ 在基 $\boldsymbol{\eta}_1,\boldsymbol{\eta}_2$ 下的坐标为(2,0).

*三、子空间及其维数

设 W 是 $\mathbf{R}^n$ 的一个非空子集.若对于 W 中的任意两个向量 $\boldsymbol{\alpha}$ 与 $\boldsymbol{\beta}$,它们的和 $\boldsymbol{\alpha}+\boldsymbol{\beta}$ 仍在 W 内,则称 W 对 $\mathbf{R}^n$ 的加法是封闭的.同样,如果 W 中任意向量 $\boldsymbol{\alpha}$ 与任意实数 k 的乘积 $k\boldsymbol{\alpha}$ 仍在 W 内,则称 W 对 $\mathbf{R}^n$ 的数乘是封闭的.

定理 14 **设 L 是 $\mathbf{R}^n$ 的一个非空子集.如果 L 对 $\mathbf{R}^n$ 的加法及数乘是封闭的,则 L 本身也是实数域 $\mathbf{R}$ 上的一个向量空间.**

证明 因为 $\mathbf{R}^n$ 是向量空间,L 是 $\mathbf{R}^n$ 的一个非空子集,所以 L 中的加法和数乘运算满足向量空间定义中(1),(2)和(5)~(8)这6条运算规律,需要证明的只是 L 中的向量也满足运算规律(3)(L 中存在零向量)和(4)(L 中向量的负向量仍在 L 中).

由于 L 非空,在 L 中必有一个向量 $\boldsymbol{\alpha}$.根据 L 对数乘运算的封闭性,由 $0\in\mathbf{R}$ 得 $0\boldsymbol{\alpha}=\mathbf{0}\in L$,由 $(-1)\in\mathbf{R}$ 得 $(-1)\boldsymbol{\alpha}=-\boldsymbol{\alpha}\in L$,因此定理成立.

定义 17　设 L 是 $\mathbf{R}^n$ 的一个非空子集. 如果 L 对 $\mathbf{R}^n$ 的加法及数乘是封闭的,则称 L 为 $\mathbf{R}^n$ 的一个子空间.

显然,$\mathbf{R}^n$ 是其自身的子空间.

例 8　由 $\mathbf{R}^n$ 的单个零向量组成的子集 $L=\{\mathbf{0}\}$ 满足定理 14 的条件,因此它是 $\mathbf{R}^n$ 的一个子空间,称为零子空间. 零子空间的维数为 0.

例 9　$\mathbf{R}^n$ 中的向量 $\boldsymbol{\alpha}_1,\boldsymbol{\alpha}_2,\cdots,\boldsymbol{\alpha}_s$ 的一切线性组合组成的集合是 $\mathbf{R}^n$ 的一个子空间,并称为由向量组 $\boldsymbol{\alpha}_1,\boldsymbol{\alpha}_2,\cdots,\boldsymbol{\alpha}_s$ 生成的子空间,且其维数为 $\mathrm{R}(\boldsymbol{\alpha}_1,\boldsymbol{\alpha}_2,\cdots,\boldsymbol{\alpha}_s)$. 该子空间记作 $L(\boldsymbol{\alpha}_1,\boldsymbol{\alpha}_2,\cdots,\boldsymbol{\alpha}_s)$.

由于子空间 L 是 $\mathbf{R}^n$ 的一个子集,因此 L 中线性无关向量的个数不超过 n,从而有

$$\dim L \leqslant \dim \mathbf{R}^n.$$

关于子空间,有下面常用的结论.

定理 15　**$\mathbf{R}^n$ 中两个向量组生成相同子空间的充要条件是这两个向量组等价.**

证明　设 $\boldsymbol{\alpha}_1,\boldsymbol{\alpha}_2,\cdots,\boldsymbol{\alpha}_s$ 与 $\boldsymbol{\beta}_1,\boldsymbol{\beta}_2,\cdots,\boldsymbol{\beta}_t$ 是 $\mathbf{R}^n$ 中两个向量组.

必要性　如果 $L(\boldsymbol{\alpha}_1,\boldsymbol{\alpha}_2,\cdots,\boldsymbol{\alpha}_s)=L(\boldsymbol{\beta}_1,\boldsymbol{\beta}_2,\cdots,\boldsymbol{\beta}_t)$,则每个向量 $\boldsymbol{\alpha}_i(i=1,2,\cdots,s)$ 作为 $L(\boldsymbol{\beta}_1,\boldsymbol{\beta}_2,\cdots,\boldsymbol{\beta}_t)$ 中的向量都可以由向量组 $\boldsymbol{\beta}_1,\boldsymbol{\beta}_2,\cdots,\boldsymbol{\beta}_t$ 线性表示. 同样,每个向量 $\boldsymbol{\beta}_j(j=1,2,\cdots,t)$ 作为 $L(\boldsymbol{\alpha}_1,\boldsymbol{\alpha}_2,\cdots,\boldsymbol{\alpha}_s)$ 中的向量也都可以由向量组 $\boldsymbol{\alpha}_1,\boldsymbol{\alpha}_2,\cdots,\boldsymbol{\alpha}_s$ 线性表示. 因此,$\{\boldsymbol{\alpha}_1,\boldsymbol{\alpha}_2,\cdots,\boldsymbol{\alpha}_s\}\cong\{\boldsymbol{\beta}_1,\boldsymbol{\beta}_2,\cdots,\boldsymbol{\beta}_t\}$.

充分性　若 $\{\boldsymbol{\alpha}_1,\boldsymbol{\alpha}_2,\cdots,\boldsymbol{\alpha}_s\}\cong\{\boldsymbol{\beta}_1,\boldsymbol{\beta}_2,\cdots,\boldsymbol{\beta}_t\}$,则凡是可以由向量组 $\boldsymbol{\alpha}_1,\boldsymbol{\alpha}_2,\cdots,\boldsymbol{\alpha}_s$ 线性表示的向量都可以由向量组 $\boldsymbol{\beta}_1,\boldsymbol{\beta}_2,\cdots,\boldsymbol{\beta}_t$ 线性表示,反过来也一样,从而有

$$L(\boldsymbol{\alpha}_1,\boldsymbol{\alpha}_2,\cdots,\boldsymbol{\alpha}_s)=L(\boldsymbol{\beta}_1,\boldsymbol{\beta}_2,\cdots,\boldsymbol{\beta}_t).$$

习题三

1. 已知向量 $\boldsymbol{\alpha}=(2,-1,0,1)^{\mathrm{T}},\boldsymbol{\beta}=(-1,4,2,3)^{\mathrm{T}},\boldsymbol{\gamma}=(-4,7,0,2)^{\mathrm{T}}$,求:

(1) $3\boldsymbol{\alpha}-\boldsymbol{\beta}+4\boldsymbol{\gamma}$;

(2) $\dfrac{1}{2}(5\boldsymbol{\alpha}+3\boldsymbol{\beta}-\boldsymbol{\gamma})$.

2. 设 $\boldsymbol{\alpha}+\boldsymbol{\beta}=(2,1,2,3)^{\mathrm{T}},2\boldsymbol{\alpha}+\boldsymbol{\beta}=(1,-4,-2,2)^{\mathrm{T}}$,求向量 $\boldsymbol{\alpha},\boldsymbol{\beta}$.

3. 把向量 $\boldsymbol{\beta}$ 表示为其他向量的线性组合:

(1) $\boldsymbol{\beta}=(3,5,7,9)^{\mathrm{T}},\boldsymbol{\alpha}_1=(1,0,0,0)^{\mathrm{T}},\boldsymbol{\alpha}_2=(0,1,0,0)^{\mathrm{T}},\boldsymbol{\alpha}_3=(0,0,1,0)^{\mathrm{T}},\boldsymbol{\alpha}_4=(0,0,0,1)^{\mathrm{T}}$;

(2) $\boldsymbol{\beta}=(0,0,0,1)^{\mathrm{T}},\boldsymbol{\alpha}_1=(1,1,0,1)^{\mathrm{T}},\boldsymbol{\alpha}_2=(2,1,3,1)^{\mathrm{T}},\boldsymbol{\alpha}_3=(1,1,0,0)^{\mathrm{T}},\boldsymbol{\alpha}_4=(0,1,-1,-1)^{\mathrm{T}}$.

4. 试判断向量 $\boldsymbol{\beta}=(4,5,6)^{\mathrm{T}}$ 能否由向量组 $\boldsymbol{\alpha}_1=(3,-3,2)^{\mathrm{T}},\boldsymbol{\alpha}_2=(-2,1,2)^{\mathrm{T}},\boldsymbol{\alpha}_3=(1,2,-1)^{\mathrm{T}}$ 线性表示,若能,请求出表示式.

5. 证明:如果向量 $\boldsymbol{\beta}$ 不能由向量组 $\boldsymbol{\alpha}_1,\boldsymbol{\alpha}_2,\cdots,\boldsymbol{\alpha}_m$ 线性表示,则 $\boldsymbol{\beta}$ 也不能由向量组 $\boldsymbol{\alpha}_1,\boldsymbol{\alpha}_2,\cdots,\boldsymbol{\alpha}_m$ 的任何部分组线性表示.

6. 已知向量组 $\boldsymbol{\gamma}_1,\boldsymbol{\gamma}_2$ 可由向量组 $\boldsymbol{\beta}_1,\boldsymbol{\beta}_2,\boldsymbol{\beta}_3$ 线性表示为

$$\begin{cases}\boldsymbol{\gamma}_1=3\boldsymbol{\beta}_1-\boldsymbol{\beta}_2+\boldsymbol{\beta}_3,\\ \boldsymbol{\gamma}_2=\boldsymbol{\beta}_1+2\boldsymbol{\beta}_2+4\boldsymbol{\beta}_3,\end{cases}$$

向量组 $\boldsymbol{\beta}_1,\boldsymbol{\beta}_2,\boldsymbol{\beta}_3$ 可由向量组 $\boldsymbol{\alpha}_1,\boldsymbol{\alpha}_2,\boldsymbol{\alpha}_3$ 线性表示为

$$\begin{cases}\boldsymbol{\beta}_1=2\boldsymbol{\alpha}_1+\boldsymbol{\alpha}_2-5\boldsymbol{\alpha}_3,\\ \boldsymbol{\beta}_2=\boldsymbol{\alpha}_1+3\boldsymbol{\alpha}_2+\boldsymbol{\alpha}_3,\\ \boldsymbol{\beta}_3=-\boldsymbol{\alpha}_1+4\boldsymbol{\alpha}_2-\boldsymbol{\alpha}_3,\end{cases}$$

试将向量组 $\boldsymbol{\gamma}_1,\boldsymbol{\gamma}_2$ 用向量组 $\boldsymbol{\alpha}_1,\boldsymbol{\alpha}_2,\boldsymbol{\alpha}_3$ 线性表示.

7. 已知向量组 $B:\boldsymbol{\beta}_1,\boldsymbol{\beta}_2,\boldsymbol{\beta}_3$ 可由向量组 $A:\boldsymbol{\alpha}_1,\boldsymbol{\alpha}_2,\boldsymbol{\alpha}_3$ 线性表示为

$$\boldsymbol{\beta}_1=\boldsymbol{\alpha}_1-\boldsymbol{\alpha}_2+\boldsymbol{\alpha}_3,\quad \boldsymbol{\beta}_2=\boldsymbol{\alpha}_1+\boldsymbol{\alpha}_2-\boldsymbol{\alpha}_3,\quad \boldsymbol{\beta}_3=-\boldsymbol{\alpha}_1+\boldsymbol{\alpha}_2+\boldsymbol{\alpha}_3,$$

试将向量组 A 用向量组 B 线性表示.

8. 判定下列向量组是否线性相关:

(1) $\boldsymbol{\alpha}_1=(1,1,-1,1)^{\mathrm{T}},\boldsymbol{\alpha}_2=(1,-1,2,-1)^{\mathrm{T}},\boldsymbol{\alpha}_3=(3,1,0,1)^{\mathrm{T}}$;

(2) $\boldsymbol{\alpha}_1=(0,0,3,-4)^{\mathrm{T}},\boldsymbol{\alpha}_2=(0,-3,1,-7)^{\mathrm{T}},\boldsymbol{\alpha}_3=(1,1,-2,0)^{\mathrm{T}}$.

9. 已知向量组 $\boldsymbol{\alpha}_1=(a,2,1)^{\mathrm{T}},\boldsymbol{\alpha}_2=(2,a,0)^{\mathrm{T}},\boldsymbol{\alpha}_3=(1,-1,1)^{\mathrm{T}}$,问:$a$ 为何值时,向量组 $\boldsymbol{\alpha}_1,\boldsymbol{\alpha}_2,\boldsymbol{\alpha}_3$ 线性相关? a 为何值时,向量组 $\boldsymbol{\alpha}_1,\boldsymbol{\alpha}_2,\boldsymbol{\alpha}_3$ 线性无关?

10. 如果向量组 $\boldsymbol{\alpha}_1,\boldsymbol{\alpha}_2,\cdots,\boldsymbol{\alpha}_m$ 线性无关,试证明:

(1) 向量组 $\boldsymbol{\alpha}_1,\boldsymbol{\alpha}_1+\boldsymbol{\alpha}_2,\cdots,\boldsymbol{\alpha}_1+\boldsymbol{\alpha}_2+\cdots+\boldsymbol{\alpha}_m$ 线性无关;

(2) 向量组 $\boldsymbol{\alpha}_1-\boldsymbol{\alpha}_2,\boldsymbol{\alpha}_2-\boldsymbol{\alpha}_3,\cdots,\boldsymbol{\alpha}_{m-1}-\boldsymbol{\alpha}_m,\boldsymbol{\alpha}_m-\boldsymbol{\alpha}_1$ 线性相关.

11. 设有 n 维向量组 $\boldsymbol{\alpha}_1=(1,0,0,\cdots,0)^{\mathrm{T}},\boldsymbol{\alpha}_2=(1,1,0,\cdots,0)^{\mathrm{T}},\cdots,\boldsymbol{\alpha}_n=(1,1,1,\cdots,1)^{\mathrm{T}}$,证明:向量组 $\boldsymbol{\alpha}_1,\boldsymbol{\alpha}_2,\cdots,\boldsymbol{\alpha}_n$ 与 n 维基本单位向量组 $\boldsymbol{\varepsilon}_1,\boldsymbol{\varepsilon}_2,\cdots,\boldsymbol{\varepsilon}_n$ 等价.

12. 已知向量组 $\boldsymbol{\alpha}_1,\boldsymbol{\alpha}_2,\cdots,\boldsymbol{\alpha}_r$ 与向量组 $\boldsymbol{\alpha}_1,\boldsymbol{\alpha}_2,\cdots,\boldsymbol{\alpha}_r,\boldsymbol{\alpha}_{r+1},\cdots,\boldsymbol{\alpha}_s$ 有相同的秩,证明:

$$\{\boldsymbol{\alpha}_1,\boldsymbol{\alpha}_2,\cdots,\boldsymbol{\alpha}_r\}\cong\{\boldsymbol{\alpha}_1,\boldsymbol{\alpha}_2,\cdots,\boldsymbol{\alpha}_r,\boldsymbol{\alpha}_{r+1},\cdots,\boldsymbol{\alpha}_s\}.$$

13. 设向量组 $\boldsymbol{\alpha}_1,\boldsymbol{\alpha}_2,\cdots,\boldsymbol{\alpha}_s$ 的秩为 r,$\boldsymbol{\alpha}_{i1},\boldsymbol{\alpha}_{i2},\cdots,\boldsymbol{\alpha}_{ir}$ 是该向量组中的 r 个向量,且该向量组中的每个向量都可由它们线性表示,证明:$\boldsymbol{\alpha}_{i1},\boldsymbol{\alpha}_{i2},\cdots,\boldsymbol{\alpha}_{ir}$ 是向量组 $\boldsymbol{\alpha}_1,\boldsymbol{\alpha}_2,\cdots,\boldsymbol{\alpha}_s$ 的一个极大无关组.

14. 证明:如果 n 维基本单位向量组 $\boldsymbol{\varepsilon}_1,\boldsymbol{\varepsilon}_2,\cdots,\boldsymbol{\varepsilon}_n$ 可由 n 维向量组 $\boldsymbol{\alpha}_1,\boldsymbol{\alpha}_2,\cdots,\boldsymbol{\alpha}_n$ 线性表示,则向量组 $\boldsymbol{\alpha}_1,\boldsymbol{\alpha}_2,\cdots,\boldsymbol{\alpha}_n$ 线性无关.

15. 设 $\boldsymbol{\alpha}_1,\boldsymbol{\alpha}_2,\cdots,\boldsymbol{\alpha}_n$ 是一组 n 维向量,证明:向量组 $\boldsymbol{\alpha}_1,\boldsymbol{\alpha}_2,\cdots,\boldsymbol{\alpha}_n$ 线性无关的充要条件是任一 n 维向量都可由它们线性表示.

16. 利用矩阵的初等变换,判定下列向量组的线性相关性,求出它们的秩和一个极大无关组,并将其余向量由该极大无关组线性表示:

(1) $\boldsymbol{\alpha}_1=(1,2,5)^{\mathrm{T}},\boldsymbol{\alpha}_2=(3,2,-1)^{\mathrm{T}},\boldsymbol{\alpha}_3=(3,10,-17)^{\mathrm{T}}$;

(2) $\boldsymbol{\alpha}_1=(1,-1,0,4)^{\mathrm{T}},\boldsymbol{\alpha}_2=(2,1,5,6)^{\mathrm{T}},\boldsymbol{\alpha}_3=(1,-1,-2,0)^{\mathrm{T}},\boldsymbol{\alpha}_4=(3,0,7,14)^{\mathrm{T}}$;

(3) $\boldsymbol{\alpha}_1=(1,0,1,0,1)^{\mathrm{T}},\boldsymbol{\alpha}_2=(0,1,1,0,1)^{\mathrm{T}},\boldsymbol{\alpha}_3=(1,1,0,0,1)^{\mathrm{T}},\boldsymbol{\alpha}_4=(-3,-2,3,1,-4)^{\mathrm{T}}$.

17. 判断下列命题是否成立,如果命题成立,则简述理由,否则举出反例:

(1) 若存在一组全为 0 的数 $k_1=k_2=\cdots=k_s=0$,使得 $k_1\boldsymbol{\alpha}_1+k_2\boldsymbol{\alpha}_2+\cdots+k_s\boldsymbol{\alpha}_s=\mathbf{0}$,则

向量组 $\boldsymbol{\alpha}_1,\boldsymbol{\alpha}_2,\cdots,\boldsymbol{\alpha}_s$ 线性无关；

(2) 如果向量组 $\boldsymbol{\alpha}_1,\boldsymbol{\alpha}_2,\cdots,\boldsymbol{\alpha}_s$ 线性相关，则其任一部分组也线性相关；

(3) 如果向量组 $\boldsymbol{\alpha}_1,\boldsymbol{\alpha}_2,\cdots,\boldsymbol{\alpha}_s$ 线性相关，则其任一向量都可由其余向量线性表示；

(4) 如果向量组 $\boldsymbol{\alpha}_1,\boldsymbol{\alpha}_2,\cdots,\boldsymbol{\alpha}_m$ 中有 r 个向量，使得该向量组中任何向量均可由这 r 个向量线性表示，则 $\mathrm{R}(\boldsymbol{\alpha}_1,\boldsymbol{\alpha}_2,\cdots,\boldsymbol{\alpha}_m)=r$；

(5) 如果两个向量组等价，则它们所含的向量个数相同；

(6) 如果 $\mathrm{R}(\boldsymbol{\alpha}_1,\boldsymbol{\alpha}_2,\cdots,\boldsymbol{\alpha}_s)=r$，则向量组 $\boldsymbol{\alpha}_1,\boldsymbol{\alpha}_2,\cdots,\boldsymbol{\alpha}_s$ 中任意 r 个向量都线性无关；

(7) 如果 $\mathrm{R}(\boldsymbol{\alpha}_1,\boldsymbol{\alpha}_2,\cdots,\boldsymbol{\alpha}_s)=r$，则向量组 $\boldsymbol{\alpha}_1,\boldsymbol{\alpha}_2,\cdots,\boldsymbol{\alpha}_s$ 的任意多于 r 个向量的部分组都线性相关；

(8) 如果 $\mathrm{R}(\boldsymbol{\alpha}_1,\boldsymbol{\alpha}_2,\cdots,\boldsymbol{\alpha}_s)=s$，则向量组 $\boldsymbol{\alpha}_1,\boldsymbol{\alpha}_2,\cdots,\boldsymbol{\alpha}_s$ 的任一部分组都线性无关.

18. 证明：向量组 $\boldsymbol{\alpha}_1=(0,\cdots,0,0,1)^{\mathrm{T}},\boldsymbol{\alpha}_2=(0,\cdots,0,1,1)^{\mathrm{T}},\cdots,\boldsymbol{\alpha}_n=(1,\cdots,1,1,1)^{\mathrm{T}}$ 为 $\mathbf{R}^n$ 的一组基，并求向量 $\boldsymbol{\alpha}=(a_1,a_2,\cdots,a_n)^{\mathrm{T}}$ 在此基下的坐标.

19. 在 $\mathbf{R}^4$ 中，求由基 $\boldsymbol{\xi}_1,\boldsymbol{\xi}_2,\boldsymbol{\xi}_3,\boldsymbol{\xi}_4$ 到基 $\boldsymbol{\eta}_1,\boldsymbol{\eta}_2,\boldsymbol{\eta}_3,\boldsymbol{\eta}_4$ 的过渡矩阵，以及向量 $\boldsymbol{\alpha}$ 在所指基下的坐标：

$$(1)\begin{cases}\boldsymbol{\xi}_1=(1,0,0,0)^{\mathrm{T}},\\ \boldsymbol{\xi}_2=(0,1,0,0)^{\mathrm{T}},\\ \boldsymbol{\xi}_3=(0,0,1,0)^{\mathrm{T}},\\ \boldsymbol{\xi}_4=(0,0,0,1)^{\mathrm{T}},\end{cases}\quad \begin{cases}\boldsymbol{\eta}_1=(2,1,-1,1)^{\mathrm{T}},\\ \boldsymbol{\eta}_2=(0,3,1,0)^{\mathrm{T}},\\ \boldsymbol{\eta}_3=(5,3,2,1)^{\mathrm{T}},\\ \boldsymbol{\eta}_4=(6,6,1,3)^{\mathrm{T}},\end{cases}$$

$\boldsymbol{\alpha}=(x_1,x_2,x_3,x_4)^{\mathrm{T}}$ 在基 $\boldsymbol{\eta}_1,\boldsymbol{\eta}_2,\boldsymbol{\eta}_3,\boldsymbol{\eta}_4$ 下的坐标；

$$(2)\begin{cases}\boldsymbol{\xi}_1=(1,2,-1,0)^{\mathrm{T}},\\ \boldsymbol{\xi}_2=(1,-1,1,1)^{\mathrm{T}},\\ \boldsymbol{\xi}_3=(-1,2,1,1)^{\mathrm{T}},\\ \boldsymbol{\xi}_4=(-1,-1,0,1)^{\mathrm{T}},\end{cases}\quad \begin{cases}\boldsymbol{\eta}_1=(2,1,0,1)^{\mathrm{T}},\\ \boldsymbol{\eta}_2=(0,1,2,2)^{\mathrm{T}},\\ \boldsymbol{\eta}_3=(-2,1,1,2)^{\mathrm{T}},\\ \boldsymbol{\eta}_4=(1,3,1,2)^{\mathrm{T}},\end{cases}$$

$\boldsymbol{\alpha}=(1,0,0,0)^{\mathrm{T}}$ 在基 $\boldsymbol{\xi}_1,\boldsymbol{\xi}_2,\boldsymbol{\xi}_3,\boldsymbol{\xi}_4$ 下的坐标.

20. 求非零向量 $\boldsymbol{\alpha}$，使得其在下列两组基下的坐标相同：

$$\begin{cases}\boldsymbol{\varepsilon}_1=(1,0,0,0)^{\mathrm{T}},\\ \boldsymbol{\varepsilon}_2=(0,1,0,0)^{\mathrm{T}},\\ \boldsymbol{\varepsilon}_3=(0,0,1,0)^{\mathrm{T}},\\ \boldsymbol{\varepsilon}_4=(0,0,0,1)^{\mathrm{T}},\end{cases}\quad \begin{cases}\boldsymbol{\eta}_1=(2,1,-1,1)^{\mathrm{T}},\\ \boldsymbol{\eta}_2=(0,3,1,0)^{\mathrm{T}},\\ \boldsymbol{\eta}_3=(5,3,2,1)^{\mathrm{T}},\\ \boldsymbol{\eta}_4=(6,6,1,3)^{\mathrm{T}}.\end{cases}$$

*21. 在 $\mathbf{R}^4$ 中，求由下列向量 $\boldsymbol{\alpha}_i\,(i=1,2,3,4)$ 生成的子空间的基与维数：

$$(1)\begin{cases}\boldsymbol{\alpha}_1=(2,1,3,1)^{\mathrm{T}},\\ \boldsymbol{\alpha}_2=(1,2,0,1)^{\mathrm{T}},\\ \boldsymbol{\alpha}_3=(-1,1,-3,0)^{\mathrm{T}},\\ \boldsymbol{\alpha}_4=(1,1,1,1)^{\mathrm{T}};\end{cases}\qquad (2)\begin{cases}\boldsymbol{\alpha}_1=(2,1,3,-1)^{\mathrm{T}},\\ \boldsymbol{\alpha}_2=(-1,1,3,1)^{\mathrm{T}},\\ \boldsymbol{\alpha}_3=(4,5,3,-1)^{\mathrm{T}},\\ \boldsymbol{\alpha}_4=(1,5,-3,1)^{\mathrm{T}}.\end{cases}$$

第四章

线性方程组

线性方程组是线性代数中的重要内容.科学技术和经济管理中的许多问题往往都可归结为求解线性方程组.而一个线性方程组可能无解,也可能有唯一解或无穷多解.在有无穷多解的情况下,还有必要研究这些解之间的关系.这些问题的讨论无论是在理论上还是在应用上都很有意义.

第一节　消　元　法

第一章中的克拉默法则只能用于求解未知量个数等于方程个数，并且系数行列式不等于 0 的线性方程组. 然而，许多线性方程组并不能同时满足这两个条件. 为此，需要讨论一般情况下线性方程组的求解问题，而消元法为我们提供了解决这一问题的一种较为简便的方法和求解形式.

对于含有 m 个方程、n 个未知量的线性方程组

$$\begin{cases} a_{11}x_1+a_{12}x_2+\cdots+a_{1n}x_n=b_1, \\ a_{21}x_1+a_{22}x_2+\cdots+a_{2n}x_n=b_2, \\ \cdots\cdots \\ a_{m1}x_1+a_{m2}x_2+\cdots+a_{mn}x_n=b_m, \end{cases} \tag{4.1}$$

如果存在 n 个数 $c_1,c_2,\cdots,c_n$，当 $x_1=c_1,x_2=c_2,\cdots,x_n=c_n$ 时可使方程组(4.1)的 m 个等式成立，则称 $x_1=c_1,x_2=c_2,\cdots,x_n=c_n$ 为方程组(4.1)的一个解，一般用 n 维向量 $\begin{pmatrix} c_1 \\ c_2 \\ \vdots \\ c_n \end{pmatrix}$ 或 $(c_1,c_2,\cdots,c_n)$ 表示，故也称之为方程组(4.1)的一个解向量. 本书中解向量采用列向量的形式.

对于一般的 n 元线性方程组，需要解决以下三个问题：

(1) 如何判定它是否有解？

(2) 如果它有解，它有多少解？

(3) 如何求出它的全部解？

在中学代数中，我们已学过用消元法解二元或三元线性方程组，这一方法也适用于求解含有更多未知量的线性方程组.

例 1　解线性方程组

$$\begin{cases} x_1+3x_2-2x_3=4, \\ 3x_1+2x_2-5x_3=11, \\ 2x_1+x_2+x_3=3, \\ -2x_1+x_2+3x_3=-7. \end{cases}$$

解　为观察消元过程，我们将消元过程中每个步骤的方程组及其对应的矩阵一并列出：

$$\begin{cases} x_1+3x_2-2x_3=4, \\ 3x_1+2x_2-5x_3=11, \\ 2x_1+x_2+x_3=3, \\ -2x_1+x_2+3x_3=-7 \end{cases} ① \xleftrightarrow{\text{对应}} \begin{pmatrix} 1 & 3 & -2 & 4 \\ 3 & 2 & -5 & 11 \\ 2 & 1 & 1 & 3 \\ -2 & 1 & 3 & -7 \end{pmatrix} ①$$

$$\to\begin{cases}x_1+3x_2-2x_3=4,\\ \quad -7x_2+x_3=-1,\\ \quad -5x_2+5x_3=-5,\\ \quad 7x_2-x_3=1\end{cases} ② \quad \xleftrightarrow{\text{对应}} \quad \begin{pmatrix}1&3&-2&4\\0&-7&1&-1\\0&-5&5&-5\\0&7&-1&1\end{pmatrix} ②$$

$$\to\begin{cases}x_1+3x_2-2x_3=4,\\ \quad -7x_2+x_3=-1,\\ \quad x_2-x_3=1\end{cases} ③ \quad \xleftrightarrow{\text{对应}} \quad \begin{pmatrix}1&3&-2&4\\0&-7&1&-1\\0&1&-1&1\\0&0&0&0\end{pmatrix} ③$$

$$\to\begin{cases}x_1+3x_2-2x_3=4,\\ \quad x_2-x_3=1,\\ \quad -7x_2+x_3=-1\end{cases} ④ \quad \xleftrightarrow{\text{对应}} \quad \begin{pmatrix}1&3&-2&4\\0&1&-1&1\\0&-7&1&-1\\0&0&0&0\end{pmatrix} ④$$

$$\to\begin{cases}x_1+3x_2-2x_3=4,\\ \quad x_2-x_3=1,\\ \quad -6x_3=6\end{cases} ⑤ \quad \xleftrightarrow{\text{对应}} \quad \begin{pmatrix}1&3&-2&4\\0&1&-1&1\\0&0&-6&6\\0&0&0&0\end{pmatrix} ⑤,$$

其中原方程组的第四个方程化为“$0=0$”,说明这个方程为原方程组中“多余”的方程,不再写出,但仍在对应的矩阵中得以体现.

从方程组 ⑤ 的最后一个方程得到 $x_3=-1$,将其代入第二个方程可得到 $x_2=0$,再将 $x_3=-1$,$x_2=0$ 一起代入第一个方程得到 $x_1=2$,因此原方程组的解为 $x_1=2$,$x_2=0$,$x_3=-1$.

通常把过程 ① ~ ⑤ 称为消元过程. 矩阵 ⑤ 是行阶梯形矩阵,与之对应的方程组 ⑤ 则称为行阶梯形方程组.

对例 1,我们还可以继续化简方程组 ⑤,直至最后能直接“读”出方程组的解:

$$\to\begin{cases}x_1+3x_2-2x_3=4,\\ \quad x_2-x_3=1,\\ \quad x_3=-1\end{cases} ⑥ \quad \xleftrightarrow{\text{对应}} \quad \begin{pmatrix}1&3&-2&4\\0&1&-1&1\\0&0&1&-1\\0&0&0&0\end{pmatrix} ⑥$$

$$\to\begin{cases}x_1+3x_2=2,\\ \quad x_2=0,\\ \quad x_3=-1\end{cases} ⑦ \quad \xleftrightarrow{\text{对应}} \quad \begin{pmatrix}1&3&0&2\\0&1&0&0\\0&0&1&-1\\0&0&0&0\end{pmatrix} ⑦$$

$$\to\begin{cases}x_1=2,\\ x_2=0,\\ x_3=-1\end{cases} ⑧ \quad \xleftrightarrow{\text{对应}} \quad \begin{pmatrix}1&0&0&2\\0&1&0&0\\0&0&1&-1\\0&0&0&0\end{pmatrix} ⑧.$$

通常把过程 ⑥ ~ ⑧ 称为回代过程. 矩阵 ⑧ 是行最简形矩阵,与之对应的方程组 ⑧ 则称为行最简形方程组.

在上述求解过程中，我们对线性方程组反复施行了以下三种变换：

(1) 交换某两个方程的位置；

(2) 用一个非零的数乘以某个方程的两边；

(3) 将一个方程的适当倍数加到另一个方程上.

以上三种变换称为线性方程组的初等变换. 可以证明，线性方程组经过初等变换后所得的方程组与原方程组同解.

将上面的方程组 ① ～ ⑧ 和矩阵 ① ～ ⑧ 一一对照就可以发现，我们只是对各方程的系数和常数项进行运算，如消去某一个未知量，就是将这个未知量的系数化为 0. 事实上，消元和回代过程都是针对由线性方程组的系数和常数项组成的矩阵进行初等行变换的过程. 称由线性方程组的系数矩阵 $\boldsymbol{A}$ 右边增加常数项一列后得到的矩阵为该方程组的增广矩阵，记为 $\widetilde{\boldsymbol{A}}$. 例如，例 1 中线性方程组的系数矩阵和增广矩阵分别为

$$\boldsymbol{A}=\begin{pmatrix}1&3&-2\\3&2&-5\\2&1&1\\-2&1&3\end{pmatrix},\quad \widetilde{\boldsymbol{A}}=\left(\begin{array}{ccc:c}1&3&-2&4\\3&2&-5&11\\2&1&1&3\\-2&1&3&-7\end{array}\right).$$

而消元和回代过程正是对 $\widetilde{\boldsymbol{A}}$ 做初等行变换的过程.

下面就用矩阵的初等行变换来求解另外几个线性方程组，看一下求解中可能出现的解的其他情况.

例 2 将例 1 中第四个方程的常数项改为 -6，其余方程不变，解所得到的线性方程组：

$$\begin{cases}x_1+3x_2-2x_3=4,\\3x_1+2x_2-5x_3=11,\\2x_1+x_2+x_3=3,\\-2x_1+x_2+3x_3=-6.\end{cases}$$

解 对该方程组的增广矩阵 $\widetilde{\boldsymbol{A}}$ 做初等行变换：

$$\widetilde{\boldsymbol{A}}=\left(\begin{array}{ccc:c}1&3&-2&4\\3&2&-5&11\\2&1&1&3\\-2&1&3&-6\end{array}\right)\xrightarrow[r_4+2r_1]{\substack{r_2-3r_1\\r_3-2r_1}}\left(\begin{array}{ccc:c}1&3&-2&4\\0&-7&1&-1\\0&-5&5&-5\\0&7&-1&2\end{array}\right)$$

$$\xrightarrow[r_4+r_2]{r_3\times\left(-\frac{1}{5}\right)}\left(\begin{array}{ccc:c}1&3&-2&4\\0&-7&1&-1\\0&1&-1&1\\0&0&0&1\end{array}\right)\xrightarrow[r_3+7r_2]{r_2\leftrightarrow r_3}\left(\begin{array}{ccc:c}1&3&-2&4\\0&1&-1&1\\0&0&-6&6\\0&0&0&1\end{array}\right).$$

最后得到的行阶梯形矩阵对应的方程组为

$$\begin{cases}x_1+3x_2-2x_3=4,\\x_2-x_3=1,\\-6x_3=6,\\0=1.\end{cases}$$

这是一个矛盾方程组,无解,从而原方程组也无解.

注 解线性方程组时,应尽量避免对增广矩阵做初等列变换(请读者思考这是为什么).

例 3 将例 1 中第三个方程换成 $x_1-4x_2-x_3=3$,其余方程不变,解所得到的线性方程组:

$$\begin{cases} x_1+3x_2-2x_3=4, \\ 3x_1+2x_2-5x_3=11, \\ x_1-4x_2-x_3=3, \\ -2x_1+x_2+3x_3=-7. \end{cases}$$

解 对该方程组的增广矩阵 $\widetilde{\boldsymbol{A}}$ 做初等行变换:

$$\widetilde{\boldsymbol{A}}=\left(\begin{array}{ccc:c} 1 & 3 & -2 & 4 \\ 3 & 2 & -5 & 11 \\ 1 & -4 & -1 & 3 \\ -2 & 1 & 3 & -7 \end{array}\right) \xrightarrow[r_4+2r_1]{\substack{r_2-3r_1 \\ r_3-r_1}} \left(\begin{array}{ccc:c} 1 & 3 & -2 & 4 \\ 0 & -7 & 1 & -1 \\ 0 & -7 & 1 & -1 \\ 0 & 7 & -1 & 1 \end{array}\right)$$

$$\xrightarrow[r_4+r_2]{r_3-r_2} \left(\begin{array}{ccc:c} 1 & 3 & -2 & 4 \\ 0 & -7 & 1 & -1 \\ 0 & 0 & 0 & 0 \\ 0 & 0 & 0 & 0 \end{array}\right) \triangleq \boldsymbol{A}_1.$$

最后得到的行阶梯形矩阵 $\boldsymbol{A}_1$ 对应的方程组为

$$\begin{cases} x_1+3x_2-2x_3=4, \\ \quad -7x_2+x_3=-1. \end{cases}$$

若将这个方程组改写为

$$\begin{cases} x_1-2x_3=4-3x_2, \\ x_3=-1+7x_2, \end{cases}$$

则可以看出,只要任意给定 x_2 的值,即可唯一地确定 x_1 与 x_3 的值,从而得到原方程组的一个解. 因此,原方程组有无穷多解. 这时,称 x_2 为自由未知量,称 x_1 和 x_3 为非自由未知量或主未知量.

为了使未知量 x_1 与 x_3 都仅用 x_2 表示,可以在上面已得到的行阶梯形矩阵 $\boldsymbol{A}_1$ 的基础上继续做初等行变换,即

$$\boldsymbol{A}_1 \xrightarrow{r_1+2r_2} \left(\begin{array}{ccc:c} 1 & -11 & 0 & 2 \\ 0 & -7 & 1 & -1 \\ 0 & 0 & 0 & 0 \\ 0 & 0 & 0 & 0 \end{array}\right),$$

于是得与原方程组同解的方程组

$$\begin{cases} x_1-11x_2 \qquad =2, \\ \quad -7x_2+x_3=-1, \end{cases}$$

从而得到原方程组全部解的表达式

$$\begin{cases} x_1=2+11x_2, \\ x_3=-1+7x_2. \end{cases}$$

令 $x_2=k$（k 为任意常数），则原方程组的全部解可表示为

$$\begin{cases}x_1=2+11k,\\x_2=k,\\x_3=-1+7k\end{cases}\quad 或 \quad \begin{pmatrix}x_1\\x_2\\x_3\end{pmatrix}=\begin{pmatrix}2\\0\\-1\end{pmatrix}+k\begin{pmatrix}11\\1\\7\end{pmatrix}.$$

这两种形式的解均称为原方程组的通解（或一般解）. 原方程组每个具体的解，都可由适当指定通解中的任意常数而得到.

实际上，也可以将 x_3 确定为自由未知量，即由

$$\boldsymbol{A}_1=\left(\begin{array}{ccc:c}1&3&-2&4\\0&-7&1&-1\\0&0&0&0\\0&0&0&0\end{array}\right)\xrightarrow{r_2\times\left(-\frac{1}{7}\right)}\left(\begin{array}{ccc:c}1&3&-2&4\\0&1&-\frac{1}{7}&\frac{1}{7}\\0&0&0&0\\0&0&0&0\end{array}\right)\xrightarrow{r_1-3r_2}\left(\begin{array}{ccc:c}1&0&-\frac{11}{7}&\frac{25}{7}\\0&1&-\frac{1}{7}&\frac{1}{7}\\0&0&0&0\\0&0&0&0\end{array}\right),$$

得到

$$\begin{cases}x_1=\dfrac{25}{7}+\dfrac{11}{7}x_3,\\x_2=\dfrac{1}{7}+\dfrac{1}{7}x_3.\end{cases}$$

令 $x_3=k$（k 为任意常数），则原方程组的通解为

$$\begin{cases}x_1=\dfrac{25}{7}+\dfrac{11}{7}k,\\x_2=\dfrac{1}{7}+\dfrac{1}{7}k,\\x_3=k\end{cases}\quad 或 \quad \begin{pmatrix}x_1\\x_2\\x_3\end{pmatrix}=\begin{pmatrix}\frac{25}{7}\\\frac{1}{7}\\0\end{pmatrix}+k\begin{pmatrix}\frac{11}{7}\\\frac{1}{7}\\1\end{pmatrix}.$$

通过上述三个例子可以发现，用消元法解线性方程组时，可能会遇到线性方程组有唯一解、无解和有无穷多解这三种情形. 第二节将通过线性方程组的一般形式，来引入线性方程组解的情况的判定定理.

第二节　线性方程组解的判定

n 元线性方程组的一般形式为

$$\begin{cases}a_{11}x_1+a_{12}x_2+\cdots+a_{1n}x_n=b_1,\\a_{21}x_1+a_{22}x_2+\cdots+a_{2n}x_n=b_2,\\\quad\cdots\cdots\\a_{m1}x_1+a_{m2}x_2+\cdots+a_{mn}x_n=b_m,\end{cases}\tag{4.2}$$

其系数矩阵和增广矩阵分别是

$$A=\begin{pmatrix}a_{11}&a_{12}&\cdots&a_{1n}\\a_{21}&a_{22}&\cdots&a_{2n}\\\vdots&\vdots&&\vdots\\a_{m1}&a_{m2}&\cdots&a_{mn}\end{pmatrix},\quad \widetilde{A}=\left(\begin{array}{cccc:c}a_{11}&a_{12}&\cdots&a_{1n}&b_1\\a_{21}&a_{22}&\cdots&a_{2n}&b_2\\\vdots&\vdots&&\vdots&\vdots\\a_{m1}&a_{m2}&\cdots&a_{mn}&b_m\end{array}\right),$$

称 $\boldsymbol{\beta}=(b_1,b_2,\cdots,b_m)^{\mathrm{T}}$ 为方程组(4.2)的常数项向量.

运用矩阵的乘法和向量的线性组合,方程组(4.2)又可表示成

$$\boldsymbol{AX}=\boldsymbol{\beta}$$

或

$$x_1\boldsymbol{\alpha}_1+x_2\boldsymbol{\alpha}_2+\cdots+x_n\boldsymbol{\alpha}_n=\boldsymbol{\beta},\tag{4.3}$$

这里 $\boldsymbol{X}=(x_1,x_2,\cdots,x_n)^{\mathrm{T}}$ 称为未知量向量,$\boldsymbol{\alpha}_j=(a_{1j},a_{2j},\cdots,a_{mj})^{\mathrm{T}}(j=1,2,\cdots,n)$ 为系数矩阵 $\boldsymbol{A}$ 的列向量.

当常数项 $b_1,b_2,\cdots,b_m$ 不全为0时,称方程组(4.2)为非齐次线性方程组;当常数项 $b_1,b_2,\cdots,b_m$ 全为0时,有

$$\begin{cases}a_{11}x_1+a_{12}x_2+\cdots+a_{1n}x_n=0,\\a_{21}x_1+a_{22}x_2+\cdots+a_{2n}x_n=0,\\\qquad\cdots\cdots\\a_{m1}x_1+a_{m2}x_2+\cdots+a_{mn}x_n=0,\end{cases}\tag{4.4}$$

称这个方程组为齐次线性方程组.方程组(4.4)又可表示成矩阵或向量形式

$$\boldsymbol{AX}=\boldsymbol{0}$$

或

$$x_1\boldsymbol{\alpha}_1+x_2\boldsymbol{\alpha}_2+\cdots+x_n\boldsymbol{\alpha}_n=\boldsymbol{0},$$

其中 $\boldsymbol{0}=(0,0,\cdots,0)^{\mathrm{T}}$.

通过第一节的三个例子可以看出,对于线性方程组有解(也称相容)情形的例1和例3,有 $\mathrm{R}(\boldsymbol{A})=\mathrm{R}(\widetilde{\boldsymbol{A}})$;而对于线性方程组无解(也称不相容)情形的例2,则有 $\mathrm{R}(\boldsymbol{A})<\mathrm{R}(\widetilde{\boldsymbol{A}})$.一般地,我们有下面的结论.

定理1 **非齐次线性方程组(4.2)有解的充要条件是它的系数矩阵 $\boldsymbol{A}$ 的秩等于增广矩阵 $\widetilde{\boldsymbol{A}}$ 的秩,即 $\mathrm{R}(\boldsymbol{A})=\mathrm{R}(\widetilde{\boldsymbol{A}})$.**

证明 **必要性** 由(4.3)式知,若方程组(4.2)有解,则向量 $\boldsymbol{\beta}$ 可由向量组 $\boldsymbol{\alpha}_1,\boldsymbol{\alpha}_2,\cdots,\boldsymbol{\alpha}_n$ 线性表示.这说明向量组 $\boldsymbol{\alpha}_1,\boldsymbol{\alpha}_2,\cdots,\boldsymbol{\alpha}_n$ 与向量组 $\boldsymbol{\alpha}_1,\boldsymbol{\alpha}_2,\cdots,\boldsymbol{\alpha}_n,\boldsymbol{\beta}$ 是等价的,即系数矩阵 $\boldsymbol{A}$ 与增广矩阵 $\widetilde{\boldsymbol{A}}$ 有相同的列秩,而矩阵的列秩与秩是相等的,故有 $\mathrm{R}(\boldsymbol{A})=\mathrm{R}(\widetilde{\boldsymbol{A}})$.

充分性 若 $\mathrm{R}(\boldsymbol{A})=\mathrm{R}(\widetilde{\boldsymbol{A}})$,即 $\mathrm{R}(\boldsymbol{\alpha}_1,\boldsymbol{\alpha}_2,\cdots,\boldsymbol{\alpha}_n)=\mathrm{R}(\boldsymbol{\alpha}_1,\boldsymbol{\alpha}_2,\cdots,\boldsymbol{\alpha}_n,\boldsymbol{\beta})$,则向量组 $\boldsymbol{\alpha}_1,\boldsymbol{\alpha}_2,\cdots,\boldsymbol{\alpha}_n$ 的极大无关组也是向量组 $\boldsymbol{\alpha}_1,\boldsymbol{\alpha}_2,\cdots,\boldsymbol{\alpha}_n,\boldsymbol{\beta}$ 的极大无关组,从而向量 $\boldsymbol{\beta}$ 可由向量组 $\boldsymbol{\alpha}_1,\boldsymbol{\alpha}_2,\cdots,\boldsymbol{\alpha}_n$ 线性表示,即方程组(4.2)有解.

推论1 对于 n 元非齐次线性方程组(4.2),有如下结论成立:

(1) 无解的充要条件是 $\mathrm{R}(\boldsymbol{A})<\mathrm{R}(\widetilde{\boldsymbol{A}})$;

(2) 有唯一解的充要条件是 $R(\boldsymbol{A})=R(\widetilde{\boldsymbol{A}})=n$；

(3) 有无穷多解的充要条件是 $R(\boldsymbol{A})=R(\widetilde{\boldsymbol{A}})<n$.

证明　(1)为定理1的逆否命题，(3)由(1)，(2)即得，下面只要证明(2)即可.

充分性　若 $R(\boldsymbol{A})=R(\widetilde{\boldsymbol{A}})$，则方程组(4.2)有解，从而由(4.3)式可知，向量 $\boldsymbol{\beta}$ 可由向量组 $\boldsymbol{\alpha}_1,\boldsymbol{\alpha}_2,\cdots,\boldsymbol{\alpha}_n$ 线性表示. 又 $R(\boldsymbol{A})=n$，故向量组 $\boldsymbol{\alpha}_1,\boldsymbol{\alpha}_2,\cdots,\boldsymbol{\alpha}_n$ 线性无关. 由第三章的定理2知，向量 $\boldsymbol{\beta}$ 可由向量组 $\boldsymbol{\alpha}_1,\boldsymbol{\alpha}_2,\cdots,\boldsymbol{\alpha}_n$ 唯一地线性表示，即方程组(4.2)有唯一解.

必要性　若方程组(4.2)有唯一解 $\boldsymbol{X}=(\lambda_1,\lambda_2,\cdots,\lambda_n)^{\mathrm{T}}$，则有

$$\boldsymbol{\beta}=\lambda_1\boldsymbol{\alpha}_1+\lambda_2\boldsymbol{\alpha}_2+\cdots+\lambda_n\boldsymbol{\alpha}_n.$$

假设 $R(\boldsymbol{A})=R(\boldsymbol{\alpha}_1,\boldsymbol{\alpha}_2,\cdots,\boldsymbol{\alpha}_n)<n$，则向量组 $\boldsymbol{\alpha}_1,\boldsymbol{\alpha}_2,\cdots,\boldsymbol{\alpha}_n$ 线性相关. 于是，存在一组不全为0的数 $k_1,k_2,\cdots,k_n$，使得

$$k_1\boldsymbol{\alpha}_1+k_2\boldsymbol{\alpha}_2+\cdots+k_n\boldsymbol{\alpha}_n=\boldsymbol{0},$$

从而

$$\begin{aligned}\boldsymbol{\beta}&=\lambda_1\boldsymbol{\alpha}_1+\lambda_2\boldsymbol{\alpha}_2+\cdots+\lambda_n\boldsymbol{\alpha}_n+k_1\boldsymbol{\alpha}_1+k_2\boldsymbol{\alpha}_2+\cdots+k_n\boldsymbol{\alpha}_n\\&=(\lambda_1+k_1)\boldsymbol{\alpha}_1+(\lambda_2+k_2)\boldsymbol{\alpha}_2+\cdots+(\lambda_n+k_n)\boldsymbol{\alpha}_n,\end{aligned}$$

故向量 $(\lambda_1+k_1,\lambda_2+k_2,\cdots,\lambda_n+k_n)^{\mathrm{T}}$（异于 $\boldsymbol{X}$）也是方程组(4.2)的解. 这与方程组(4.2)有唯一解矛盾，所以 $R(\boldsymbol{A})=n$. 再由定理1得 $R(\boldsymbol{A})=R(\widetilde{\boldsymbol{A}})=n$.

由于齐次线性方程组(4.4)的增广矩阵 $\widetilde{\boldsymbol{A}}$ 的最后一列为0，因此在任何情况下都有 $R(\boldsymbol{A})=R(\widetilde{\boldsymbol{A}})$，即方程组(4.4)总有解（至少有零解），从而有如下推论：

推论2　对于 n 元齐次线性方程组(4.4)，有如下结论成立：

(1) 仅有零解的充要条件是 $R(\boldsymbol{A})=n$；

(2) 有非零解的充要条件是 $R(\boldsymbol{A})<n$.

注　(1) 由定理1的推论1和推论2还可分别得到第一章的定理6和定理7，并且可以知道它们的逆命题也成立.

(2) 对于以上定理及推论，读者可试着从向量的角度给出叙述. 例如，定理1可叙述如下：向量 $\boldsymbol{\beta}$ 可由向量组 $\boldsymbol{\alpha}_1,\boldsymbol{\alpha}_2,\cdots,\boldsymbol{\alpha}_n$ 线性表示的充要条件是

$$R(\boldsymbol{\alpha}_1,\boldsymbol{\alpha}_2,\cdots,\boldsymbol{\alpha}_n)=R(\boldsymbol{\alpha}_1,\boldsymbol{\alpha}_2,\cdots,\boldsymbol{\alpha}_n,\boldsymbol{\beta}).$$

例1　问：λ 为何值时，线性方程组

$$\begin{cases}\lambda x_1+x_2+x_3=1,\\x_1+\lambda x_2+x_3=\lambda,\\x_1+x_2+\lambda x_3=\lambda^2\end{cases}$$

有唯一解？有无穷多解？无解？

解　对该方程组的增广矩阵 $\widetilde{\boldsymbol{A}}$ 做初等行变换：

$$\widetilde{\boldsymbol{A}}=\left(\begin{array}{ccc:c}\lambda&1&1&1\\1&\lambda&1&\lambda\\1&1&\lambda&\lambda^2\end{array}\right)\xrightarrow{r_1\leftrightarrow r_3}\left(\begin{array}{ccc:c}1&1&\lambda&\lambda^2\\1&\lambda&1&\lambda\\\lambda&1&1&1\end{array}\right)\xrightarrow[r_3-\lambda r_1]{r_2-r_1}\left(\begin{array}{ccc:c}1&1&\lambda&\lambda^2\\0&\lambda-1&1-\lambda&\lambda-\lambda^2\\0&1-\lambda&1-\lambda^2&1-\lambda^3\end{array}\right)$$

$$\xrightarrow{r_3+r_2}\left(\begin{array}{ccc:c}1 & 1 & \lambda & \lambda^2 \\ 0 & \lambda-1 & 1-\lambda & \lambda(1-\lambda) \\ 0 & 0 & (1-\lambda)(\lambda+2) & (1-\lambda)(\lambda+1)^2\end{array}\right).$$

当 $\lambda \neq 1$ 且 $\lambda \neq -2$ 时,$\mathrm{R}(\boldsymbol{A})=\mathrm{R}(\widetilde{\boldsymbol{A}})=3$,该方程组有唯一解.

当 $\lambda=1$ 时,$\mathrm{R}(\boldsymbol{A})=\mathrm{R}(\widetilde{\boldsymbol{A}})=1<3$,该方程组有无穷多解.

典型例题

当 $\lambda=-2$ 时,$\mathrm{R}(\boldsymbol{A})=2$,$\mathrm{R}(\widetilde{\boldsymbol{A}})=3$,该方程组无解.

注 (1) 对含参数的矩阵做初等变换时,应尽量避免所乘常数中分母出现参数的情形,如在例 1 中对矩阵 $\widetilde{\boldsymbol{A}}$ 做初等行变换时,由于 $\lambda,\lambda-1$ 等因式可以等于 0,因此不宜做诸如 $r_2-\dfrac{1}{\lambda}r_1$,$r_2\times\lambda$,$r_2\times\dfrac{1}{\lambda-1}$,$r_3\times\dfrac{1}{1-\lambda}$ 这样的初等变换.如果做了这样的初等变换,则需要对 $\lambda=0$ 或 $\lambda-1=0$ 的情形另做讨论.

(2) 由于例 1 中线性方程组的系数矩阵为方阵,因此也可就线性方程组的系数行列式是否为 0 进行讨论(这一方法留给读者自己完成).

例 2 证明:线性方程组

$$\begin{cases}x_1-x_2=a_1, \\ x_2-x_3=a_2, \\ x_3-x_4=a_3, \\ x_4-x_5=a_4, \\ x_5-x_1=a_5\end{cases}$$

有解的充要条件是 $\sum\limits_{i=1}^{5}a_i=a_1+a_2+a_3+a_4+a_5=0$;并在有解的情况下,求出它的通解.

解 对该方程组的增广矩阵 $\widetilde{\boldsymbol{A}}$ 做初等行变换:

$$\widetilde{\boldsymbol{A}}=\left(\begin{array}{ccccc:c}1 & -1 & 0 & 0 & 0 & a_1 \\ 0 & 1 & -1 & 0 & 0 & a_2 \\ 0 & 0 & 1 & -1 & 0 & a_3 \\ 0 & 0 & 0 & 1 & -1 & a_4 \\ -1 & 0 & 0 & 0 & 1 & a_5\end{array}\right)\xrightarrow[\substack{r_5+r_3 \\ r_5+r_4}]{\substack{r_5+r_1 \\ r_5+r_2}}\left(\begin{array}{ccccc:c}1 & -1 & 0 & 0 & 0 & a_1 \\ 0 & 1 & -1 & 0 & 0 & a_2 \\ 0 & 0 & 1 & -1 & 0 & a_3 \\ 0 & 0 & 0 & 1 & -1 & a_4 \\ 0 & 0 & 0 & 0 & 0 & \sum\limits_{i=1}^{5}a_i\end{array}\right).$$

因为 $\mathrm{R}(\boldsymbol{A})=\mathrm{R}(\widetilde{\boldsymbol{A}})$ 当且仅当 $\sum\limits_{i=1}^{5}a_i=0$,所以该方程组有解的充要条件是 $\sum\limits_{i=1}^{5}a_i=0$,且在有解的情况下,该方程组等价于方程组

$$\begin{cases}x_1-x_2 \qquad\qquad\qquad =a_1, \\ \qquad x_2-x_3 \qquad\qquad =a_2, \\ \qquad\qquad x_3-x_4 \qquad =a_3, \\ \qquad\qquad\qquad x_4-x_5=a_4.\end{cases}$$

故所求通解为

$$\begin{cases}x_1=a_1+a_2+a_3+a_4+k,\\x_2=a_2+a_3+a_4+k,\\x_3=a_3+a_4+k,\\x_4=a_4+k,\\x_5=k\end{cases}\quad(k\text{ 为任意常数}).$$

第三节　线性方程组解的结构

第二节介绍了线性方程组有解的判定定理，本节将讨论在有无穷多解的情况下，线性方程组的解之间的关系和解的结构.

一、齐次线性方程组解的结构

先讨论齐次线性方程组 $\boldsymbol{AX}=\boldsymbol{0}$ 的解的性质.

性质 1　若 $\boldsymbol{\xi}_1,\boldsymbol{\xi}_2$ 是齐次线性方程组 $\boldsymbol{AX}=\boldsymbol{0}$ 的解，则 $\boldsymbol{\xi}_1+\boldsymbol{\xi}_2$ 仍是该方程组的解.

证明　因为 $\boldsymbol{A\xi}_1=\boldsymbol{0},\boldsymbol{A\xi}_2=\boldsymbol{0}$，所以

$$\boldsymbol{A}(\boldsymbol{\xi}_1+\boldsymbol{\xi}_2)=\boldsymbol{A\xi}_1+\boldsymbol{A\xi}_2=\boldsymbol{0}+\boldsymbol{0}=\boldsymbol{0},$$

即 $\boldsymbol{\xi}_1+\boldsymbol{\xi}_2$ 是方程组 $\boldsymbol{AX}=\boldsymbol{0}$ 的解.

类似地，可以证明下面的性质.

性质 2　若 $\boldsymbol{\xi}$ 是齐次线性方程组 $\boldsymbol{AX}=\boldsymbol{0}$ 的解，则对于任意常数 k，$k\boldsymbol{\xi}$ 仍是该方程组的解.

由性质 1 和性质 2 可知，若 $\boldsymbol{\xi}_1,\boldsymbol{\xi}_2,\cdots,\boldsymbol{\xi}_t$ 均为齐次线性方程组 $\boldsymbol{AX}=\boldsymbol{0}$ 的解，则它们的线性组合

$$k_1\boldsymbol{\xi}_1+k_2\boldsymbol{\xi}_2+\cdots+k_t\boldsymbol{\xi}_t\quad(k_1,k_2,\cdots,k_t\text{ 为任意常数})$$

也是该方程组的解. 因此，n 元齐次线性方程组 $\boldsymbol{AX}=\boldsymbol{0}$ 的全部解构成的向量组（简称解向量组）是 $\mathbf{R}^n$ 的一个子空间，称为该方程组的解空间.

既然 n 元齐次线性方程组的解向量组是 $\mathbf{R}^n$ 的子空间，那么当一个齐次线性方程组有非零解时，只要能确定其解向量组的秩并求出解向量组的一个极大无关组，就可以通过这个极大无关组表示出该方程组的全部解（通解），同时也就掌握了该方程组解的结构. 为此，引入如下定义.

定义 1　若 $\boldsymbol{\xi}_1,\boldsymbol{\xi}_2,\cdots,\boldsymbol{\xi}_s$ 为齐次线性方程组 $\boldsymbol{AX}=\boldsymbol{0}$ 的解向量组的一个极大无关组，则称 $\boldsymbol{\xi}_1,\boldsymbol{\xi}_2,\cdots,\boldsymbol{\xi}_s$ 为该方程组的一个基础解系.

显然，只有当齐次线性方程组存在非零解时，才会存在基础解系. 齐次线性方程组的一个基础解系即为其解空间的一组基.

定理 2　**设 n 元齐次线性方程组 $\boldsymbol{AX}=\boldsymbol{0}$ 的系数矩阵 $\boldsymbol{A}$ 的秩 $\mathrm{R}(\boldsymbol{A})=r<n$，则存在 $n-r$ 个线性无关的解 $\boldsymbol{\xi}_1,\boldsymbol{\xi}_2,\cdots,\boldsymbol{\xi}_{n-r}$，它们构成该方程组的一个基础解系，且该方程组的通解可表示为**

$$\boldsymbol{X}=k_1\boldsymbol{\xi}_1+k_2\boldsymbol{\xi}_2+\cdots+k_{n-r}\boldsymbol{\xi}_{n-r},\tag{4.5}$$

其中 $k_1,k_2,\cdots,k_{n-r}$ 为任意常数.

证明 已知矩阵 $\boldsymbol{A}=(a_{ij})_{m\times n}$ 的秩为 r. 不失一般性,可设 $\boldsymbol{A}$ 左上角的 r 阶子式不为 0,则对齐次线性方程组 $\boldsymbol{AX}=\boldsymbol{0}$ 的增广矩阵 $\widetilde{\boldsymbol{A}}$ 做初等行变换,有

$$\widetilde{\boldsymbol{A}}\to\left(\begin{array}{cccccccc|c}1&0&\cdots&0&b_{1,r+1}&b_{1,r+2}&\cdots&b_{1n}&0\\0&1&\cdots&0&b_{2,r+1}&b_{2,r+2}&\cdots&b_{2n}&0\\\vdots&\vdots&&\vdots&\vdots&\vdots&&\vdots&\vdots\\0&0&\cdots&1&b_{r,r+1}&b_{r,r+2}&\cdots&b_{rn}&0\\0&0&\cdots&0&0&0&\cdots&0&0\\\vdots&\vdots&&\vdots&\vdots&\vdots&&\vdots&\vdots\\0&0&\cdots&0&0&0&\cdots&0&0\end{array}\right).$$

于是,方程组 $\boldsymbol{AX}=\boldsymbol{0}$ 的全部解为

$$\begin{cases}x_1=-b_{1,r+1}x_{r+1}-b_{1,r+2}x_{r+2}-\cdots-b_{1n}x_n,\\x_2=-b_{2,r+1}x_{r+1}-b_{2,r+2}x_{r+2}-\cdots-b_{2n}x_n,\\\qquad\cdots\cdots\\x_r=-b_{r,r+1}x_{r+1}-b_{r,r+2}x_{r+2}-\cdots-b_{rn}x_n,\end{cases}\tag{4.6}$$

其中 $x_{r+1},x_{r+2},\cdots,x_n$ 为自由未知量. 任给自由未知量 $x_{r+1},x_{r+2},\cdots,x_n$ 一组值,就可以唯一地确定主未知量 $x_1,x_2,\cdots,x_r$ 的一组值,从而得到方程组 $\boldsymbol{AX}=\boldsymbol{0}$ 的一个解. 现将 $n-r$ 个自由未知量分别取下述 $n-r$ 组值:

$$\begin{pmatrix}x_{r+1}\\x_{r+2}\\\vdots\\x_n\end{pmatrix}=\begin{pmatrix}1\\0\\\vdots\\0\end{pmatrix},\quad\begin{pmatrix}0\\1\\\vdots\\0\end{pmatrix},\quad\cdots,\quad\begin{pmatrix}0\\0\\\vdots\\1\end{pmatrix},$$

则依次可得到方程组 $\boldsymbol{AX}=\boldsymbol{0}$ 的 $n-r$ 个解

$$\boldsymbol{\xi}_1=\begin{pmatrix}-b_{1,r+1}\\-b_{2,r+1}\\\vdots\\-b_{r,r+1}\\1\\0\\\vdots\\0\end{pmatrix},\quad\boldsymbol{\xi}_2=\begin{pmatrix}-b_{1,r+2}\\-b_{2,r+2}\\\vdots\\-b_{r,r+2}\\0\\1\\\vdots\\0\end{pmatrix},\quad\cdots,\quad\boldsymbol{\xi}_{n-r}=\begin{pmatrix}-b_{1n}\\-b_{2n}\\\vdots\\-b_{rn}\\0\\0\\\vdots\\1\end{pmatrix}.$$

下面证明 $\boldsymbol{\xi}_1,\boldsymbol{\xi}_2,\cdots,\boldsymbol{\xi}_{n-r}$ 就是方程组 $\boldsymbol{AX}=\boldsymbol{0}$ 的一个基础解系. 为此,先证明向量组 $\boldsymbol{\xi}_1,\boldsymbol{\xi}_2,\cdots,\boldsymbol{\xi}_{n-r}$ 线性无关,然后证明方程组 $\boldsymbol{AX}=\boldsymbol{0}$ 的任一解均可表示为向量组 $\boldsymbol{\xi}_1,\boldsymbol{\xi}_2,\cdots,\boldsymbol{\xi}_{n-r}$ 的线性组合.

注意到$\boldsymbol{\xi}_1,\boldsymbol{\xi}_2,\cdots,\boldsymbol{\xi}_{n-r}$的后$n-r$个分量组成的$n-r$维向量组线性无关,故在每个向量前面添加$r$个分量得到的$n-r$个$n$维向量$\boldsymbol{\xi}_1,\boldsymbol{\xi}_2,\cdots,\boldsymbol{\xi}_{n-r}$也线性无关.

设$\boldsymbol{\xi}=(c_1,c_2,\cdots,c_n)^{\mathrm{T}}$为方程组$\boldsymbol{AX}=\boldsymbol{0}$的任一解. 由于$\boldsymbol{\xi}_1,\boldsymbol{\xi}_2,\cdots,\boldsymbol{\xi}_{n-r}$都是方程组$\boldsymbol{AX}=\boldsymbol{0}$的解,因此

$$c_{r+1}\boldsymbol{\xi}_1+c_{r+2}\boldsymbol{\xi}_2+\cdots+c_n\boldsymbol{\xi}_{n-r}=(*,*,\cdots,*,c_{r+1},c_{r+2},\cdots,c_n)^{\mathrm{T}}$$

也是方程组$\boldsymbol{AX}=\boldsymbol{0}$的解(这里用 * 号表示解向量的前$r$个分量),且其后$n-r$个分量与$\boldsymbol{\xi}$的后$n-r$个分量(自由未知量对应的取值)完全相同. 而(4.6)式表明任一解的前r个分量由后$n-r$个分量唯一地确定,因此

$$\boldsymbol{\xi}=c_{r+1}\boldsymbol{\xi}_1+c_{r+2}\boldsymbol{\xi}_2+\cdots+c_n\boldsymbol{\xi}_{n-r},$$

即方程组$\boldsymbol{AX}=\boldsymbol{0}$的任一解均可由向量组$\boldsymbol{\xi}_1,\boldsymbol{\xi}_2,\cdots,\boldsymbol{\xi}_{n-r}$线性表示. 故$\boldsymbol{\xi}_1,\boldsymbol{\xi}_2,\cdots,\boldsymbol{\xi}_{n-r}$为齐次线性方程组$\boldsymbol{AX}=\boldsymbol{0}$的一个基础解系,从而方程组$\boldsymbol{AX}=\boldsymbol{0}$的通解可表示为(4.5)式的形式.

注 定理2的证明是一种构造性证明,即在证明中同时给出了一种求基础解系的方法.

例1 求齐次线性方程组

$$\begin{cases}x_1+x_2-x_3-x_4=0,\\2x_1-5x_2+3x_3+2x_4=0,\\7x_1-7x_2+3x_3+x_4=0\end{cases}$$

的一个基础解系与通解.

解 对该方程组的增广矩阵$\widetilde{\boldsymbol{A}}$做初等行变换:

$$\widetilde{\boldsymbol{A}}=\left(\begin{array}{cccc:c}1&1&-1&-1&0\\2&-5&3&2&0\\7&-7&3&1&0\end{array}\right)\xrightarrow[r_3-7r_1]{r_2-2r_1}\left(\begin{array}{cccc:c}1&1&-1&-1&0\\0&-7&5&4&0\\0&-14&10&8&0\end{array}\right)$$

$$\xrightarrow{r_3-2r_2}\left(\begin{array}{cccc:c}1&1&-1&-1&0\\0&-7&5&4&0\\0&0&0&0&0\end{array}\right)\xrightarrow[r_1-r_2]{r_2\times\left(-\frac{1}{7}\right)}\left(\begin{array}{cccc:c}1&0&-\frac{2}{7}&-\frac{3}{7}&0\\0&1&-\frac{5}{7}&-\frac{4}{7}&0\\0&0&0&0&0\end{array}\right),$$

于是有

$$\begin{cases}x_1=\dfrac{2}{7}x_3+\dfrac{3}{7}x_4,\\[2mm]x_2=\dfrac{5}{7}x_3+\dfrac{4}{7}x_4.\end{cases}$$

令$\begin{pmatrix}x_3\\x_4\end{pmatrix}=\begin{pmatrix}1\\0\end{pmatrix},\begin{pmatrix}0\\1\end{pmatrix}$,则对应有

$$\begin{pmatrix}x_1\\x_2\end{pmatrix}=\begin{pmatrix}\frac{2}{7}\\\frac{5}{7}\end{pmatrix},\quad\begin{pmatrix}\frac{3}{7}\\\frac{4}{7}\end{pmatrix},$$

即得原方程组的一个基础解系

$$\boldsymbol{\xi}_1=\begin{pmatrix}\frac{2}{7}\\ \frac{5}{7}\\ 1\\ 0\end{pmatrix},\quad \boldsymbol{\xi}_2=\begin{pmatrix}\frac{3}{7}\\ \frac{4}{7}\\ 0\\ 1\end{pmatrix},$$

并由此可得原方程组的通解

$$\boldsymbol{X}=k_1\boldsymbol{\xi}_1+k_2\boldsymbol{\xi}_2,$$

即

$$\begin{pmatrix}x_1\\ x_2\\ x_3\\ x_4\end{pmatrix}=k_1\begin{pmatrix}\frac{2}{7}\\ \frac{5}{7}\\ 1\\ 0\end{pmatrix}+k_2\begin{pmatrix}\frac{3}{7}\\ \frac{4}{7}\\ 0\\ 1\end{pmatrix},$$

其中 k_1,k_2 为任意常数.

在例 1 求基础解系的过程中,如果取 $\begin{pmatrix}x_3\\ x_4\end{pmatrix}=\begin{pmatrix}7\\ 0\end{pmatrix},\begin{pmatrix}0\\ 7\end{pmatrix}$,则对应有 $\begin{pmatrix}x_1\\ x_2\end{pmatrix}=\begin{pmatrix}2\\ 5\end{pmatrix},\begin{pmatrix}3\\ 4\end{pmatrix}$,即得原方程组的另一个基础解系

$$\boldsymbol{\eta}_1=\begin{pmatrix}2\\ 5\\ 7\\ 0\end{pmatrix},\quad \boldsymbol{\eta}_2=\begin{pmatrix}3\\ 4\\ 0\\ 7\end{pmatrix},$$

对应的通解为

$$\boldsymbol{X}=k_1\boldsymbol{\eta}_1+k_2\boldsymbol{\eta}_2,$$

即

$$\begin{pmatrix}x_1\\ x_2\\ x_3\\ x_4\end{pmatrix}=k_1\begin{pmatrix}2\\ 5\\ 7\\ 0\end{pmatrix}+k_2\begin{pmatrix}3\\ 4\\ 0\\ 7\end{pmatrix},$$

其中 k_1,k_2 为任意常数.

当然,在求基础解系时,自由未知量还可以取其他的值,只要保证取值后得到的向量组线性无关即可.

注 例 1 也可如下化简增广矩阵 $\widetilde{\boldsymbol{A}}$ 和选择自由未知量:

$$\widetilde{\boldsymbol{A}}=\left(\begin{array}{cccc:c}1 & 1 & -1 & -1 & 0\\ 2 & -5 & 3 & 2 & 0\\ 7 & -7 & 3 & 1 & 0\end{array}\right)\xrightarrow[r_1\times(-1)]{\substack{r_2+2r_1\\ r_3+r_1}}\left(\begin{array}{cccc:c}-1 & -1 & 1 & 1 & 0\\ 4 & -3 & 1 & 0 & 0\\ 8 & -6 & 2 & 0 & 0\end{array}\right)$$

$$\xrightarrow[r_1-r_2]{r_3-2r_2}\left(\begin{array}{cccc:c}-5 & 2 & 0 & 1 & 0\\ 4 & -3 & 1 & 0 & 0\\ 0 & 0 & 0 & 0 & 0\end{array}\right).$$

上式最后一个矩阵虽不是行最简形矩阵,但也具备行最简形矩阵的功能,即按照这个矩阵,可取 x_1,x_2 为自由未知量,使得

$$\begin{cases}x_3=-4x_1+3x_2,\\ x_4=5x_1-2x_2.\end{cases}$$

由此可得原方程组的一个基础解系

$$\boldsymbol{\zeta}_1=\begin{pmatrix}1\\0\\-4\\5\end{pmatrix},\quad \boldsymbol{\zeta}_2=\begin{pmatrix}0\\1\\3\\-2\end{pmatrix},$$

对应的通解为

$$\boldsymbol{X}=k_1\boldsymbol{\zeta}_1+k_2\boldsymbol{\zeta}_2,$$

即

$$\begin{pmatrix}x_1\\x_2\\x_3\\x_4\end{pmatrix}=k_1\begin{pmatrix}1\\0\\-4\\5\end{pmatrix}+k_2\begin{pmatrix}0\\1\\3\\-2\end{pmatrix},$$

典型例题

其中 k_1,k_2 为任意常数.

例 2　设 $\boldsymbol{A},\boldsymbol{B}$ 分别是 $m\times n$ 和 $n\times s$ 矩阵,且 $\boldsymbol{AB}=\boldsymbol{O}$,证明:

$$\mathrm{R}(\boldsymbol{A})+\mathrm{R}(\boldsymbol{B})\leqslant n.$$

证明　将矩阵 $\boldsymbol{B}$ 按列分块为 $\boldsymbol{B}=(\boldsymbol{\beta}_1,\boldsymbol{\beta}_2,\cdots,\boldsymbol{\beta}_s)$. 由

$$\boldsymbol{AB}=\boldsymbol{O},$$

得

$$\boldsymbol{A\beta}_j=\boldsymbol{0}\quad(j=1,2,\cdots,s),$$

即 $\boldsymbol{B}$ 的每一列都是方程组 $\boldsymbol{AX}=\boldsymbol{0}$ 的解.

若 $\boldsymbol{B}=\boldsymbol{O}$,则显然有 $\mathrm{R}(\boldsymbol{A})+\mathrm{R}(\boldsymbol{B})\leqslant n$.

若 $\boldsymbol{B}\neq\boldsymbol{O}$,则方程组 $\boldsymbol{AX}=\boldsymbol{0}$ 有非零解. 此时,方程组 $\boldsymbol{AX}=\boldsymbol{0}$ 的基础解系含 $n-\mathrm{R}(\boldsymbol{A})$ 个解,即方程组 $\boldsymbol{AX}=\boldsymbol{0}$ 的任何一组解中至多含 $n-\mathrm{R}(\boldsymbol{A})$ 个线性无关的解,因此

$$\mathrm{R}(\boldsymbol{B})=\mathrm{R}(\boldsymbol{\beta}_1,\boldsymbol{\beta}_2,\cdots,\boldsymbol{\beta}_s)\leqslant n-\mathrm{R}(\boldsymbol{A}).$$

典型例题

故

$$\mathrm{R}(\boldsymbol{A})+\mathrm{R}(\boldsymbol{B})\leqslant n.$$

例 3　设 $\boldsymbol{A}$ 为 $m\times n$ 矩阵,证明:$\mathrm{R}(\boldsymbol{A}^{\mathrm{T}}\boldsymbol{A})=\mathrm{R}(\boldsymbol{A})$.

证明　只要能证明齐次线性方程组

$$\boldsymbol{AX}=\boldsymbol{0}\quad 与\quad \boldsymbol{A}^{\mathrm{T}}\boldsymbol{AX}=\boldsymbol{0}$$

同解,则它们的系数矩阵 $\boldsymbol{A}$ 与 $\boldsymbol{A}^{\mathrm{T}}\boldsymbol{A}$ 的秩相等.

事实上,若 $\boldsymbol{X}$ 满足方程组 $\boldsymbol{AX}=\boldsymbol{0}$,则有 $\boldsymbol{A}^{\mathrm{T}}\boldsymbol{AX}=\boldsymbol{0}$. 若 $\boldsymbol{X}$ 满足方程组 $\boldsymbol{A}^{\mathrm{T}}\boldsymbol{AX}=\boldsymbol{0}$,用 $\boldsymbol{X}^{\mathrm{T}}$ 左乘该方程组两边,得

$$\boldsymbol{X}^{\mathrm{T}}\boldsymbol{A}^{\mathrm{T}}\boldsymbol{AX}=\boldsymbol{0}, \quad 即 \quad (\boldsymbol{AX})^{\mathrm{T}}(\boldsymbol{AX})=\boldsymbol{0}.$$

令 $\boldsymbol{AX}=\boldsymbol{\beta}=(b_1,b_2,\cdots,b_m)^{\mathrm{T}}$,由 $\boldsymbol{\beta}^{\mathrm{T}}\boldsymbol{\beta}=b_1^2+b_2^2+\cdots+b_m^2=0$,得 $b_1=b_2=\cdots=b_m=0$,即 $\boldsymbol{AX}=\boldsymbol{0}$. 因此,方程组 $\boldsymbol{AX}=\boldsymbol{0}$ 与 $\boldsymbol{A}^{\mathrm{T}}\boldsymbol{AX}=\boldsymbol{0}$ 同解,即 $\mathrm{R}(\boldsymbol{A}^{\mathrm{T}}\boldsymbol{A})=\mathrm{R}(\boldsymbol{A})$.

二、非齐次线性方程组解的结构

对于非齐次线性方程组 $\boldsymbol{AX}=\boldsymbol{\beta}$,若将其常数项 $b_1,b_2,\cdots,b_m$ 全部换为 0,就得到齐次线性方程组 $\boldsymbol{AX}=\boldsymbol{0}$,这时称方程组 $\boldsymbol{AX}=\boldsymbol{0}$ 为非齐次线性方程组 $\boldsymbol{AX}=\boldsymbol{\beta}$ 对应的齐次线性方程组,也称为方程组 $\boldsymbol{AX}=\boldsymbol{\beta}$ 的导出组或相伴组.

下面就非齐次线性方程组 $\boldsymbol{AX}=\boldsymbol{\beta}$ 及其导出组 $\boldsymbol{AX}=\boldsymbol{0}$,给出非齐次线性方程组的解的性质.

性质 3 若 $\boldsymbol{\eta}$ 是非齐次线性方程组 $\boldsymbol{AX}=\boldsymbol{\beta}$ 的解,$\boldsymbol{\xi}$ 是其导出组 $\boldsymbol{AX}=\boldsymbol{0}$ 的解,则 $\boldsymbol{\eta}+\boldsymbol{\xi}$ 是方程组 $\boldsymbol{AX}=\boldsymbol{\beta}$ 的解.

证明 因为 $\boldsymbol{A\eta}=\boldsymbol{\beta}$,$\boldsymbol{A\xi}=\boldsymbol{0}$,所以

$$\boldsymbol{A}(\boldsymbol{\eta}+\boldsymbol{\xi})=\boldsymbol{A\eta}+\boldsymbol{A\xi}=\boldsymbol{\beta}+\boldsymbol{0}=\boldsymbol{\beta},$$

即 $\boldsymbol{\eta}+\boldsymbol{\xi}$ 是方程组 $\boldsymbol{AX}=\boldsymbol{\beta}$ 的解.

类似地,可以证明下面的性质.

性质 4 若 $\boldsymbol{\eta}_1,\boldsymbol{\eta}_2$ 都是非齐次线性方程组 $\boldsymbol{AX}=\boldsymbol{\beta}$ 的解,则 $\boldsymbol{\eta}_1-\boldsymbol{\eta}_2$ 是其导出组 $\boldsymbol{AX}=\boldsymbol{0}$ 的解.

由性质 3 和性质 4 可以得到如下结论:

定理 3 **设 n 元非齐次线性方程组 $\boldsymbol{AX}=\boldsymbol{\beta}$ 满足 $\mathrm{R}(\boldsymbol{A})=\mathrm{R}(\widetilde{\boldsymbol{A}})=r<n$,并设 $\boldsymbol{\eta}^*$ 是它的一个解(一般称 $\boldsymbol{\eta}^*$ 为特解),$\boldsymbol{\xi}_1,\boldsymbol{\xi}_2,\cdots,\boldsymbol{\xi}_{n-r}$ 是其导出组 $\boldsymbol{AX}=\boldsymbol{0}$ 的一个基础解系,则方程组 $\boldsymbol{AX}=\boldsymbol{\beta}$ 的通解为**

$$\boldsymbol{X}=\boldsymbol{\eta}^*+k_1\boldsymbol{\xi}_1+k_2\boldsymbol{\xi}_2+\cdots+k_{n-r}\boldsymbol{\xi}_{n-r}, \tag{4.7}$$

其中 $k_1,k_2,\cdots,k_{n-r}$ 为任意常数.

证明 设 $\boldsymbol{X}$ 是方程组 $\boldsymbol{AX}=\boldsymbol{\beta}$ 的任一解. 因 $\boldsymbol{X}$ 与 $\boldsymbol{\eta}^*$ 都是方程组 $\boldsymbol{AX}=\boldsymbol{\beta}$ 的解,故由性质 4 知,$\boldsymbol{X}-\boldsymbol{\eta}^*$ 是其导出组 $\boldsymbol{AX}=\boldsymbol{0}$ 的解. 于是,$\boldsymbol{X}-\boldsymbol{\eta}^*$ 可由导出组 $\boldsymbol{AX}=\boldsymbol{0}$ 的基础解系 $\boldsymbol{\xi}_1,\boldsymbol{\xi}_2,\cdots,\boldsymbol{\xi}_{n-r}$ 线性表示,即存在一组数 $l_1,l_2,\cdots,l_{n-r}$,使得

$$\boldsymbol{X}-\boldsymbol{\eta}^*=l_1\boldsymbol{\xi}_1+l_2\boldsymbol{\xi}_2+\cdots+l_{n-r}\boldsymbol{\xi}_{n-r}.$$

因此,方程组 $\boldsymbol{AX}=\boldsymbol{\beta}$ 的任意解 $\boldsymbol{X}$ 可表示为(4.7)式的形式,从而(4.7)式是方程组 $\boldsymbol{AX}=\boldsymbol{\beta}$ 的通解.

定理 3 表明,非齐次线性方程组的通解为其本身的特解与导出组的通解之和.

例 4 解线性方程组

$$\begin{cases} x_1 + 2x_2 - 2x_3 + 3x_4 = 2, \\ 2x_1 + 4x_2 - 3x_3 + 4x_4 = 5, \\ 5x_1 + 10x_2 - 8x_3 + 11x_4 = 12. \end{cases}$$

解 对该方程组的增广矩阵 $\widetilde{\boldsymbol{A}}$ 做初等行变换：

$$\widetilde{\boldsymbol{A}} = \left(\begin{array}{cccc:c} 1 & 2 & -2 & 3 & 2 \\ 2 & 4 & -3 & 4 & 5 \\ 5 & 10 & -8 & 11 & 12 \end{array}\right) \xrightarrow[r_3 - 5r_1]{r_2 - 2r_1} \left(\begin{array}{cccc:c} 1 & 2 & -2 & 3 & 2 \\ 0 & 0 & 1 & -2 & 1 \\ 0 & 0 & 2 & -4 & 2 \end{array}\right)$$

$$\xrightarrow[r_3 - 2r_2]{r_1 + 2r_2} \left(\begin{array}{cccc:c} 1 & 2 & 0 & -1 & 4 \\ 0 & 0 & 1 & -2 & 1 \\ 0 & 0 & 0 & 0 & 0 \end{array}\right).$$

可见 $\mathrm{R}(\boldsymbol{A}) = \mathrm{R}(\widetilde{\boldsymbol{A}}) = 2 < 4$，故原方程组有无穷多解.

取 x_2, x_4 为自由未知量，原方程组的同解方程组为

$$\begin{cases} x_1 = 4 - 2x_2 + x_4, \\ x_3 = 1 + 2x_4. \end{cases}$$

令 $x_2 = x_4 = 0$，得 $x_1 = 4, x_3 = 1$，即得原方程组的一个特解为

$$\boldsymbol{\eta}^* = \begin{pmatrix} 4 \\ 0 \\ 1 \\ 0 \end{pmatrix}.$$

而原方程组的导出组的同解方程组为

$$\begin{cases} x_1 = -2x_2 + x_4, \\ x_3 = 2x_4. \end{cases}$$

取 $\begin{pmatrix} x_2 \\ x_4 \end{pmatrix} = \begin{pmatrix} 1 \\ 0 \end{pmatrix}, \begin{pmatrix} 0 \\ 1 \end{pmatrix}$，得 $\begin{pmatrix} x_1 \\ x_3 \end{pmatrix} = \begin{pmatrix} -2 \\ 0 \end{pmatrix}, \begin{pmatrix} 1 \\ 2 \end{pmatrix}$. 因此，导出组的一个基础解系为

$$\boldsymbol{\xi}_1 = \begin{pmatrix} -2 \\ 1 \\ 0 \\ 0 \end{pmatrix}, \quad \boldsymbol{\xi}_2 = \begin{pmatrix} 1 \\ 0 \\ 2 \\ 1 \end{pmatrix}.$$

于是，原方程组的通解为

$$\boldsymbol{X} = \boldsymbol{\eta}^* + k_1 \boldsymbol{\xi}_1 + k_2 \boldsymbol{\xi}_2,$$

即

$$\begin{pmatrix} x_1 \\ x_2 \\ x_3 \\ x_4 \end{pmatrix} = \begin{pmatrix} 4 \\ 0 \\ 1 \\ 0 \end{pmatrix} + k_1 \begin{pmatrix} -2 \\ 1 \\ 0 \\ 0 \end{pmatrix} + k_2 \begin{pmatrix} 1 \\ 0 \\ 2 \\ 1 \end{pmatrix},$$

其中 k_1, k_2 为任意常数.

注 例 4 的解法是先写出非齐次线性方程组的一个特解和其导出组的一个基础解系,再写出其通解,而第一节介绍的解法是先从行最简形矩阵写出非齐次线性方程组的参数形式的解

$$\begin{cases} x_1 = 4 - 2x_2 + x_4, \\ x_2 = x_2, \\ x_3 = 1 + 2x_4, \\ x_4 = x_4 \end{cases}$$

(将自由未知量看作参数),再写成下面列向量的形式:

$$\begin{pmatrix} x_1 \\ x_2 \\ x_3 \\ x_4 \end{pmatrix} = \begin{pmatrix} 4 \\ 0 \\ 1 \\ 0 \end{pmatrix} + x_2 \begin{pmatrix} -2 \\ 1 \\ 0 \\ 0 \end{pmatrix} + x_4 \begin{pmatrix} 1 \\ 0 \\ 2 \\ 1 \end{pmatrix}.$$

令 $x_2 = k_1, x_4 = k_2$,即有

$$\boldsymbol{X} = \boldsymbol{\eta}^* + k_1\boldsymbol{\xi}_1 + k_2\boldsymbol{\xi}_2.$$

显然,这样做可简化运算过程,在得到非齐次线性方程组的通解的同时,也可得到它的一个特解 $\boldsymbol{\eta}^*$ 和导出组的一个基础解系 $\boldsymbol{\xi}_1, \boldsymbol{\xi}_2$.

下面的例子必须用线性方程组解的结构才能解决.

例 5 设四元非齐次线性方程组 $\boldsymbol{AX} = \boldsymbol{\beta}$ 的系数矩阵 $\boldsymbol{A}$ 的秩为 3,且 $\boldsymbol{\eta}_1, \boldsymbol{\eta}_2, \boldsymbol{\eta}_3$ 是它的 3 个解,其中

$$\boldsymbol{\eta}_1 + \boldsymbol{\eta}_2 = \begin{pmatrix} 1 \\ 2 \\ 2 \\ 1 \end{pmatrix}, \quad \boldsymbol{\eta}_3 = \begin{pmatrix} 1 \\ 2 \\ 3 \\ 4 \end{pmatrix},$$

求该方程组的通解.

解 因为 $\mathrm{R}(\boldsymbol{A}) = 3 < 4$,所以方程组 $\boldsymbol{AX} = \boldsymbol{\beta}$ 的导出组的基础解系含 $4 - 3 = 1$ 个向量.于是,导出组的任何一个非零解都可作为其基础解系.显然,

$$\boldsymbol{\xi} = \boldsymbol{\eta}_1 + \boldsymbol{\eta}_2 - 2\boldsymbol{\eta}_3 = \begin{pmatrix} -1 \\ -2 \\ -4 \\ -7 \end{pmatrix}$$

是导出组的非零解,可作为其基础解系,故方程组 $\boldsymbol{AX} = \boldsymbol{\beta}$ 的通解为

$$\boldsymbol{X} = \boldsymbol{\eta}_3 + k\boldsymbol{\xi} \quad (k \text{ 为任意常数}).$$

由例 5 可知,线性方程组解的结构在增广矩阵未知时突显其作用.

*第四节 投入产出分析

投入产出分析是线性代数理论在经济分析与管理中的一个重要应用,它从数量上考察经济系统内部各部门间生产和分配的线性关系.

投入产出分析也称投入产出法或投入产出技术.这一方法是美国经济学家里昂惕夫(Leontief)于20世纪30年代首先提出的.他利用线性代数的理论和方法,研究一个经济系统(如企业、地区、国家等)各部门间错综复杂的联系,建立起相应的数学模型,用于经济分析和预测.目前,这一方法已在世界各国广泛应用.

一、投入产出模型

考察一个具有 n 个部门的经济系统,各部门分别用 $1,2,\cdots,n$ 表示,并做如下基本假设:

(1) 部门 i 仅生产一种产品(称为部门 i 的产出),不同部门的产品不能相互替代;

(2) 部门 i 在生产过程中至少要消耗另一部门 j 的产品(称为部门 j 对部门 i 的投入),并且消耗的各部门产品的投入量与该部门的总产出量成正比.

下面将这 n 个部门同时作为生产(产出)部门和消耗(投入)部门,先按一定顺序编制投入产出表,然后建立相应的数学模型——投入产出模型.投入产出模型按计量单位的不同,可分为价值型和实物型.在价值型投入产出模型中,各部门的产出量、投入量以货币单位表示;在实物型投入产出模型中,则以产品的实物单位(如 t,m 等)表示.本节仅讨论价值型投入产出模型,表 4-1 为价值型投入产出表.

表 4-1

投入		产出								
		消耗部门				最终需求量				总产出量
		1	2	…	n	积累	消费	…	合计	
生产部门	1	x_{11}	x_{12}	…	x_{1n}				y_1	x_1
	2	x_{21}	x_{22}	…	x_{2n}				y_2	x_2
	⋮	⋮	⋮		⋮				⋮	⋮
	n	x_{n1}	x_{n2}	…	x_{nn}				y_n	x_n
新创造价值	劳动报酬	v_1	v_2	…	v_n					
	利润	m_1	m_2	…	m_n					
	净产值	z_1	z_2	…	z_n					
总投入量		x_1	x_2	…	x_n					

在表 4-1 中,用双线将表分成四个部分:

左上角为第 Ⅰ 部分,由 n 个部门交叉组成,其中 $x_{ij}\,(i,j=1,2,\cdots,n)$ 称为部门间的流量,它既表示部门 j 消耗部门 i 的产出量,也表示部门 i 分配给部门 j 的投入量.这部分反映了各部门间的生产、消耗联系,它是投入产出表的最基本部分.

右上角为第 Ⅱ 部分,反映了各生产部门的总产出量及从总产出量中扣除生产消耗后的供给最终需求量(包括居民消费、政府使用、出口和社会储备等)的分配情况,其中 x_i, y_i $(i=1,2,\cdots,n)$ 分别表示部门 i 的总产出量及最终需求量.

左下角为第 Ⅲ 部分,反映了各部门新创造价值及总投入量,其中 $v_j, m_j, z_j, x_j (j=1,2,\cdots,n)$ 分别表示部门 j 的劳动报酬、利润、净产值(新创造价值)及总投入量,且 $z_j=v_j+m_j(j=1,2,\cdots,n)$.

右下角为第 Ⅳ 部分,反映了国民收入再分配情况,如非生产部门工作者的工资、非生产性事业单位和组织的收入等.由于分配的过程非常复杂,因此一般不编制这一部分.

表 4-1 中,对应于第 Ⅰ,Ⅱ 部分的每行有一个等式,即每个生产部门分配给各部门的生产消耗加上该部门的最终需求量等于它的总产出量,可用方程组

$$\begin{cases} x_1=x_{11}+x_{12}+\cdots+x_{1n}+y_1, \\ x_2=x_{21}+x_{22}+\cdots+x_{2n}+y_2, \\ \cdots\cdots \\ x_n=x_{n1}+x_{n2}+\cdots+x_{nn}+y_n \end{cases} \tag{4.8}$$

表示,或简写为

$$x_i=\sum_{j=1}^{n} x_{ij}+y_i \quad (i=1,2,\cdots,n). \tag{4.9}$$

称方程组(4.8)或(4.9)为分配平衡方程组.

表 4-1 中,对应于第 Ⅰ,Ⅲ 部分的每列也有一个等式,即每个消耗部门对各部门的生产消耗加上该部门的新创造价值等于它的总投入量,可用方程组

$$\begin{cases} x_1=x_{11}+x_{21}+\cdots+x_{n1}+z_1, \\ x_2=x_{12}+x_{22}+\cdots+x_{n2}+z_2, \\ \cdots\cdots \\ x_n=x_{1n}+x_{2n}+\cdots+x_{nn}+z_n \end{cases} \tag{4.10}$$

表示,或简写为

$$x_j=\sum_{i=1}^{n} x_{ij}+z_j \quad (j=1,2,\cdots,n). \tag{4.11}$$

称方程组(4.10)或(4.11)为消耗平衡方程组.

由投入产出表得出的上述两个平衡方程组称为投入产出模型.

一般地,

$$\sum_{j=1}^{n} x_{kj}+y_k=\sum_{i=1}^{n} x_{ik}+z_k \quad (k=1,2,\cdots,n),$$

即部门 k 的总产出量等于部门 k 的总投入量,且

$$\sum_{j=1}^{n} x_{kj} \neq \sum_{i=1}^{n} x_{ik} \quad (k=1,2,\cdots,n),$$

即

$$y_k \neq z_k \quad (k=1,2,\cdots,n).$$

二、直接消耗系数和完全消耗系数

为了确定经济系统各部门间在生产消耗上的数量依存关系,我们先引入直接消耗系数

的概念.

定义 2 部门 j 生产单位价值产品直接消耗部门 i 的产品价值,称为部门 j 对部门 i 的直接消耗系数,记作 a_{ij},即

$$a_{ij}=\frac{x_{ij}}{x_j} \quad (i,j=1,2,\cdots,n).$$

一般说来,直接消耗系数是以生产的技术性联系为基础的,因而是相对稳定的,通常也叫作技术系数. n 个部门之间的直接消耗系数构成的 n 阶方阵

$$\boldsymbol{A}=\begin{pmatrix} a_{11} & a_{12} & \cdots & a_{1n} \\ a_{21} & a_{22} & \cdots & a_{2n} \\ \vdots & \vdots & & \vdots \\ a_{n1} & a_{n2} & \cdots & a_{nn} \end{pmatrix}$$

称为直接消耗系数矩阵(或技术系数矩阵).

直接消耗系数具有以下性质:

(1) $0 \leqslant a_{ij} < 1 \ (i,j=1,2,\cdots,n)$.

事实上,由 $x_{ij} \geqslant 0, x_j \geqslant 0$,且 $x_{ij} < x_j$,以及 $a_{ij}=\dfrac{x_{ij}}{x_j} \ (i,j=1,2,\cdots,n)$,即可得到上述结论.

(2) $\sum\limits_{i=1}^{n} a_{ij} < 1 \ (j=1,2,\cdots,n)$.

事实上,由 $x_{ij}=a_{ij}x_j$,消耗平衡方程组(4.11)可化为

$$x_j=\sum_{i=1}^{n} a_{ij}x_j+z_j \quad (j=1,2,\cdots,n),$$

整理得

$$\left(1-\sum_{i=1}^{n} a_{ij}\right)x_j=z_j \quad (j=1,2,\cdots,n).$$

因为 $x_j>0, z_j>0 \ (j=1,2,\cdots,n)$,所以

$$1-\sum_{i=1}^{n} a_{ij}>0.$$

由上式即得所证结论.

经济系统各部门间的生产与消耗,除了直接消耗外,还有间接消耗,如制造汽车需要消耗电力、钢铁、橡胶等,而生产钢铁和橡胶也需要消耗电力,生产钢铁需要消耗矿石,生产矿石也需要消耗电力 …… 以此类推,汽车制造部门对电力的消耗包括直接消耗和一次(通过钢铁) 甚至多次(通过矿石) 的间接消耗.

一般地,部门 j 除直接消耗部门 i 的产品外,还要通过一系列中间环节形成对部门 i 产品的间接消耗. 直接消耗与间接消耗的和称为完全消耗.

根据完全消耗的意义,有如下定义:

定义 3 部门 j 生产单位价值产品对部门 i 的完全消耗的产品价值,称为部门 j 对部门 i 的完全消耗系数,记作 b_{ij},即

$$b_{ij}=a_{ij}+\sum_{k=1}^{n}b_{ik}a_{kj}\quad(i,j=1,2,\cdots,n).\tag{4.12}$$

上式右边第一项反映了直接消耗,第二项反映了全部间接消耗.

由完全消耗系数构成的 n 阶方阵

$$\boldsymbol{B}=\begin{pmatrix}b_{11}&b_{12}&\cdots&b_{1n}\\b_{21}&b_{22}&\cdots&b_{2n}\\\vdots&\vdots&&\vdots\\b_{n1}&b_{n2}&\cdots&b_{nn}\end{pmatrix}$$

称为完全消耗系数矩阵.于是,(4.12)式可以写成矩阵形式

$$\boldsymbol{B}=\boldsymbol{A}+\boldsymbol{BA}\quad 或\quad \boldsymbol{B}(\boldsymbol{E}-\boldsymbol{A})=\boldsymbol{A}.$$

根据直接消耗系数矩阵 $\boldsymbol{A}$ 的性质,可以证明 $\boldsymbol{E}-\boldsymbol{A}$ 可逆,且

$$(\boldsymbol{E}-\boldsymbol{A})^{-1}=\boldsymbol{E}+\boldsymbol{A}+\boldsymbol{A}^2+\cdots+\boldsymbol{A}^k+\cdots.\tag{4.13}$$

用 $(\boldsymbol{E}-\boldsymbol{A})^{-1}$ 右乘 $\boldsymbol{B}(\boldsymbol{E}-\boldsymbol{A})=\boldsymbol{A}$ 两边,得到

$$\boldsymbol{B}=\boldsymbol{A}(\boldsymbol{E}-\boldsymbol{A})^{-1}=[\boldsymbol{E}-(\boldsymbol{E}-\boldsymbol{A})](\boldsymbol{E}-\boldsymbol{A})^{-1},$$

即

$$\boldsymbol{B}=(\boldsymbol{E}-\boldsymbol{A})^{-1}-\boldsymbol{E}.\tag{4.14}$$

由(4.13)式,可进一步得到

$$\boldsymbol{B}=\boldsymbol{A}+\boldsymbol{A}^2+\cdots+\boldsymbol{A}^k+\cdots.$$

上式右边的第一项 $\boldsymbol{A}$ 是直接消耗系数矩阵,其后的各项可以解释为各次间接消耗.

三、投入产出分析

利用直接消耗系数矩阵,可分别将分配平衡方程组和消耗平衡方程组表示成矩阵形式.

将 $x_{ij}=a_{ij}x_j\,(i,j=1,2,\cdots,n)$ 代入分配平衡方程组(4.8),得

$$\begin{cases}x_1=a_{11}x_1+a_{12}x_2+\cdots+a_{1n}x_n+y_1,\\x_2=a_{21}x_1+a_{22}x_2+\cdots+a_{2n}x_n+y_2,\\\qquad\qquad\cdots\cdots\\x_n=a_{n1}x_1+a_{n2}x_2+\cdots+a_{nn}x_n+y_n.\end{cases}\tag{4.15}$$

若记 $\boldsymbol{X}=(x_1,x_2,\cdots,x_n)^{\mathrm{T}}$, $\boldsymbol{Y}=(y_1,y_2,\cdots,y_n)^{\mathrm{T}}$,则方程组(4.15)可写成矩阵形式

$$\boldsymbol{X}=\boldsymbol{AX}+\boldsymbol{Y}\quad 或\quad (\boldsymbol{E}-\boldsymbol{A})\boldsymbol{X}=\boldsymbol{Y},\tag{4.16}$$

其中 $\boldsymbol{X}$ 称为总产出向量,$\boldsymbol{Y}$ 称为最终需求向量.

将 $x_{ij}=a_{ij}x_j\,(i,j=1,2,\cdots,n)$ 代入消耗平衡方程组(4.10),得

$$\begin{cases}x_1=a_{11}x_1+a_{21}x_1+\cdots+a_{n1}x_1+z_1,\\x_2=a_{12}x_2+a_{22}x_2+\cdots+a_{n2}x_2+z_2,\\\qquad\qquad\cdots\cdots\\x_n=a_{1n}x_n+a_{2n}x_n+\cdots+a_{nn}x_n+z_n.\end{cases}$$

若记 $\boldsymbol{D}=\mathrm{diag}\left(\sum_{i=1}^{n}a_{i1},\sum_{i=1}^{n}a_{i2},\cdots,\sum_{i=1}^{n}a_{in}\right)$，$\boldsymbol{Z}=(z_1,z_2,\cdots,z_n)^{\mathrm{T}}$，则该方程组可写成矩阵形式

$$\boldsymbol{X}=\boldsymbol{DX}+\boldsymbol{Z}\quad 或\quad (\boldsymbol{E}-\boldsymbol{D})\boldsymbol{X}=\boldsymbol{Z},\tag{4.17}$$

其中 $\boldsymbol{Z}$ 称为新创造价值向量.

利用方程组(4.16)和(4.17)可以做更为深入的经济分析：如果某时期的直接消耗系数 $a_{ij}(i,j=1,2,\cdots,n)$ 保持不变，则在给定最终需求量或新创造价值时，就可以求出总产出量，从而对将来的经济发展进行预测和分析.

由于直接消耗系数矩阵 $\boldsymbol{A}$ 的所有元素非负，由(4.13)式可知 $(\boldsymbol{E}-\boldsymbol{A})^{-1}$ 的所有元素也非负，因此对分配平衡方程组(4.16)，若已知最终需求向量 $\boldsymbol{Y}=(y_1,y_2,\cdots,y_n)^{\mathrm{T}}$ 的各分量不小于 0，则可求得总产出向量

$$\boldsymbol{X}=(\boldsymbol{E}-\boldsymbol{A})^{-1}\boldsymbol{Y},$$

并由此可知，$\boldsymbol{X}=(x_1,x_2,\cdots,x_n)^{\mathrm{T}}$ 的各分量不小于0. 这样的解在经济预测和分析中才具有实际意义. 另外，利用矩阵等式(4.14)，分配平衡方程组(4.16)的解还可表示为

$$\boldsymbol{X}=(\boldsymbol{B}+\boldsymbol{E})\boldsymbol{Y}.$$

上式表明，如果已知完全消耗系数矩阵 $\boldsymbol{B}$ 和最终需求向量 $\boldsymbol{Y}$，也可以直接计算出总产出向量 $\boldsymbol{X}$.

对消耗平衡方程组(4.17)，根据直接消耗系数矩阵 $\boldsymbol{A}$ 的性质，对角矩阵 $\boldsymbol{E}-\boldsymbol{D}$ 的主对角线上的元素均为正数，因此 $\boldsymbol{E}-\boldsymbol{D}$ 可逆，且 $(\boldsymbol{E}-\boldsymbol{D})^{-1}$ 的元素都不小于0. 于是，当已知总产出向量 $\boldsymbol{X}$ 时可得到新创造价值向量 $\boldsymbol{Z}=(\boldsymbol{E}-\boldsymbol{D})\boldsymbol{X}$. 反之，如果已知新创造价值向量 $\boldsymbol{Z}$ 的各分量不小于 0，则可求出对应的总产出向量

$$\boldsymbol{X}=(\boldsymbol{E}-\boldsymbol{D})^{-1}\boldsymbol{Z},$$

并由此可知，$\boldsymbol{X}=(x_1,x_2,\cdots,x_n)^{\mathrm{T}}$ 的各分量不小于 0.

例 1　设某经济系统由农业、工业和服务业三个部门组成，其某一年的价值型投入产出表如表 4－2 所示.

表 4－2　　(单位：百万元)

投入	产出				
	中间消耗			最终需求量	总产出量
	农业	工业	服务业		
农业	27	44	2	120	193
工业	58	11 010	182	13 716	24 966
服务业	23	284	153	960	1 420
新创造价值	85	13 628	1 083		
总投入量	193	24 966	1 420		

根据表 4－2 和直接消耗系数的定义，可求出 $a_{ij}(i,j=1,2,3)$，得直接消耗系数矩阵

$$A \approx \begin{pmatrix} 0.1399 & 0.0018 & 0.0014 \\ 0.3005 & 0.4410 & 0.1282 \\ 0.1192 & 0.0114 & 0.1077 \end{pmatrix}$$

和

$$E - A \approx \begin{pmatrix} 0.8601 & -0.0018 & -0.0014 \\ -0.3005 & 0.5590 & -0.1282 \\ -0.1192 & -0.0114 & 0.8923 \end{pmatrix},$$

从而可以计算出

$$(E - A)^{-1} \approx \begin{pmatrix} 1.1643 & 0.0038 & 0.0024 \\ 0.6635 & 1.7962 & 0.2591 \\ 0.1640 & 0.0234 & 1.1243 \end{pmatrix}.$$

如果给定下一年计划的最终需求向量

$$Y = (135, 13\,820, 1\,023)^{\mathrm{T}},$$

则由方程组(4.16),有

$$X = (E - A)^{-1} Y \approx \begin{pmatrix} 212.1 \\ 25\,178.0 \\ 1\,496.4 \end{pmatrix},$$

从而可预测下一年各部门的总产出量分别为

$$x_1 \approx 212.1 \text{ 百万元}, \quad x_2 \approx 25\,178.0 \text{ 百万元}, \quad x_3 \approx 1\,496.4 \text{ 百万元}.$$

利用这一结果,可以进一步得到 $x_{ij} = a_{ij} x_j\ (i, j = 1, 2, 3)$ 和 $z_j\ (j = 1, 2, 3)$,即可预测下一年各部门间的流量和各部门的新创造价值(见表 4-3),从而为决策提供依据.

表 4-3 (单位:百万元)

投入	产出				
	中间消耗			最终需求量	总产出量
	农业	工业	服务业		
农业	29.7	45.3	2.1	135	212.1
工业	63.7	11 103.5	191.8	13 820	25 178.0
服务业	25.3	287.0	161.1	1 023	1 496.4
新创造价值	93.4	13 742.2	1 141.4		
总投入量	212.1	25 178.0	1 496.4		

注:表中各数据均为近似值.

习题四

1. 用消元法解下列线性方程组：

(1) $\begin{cases} x_1+2x_2+3x_3=4, \\ 3x_1+5x_2+7x_3=9, \\ 2x_1+3x_2+4x_3=5; \end{cases}$　　(2) $\begin{cases} x_1-x_2+2x_3=1, \\ x_1-2x_2-x_3=2, \\ 3x_1-x_2+5x_3=3, \\ -x_1+2x_3=-2; \end{cases}$

(3) $\begin{cases} 3x_1-x_2+5x_3-3x_4+x_5=6, \\ x_1-2x_2+3x_3-x_4+2x_5=2, \\ 2x_1+x_2+2x_3-2x_4-x_5=8. \end{cases}$

2. 当 k 为何值时，线性方程组

$$\begin{cases} 2x_1-x_2+3x_3=0, \\ 3x_1-4x_2+7x_3=0, \\ -x_1+2x_2+kx_3=0 \end{cases}$$

有非零解？并求出此非零解.

3. 当 k 为何值时，线性方程组

$$\begin{cases} x_1+2x_2+kx_3=1, \\ 2x_1+kx_2+8x_3=3 \end{cases}$$

无解？有解？在有解时，求出相应方程组的解.

4. 讨论线性方程组

$$\begin{cases} ax_1+x_2+x_3=4, \\ x_1+bx_2+x_3=3, \\ x_1+2bx_2+x_3=4 \end{cases}$$

当 a,b 取何值时有唯一解，无解，有无穷多解.

5. 设有向量组

$$\boldsymbol{\alpha}_1=\begin{pmatrix} a \\ 2 \\ 10 \end{pmatrix},\quad \boldsymbol{\alpha}_2=\begin{pmatrix} -2 \\ 1 \\ 5 \end{pmatrix},\quad \boldsymbol{\alpha}_3=\begin{pmatrix} -1 \\ 1 \\ 4 \end{pmatrix},\quad \boldsymbol{\beta}=\begin{pmatrix} 1 \\ b \\ c \end{pmatrix},$$

问：当 a,b,c 满足什么条件时，

(1) 向量 $\boldsymbol{\beta}$ 可由向量组 $\boldsymbol{\alpha}_1,\boldsymbol{\alpha}_2,\boldsymbol{\alpha}_3$ 线性表示，且表示式唯一？

(2) 向量 $\boldsymbol{\beta}$ 不能由向量组 $\boldsymbol{\alpha}_1,\boldsymbol{\alpha}_2,\boldsymbol{\alpha}_3$ 线性表示？

(3) 向量 $\boldsymbol{\beta}$ 可由向量组 $\boldsymbol{\alpha}_1,\boldsymbol{\alpha}_2,\boldsymbol{\alpha}_3$ 线性表示，但表示式不唯一？并写出一般的表示式.

6. 求下列齐次线性方程组的一个基础解系，并用此基础解系表示其通解：

(1) $\begin{cases} 3x_1-5x_2+x_3-2x_4=0, \\ 2x_1+3x_2-5x_3+x_4=0, \\ -x_1+7x_2-4x_3+3x_4=0, \\ 4x_1+15x_2-7x_3+9x_4=0; \end{cases}$ (2) $\begin{cases} x_1-8x_2+10x_3+2x_4=0, \\ 2x_1+4x_2+5x_3-x_4=0, \\ 3x_1+8x_2+6x_3-2x_4=0. \end{cases}$

7. 设矩阵

$$\boldsymbol{A}=\begin{pmatrix} 2 & -2 & 1 & 3 \\ 9 & -5 & 2 & 8 \end{pmatrix},$$

求一个 4×2 矩阵 $\boldsymbol{B}$,使得 $\boldsymbol{AB}=\boldsymbol{O}$,且 $\mathrm{R}(\boldsymbol{B})=2$.

8. 求一个齐次线性方程组,使得它的一个基础解系为

$$\boldsymbol{\xi}_1=(0,1,2,3)^{\mathrm{T}}, \quad \boldsymbol{\xi}_2=(3,2,1,0)^{\mathrm{T}}.$$

9. 设 n 阶方阵 $\boldsymbol{A}$ 的各行元素之和均为 0,且 $\mathrm{R}(\boldsymbol{A})=n-1$,求齐次线性方程组 $\boldsymbol{AX}=\boldsymbol{0}$ 的通解.

10. 设有四元线性方程组

$$(\text{Ⅰ}):\begin{cases} x_1+x_2=0, \\ x_3-x_4=0, \end{cases}$$

又知齐次线性方程组(Ⅱ)的通解为

$$\boldsymbol{X}=k_1\begin{pmatrix} 0 \\ 1 \\ 1 \\ 0 \end{pmatrix}+k_2\begin{pmatrix} -1 \\ 2 \\ 2 \\ 1 \end{pmatrix},$$

其中 k_1,k_2 为任意常数. 问:方程组(Ⅰ)与(Ⅱ)是否有非零公共解?若有,则求出非零公共解;若没有,则说明理由.

11. 求下列非齐次线性方程组的通解,并写出它们的一个特解及导出组的一个基础解系:

(1) $\begin{cases} 2x_1+7x_2+3x_3+x_4=6, \\ 3x_1+5x_2+2x_3+2x_4=4, \\ 9x_1+4x_2+x_3+7x_4=2; \end{cases}$

(2) $\begin{cases} x_1+x_2+x_3+x_4+x_5=7, \\ 3x_1+2x_2+x_3+x_4-3x_5=-2, \\ x_2+2x_3+2x_4+6x_5=23, \\ 5x_1+4x_2+3x_3+3x_4-x_5=12. \end{cases}$

12. 已知四阶方阵 $\boldsymbol{A}=(\boldsymbol{\alpha}_1,\boldsymbol{\alpha}_2,\boldsymbol{\alpha}_3,\boldsymbol{\alpha}_4)$,$\boldsymbol{\alpha}_1,\boldsymbol{\alpha}_2,\boldsymbol{\alpha}_3,\boldsymbol{\alpha}_4$ 均为四维向量,其中 $\boldsymbol{\alpha}_2,\boldsymbol{\alpha}_3,\boldsymbol{\alpha}_4$ 线性无关,$\boldsymbol{\alpha}_1=2\boldsymbol{\alpha}_2-\boldsymbol{\alpha}_3$. 如果 $\boldsymbol{\beta}=\boldsymbol{\alpha}_1+\boldsymbol{\alpha}_2+\boldsymbol{\alpha}_3+\boldsymbol{\alpha}_4$,求线性方程组 $\boldsymbol{AX}=\boldsymbol{\beta}$ 的通解.

13. 设 $\boldsymbol{\eta}^*$ 是非齐次线性方程组 $\boldsymbol{AX}=\boldsymbol{\beta}$ 的一个解,$\boldsymbol{\xi}_1,\boldsymbol{\xi}_2,\cdots,\boldsymbol{\xi}_{n-r}$ 是其导出组 $\boldsymbol{AX}=\boldsymbol{0}$ 的一个基础解系,证明:

(1) $\boldsymbol{\eta}^*,\boldsymbol{\xi}_1,\boldsymbol{\xi}_2,\cdots,\boldsymbol{\xi}_{n-r}$ 线性无关;

(2) $\boldsymbol{\eta}^*,\boldsymbol{\eta}^*+\boldsymbol{\xi}_1,\boldsymbol{\eta}^*+\boldsymbol{\xi}_2,\cdots,\boldsymbol{\eta}^*+\boldsymbol{\xi}_{n-r}$ 线性无关.

14. 设有 n 元非齐次线性方程组 $\boldsymbol{AX}=\boldsymbol{\beta}$，又知 $\mathrm{R}(\boldsymbol{A})=r<n$，证明：

(1) 该方程组的线性无关解最多有 $n-r+1$ 个；

(2) 若 $\boldsymbol{\eta}_1,\boldsymbol{\eta}_2,\cdots,\boldsymbol{\eta}_{n-r+1}$ 是该方程组的 $n-r+1$ 个线性无关解，则它的任一解可表示为如下形式：

$$\boldsymbol{X}=k_1\boldsymbol{\eta}_1+k_2\boldsymbol{\eta}_2+\cdots+k_{n-r+1}\boldsymbol{\eta}_{n-r+1},$$

其中常数 $k_1,k_2,\cdots,k_{n-r+1}$ 满足 $k_1+k_2+\cdots+k_{n-r+1}=1$.

*15. 某工厂有三个车间 Ⅰ，Ⅱ，Ⅲ，其某一年的价值型投入产出表如表 4－4 所示，求：

(1) 各车间的出厂产量 y_1,y_2,y_3；

(2) 各车间的新创造价值 z_1,z_2,z_3；

(3) 直接消耗系数矩阵 $\boldsymbol{A}$.

表 4－4　　(单位：万元)

投入		产出				
		车间			出厂产量	总产量
		Ⅰ	Ⅱ	Ⅲ		
车间	Ⅰ	100	25	30	y_1	400
	Ⅱ	80	50	30	y_2	250
	Ⅲ	40	25	60	y_3	300
新创造价值		z_1	z_2	z_3		
总产值		400	250	300		

*16. 已知某经济系统的直接消耗系数矩阵

$$\boldsymbol{A}=\begin{pmatrix}0.2 & 0.2 & 0.3125\\ 0.14 & 0.15 & 0.25\\ 0.16 & 0.5 & 0.1875\end{pmatrix}.$$

如果计划的最终需求量确定为 $y_1=60$ 万元，$y_2=55$ 万元，$y_3=120$ 万元，试预测各部门的总产出量 x_1,x_2,x_3.

第五章

矩阵的特征值与特征向量

矩阵的特征值与特征向量及矩阵的对角化理论和方法是矩阵理论的重要组成部分，它们在数学各分支、科学技术及数量经济分析等多个领域中有着广泛的应用.

第一节　特征值与特征向量

一、特征值与特征向量的概念与求法

在许多领域的实际应用中,经常会遇到这样的问题:对于 n 阶方阵 $\boldsymbol{A}$,是否存在数 λ 和非零向量 $\boldsymbol{\alpha}$,使得 $\boldsymbol{A\alpha}=\lambda\boldsymbol{\alpha}$,即 $\boldsymbol{A\alpha}$ 与 $\boldsymbol{\alpha}$ 是否"平行"?这就是数学中的特征值与特征向量问题.

定义 1　设 $\boldsymbol{A}$ 是 n 阶方阵. 如果存在一个数 λ_0 与非零向量 $\boldsymbol{\alpha}$,使得

$$\boldsymbol{A\alpha}=\lambda_0\boldsymbol{\alpha}, \tag{5.1}$$

则称 λ_0 为 $\boldsymbol{A}$ 的一个特征值,称 $\boldsymbol{\alpha}$ 为 $\boldsymbol{A}$ 的对应于(或属于)特征值 λ_0 的特征向量.

例如,设矩阵 $\boldsymbol{A}=\begin{pmatrix}3&-1\\-1&3\end{pmatrix}$,$\boldsymbol{\alpha}_1=\begin{pmatrix}1\\1\end{pmatrix}$,$\boldsymbol{\alpha}_2=\begin{pmatrix}-1\\1\end{pmatrix}$,$\boldsymbol{\beta}=\begin{pmatrix}0\\2\end{pmatrix}$,容易验证 $\boldsymbol{A\alpha}_1=2\boldsymbol{\alpha}_1$,$\boldsymbol{A\alpha}_2=4\boldsymbol{\alpha}_2$,但不存在数 λ,使得 $\boldsymbol{A\beta}=\lambda\boldsymbol{\beta}$. 由定义 1 可知,2 与 4 就是 $\boldsymbol{A}$ 的两个特征值,$\boldsymbol{\alpha}_1$,$\boldsymbol{\alpha}_2$ 就是 $\boldsymbol{A}$ 的分别对应于特征值 2 与 4 的特征向量,而 $\boldsymbol{\beta}$ 不是 $\boldsymbol{A}$ 的特征向量.

为了寻求特征值与特征向量,把(5.1)式改写为

$$(\lambda\boldsymbol{E}-\boldsymbol{A})\boldsymbol{\alpha}=\boldsymbol{0}\quad(\boldsymbol{\alpha}\neq\boldsymbol{0}).$$

可见,$\boldsymbol{\alpha}$ 是齐次线性方程组

$$(\lambda\boldsymbol{E}-\boldsymbol{A})\boldsymbol{X}=\boldsymbol{0}$$

的非零解. 这是含有 n 个未知量、n 个方程的齐次线性方程组,故它有非零解的充要条件是其系数行列式 $|\lambda\boldsymbol{E}-\boldsymbol{A}|$(称为 $\boldsymbol{A}$ 的特征多项式)为 0,即

$$|\lambda\boldsymbol{E}-\boldsymbol{A}|=0. \tag{5.2}$$

方程(5.2)称为 $\boldsymbol{A}$ 的特征方程.

显然,$\boldsymbol{A}$ 的特征值就是 $\boldsymbol{A}$ 的特征方程的根. 因此,$\boldsymbol{A}$ 的特征值也称为 $\boldsymbol{A}$ 的特征根. 在复数范围内,n 阶方阵 $\boldsymbol{A}$ 有 n 个特征值(重根按重数计算).

从以上讨论可以看出,确定一个 n 阶方阵 $\boldsymbol{A}$ 的特征值与对应的特征向量的步骤可以归纳如下:

(1) 求出 $\boldsymbol{A}$ 的特征方程 $|\lambda\boldsymbol{E}-\boldsymbol{A}|=0$ 的全部根,即得 $\boldsymbol{A}$ 的全部特征值 $\lambda_1,\lambda_2,\cdots,\lambda_n$.

(2) 将每个特征值 λ_i 代入齐次线性方程组 $(\lambda\boldsymbol{E}-\boldsymbol{A})\boldsymbol{X}=\boldsymbol{0}$,求出基础解系,其基础解系就是 $\boldsymbol{A}$ 的对应于特征值 λ_i 的特征向量,基础解系的线性组合(零向量除外)就是 $\boldsymbol{A}$ 的对应于特征值 λ_i 的全部特征向量.

对应于特征值 λ_i 的全部特征向量再添上零向量就构成齐次线性方程组 $(\lambda_i\boldsymbol{E}-\boldsymbol{A})\boldsymbol{X}=\boldsymbol{0}$ 的解空间,称为 $\boldsymbol{A}$ 的对应于特征值 λ_i 的特征子空间.

例 1　求矩阵 $\boldsymbol{A}=\begin{pmatrix}-2&1&1\\0&2&0\\-4&1&3\end{pmatrix}$ 的特征值与特征向量.

解　因 $\boldsymbol{A}$ 的特征方程为

$$|\lambda \boldsymbol{E}-\boldsymbol{A}|=\begin{vmatrix}\lambda+2 & -1 & -1\\ 0 & \lambda-2 & 0\\ 4 & -1 & \lambda-3\end{vmatrix}=(\lambda+1)(\lambda-2)^2=0,$$

故得 $\boldsymbol{A}$ 的特征值为 $\lambda_1=-1,\lambda_2=\lambda_3=2$.

对于特征值 $\lambda_1=-1$,解齐次线性方程组 $(-\boldsymbol{E}-\boldsymbol{A})\boldsymbol{X}=\boldsymbol{0}$,即

$$\begin{pmatrix}1 & -1 & -1\\ 0 & -3 & 0\\ 4 & -1 & -4\end{pmatrix}\begin{pmatrix}x_1\\ x_2\\ x_3\end{pmatrix}=\begin{pmatrix}0\\ 0\\ 0\end{pmatrix},$$

得基础解系 $\boldsymbol{\alpha}_1=(1,0,1)^{\mathrm{T}}$,于是 $\boldsymbol{A}$ 的对应于特征值 $\lambda_1=-1$ 的全部特征向量为 $k_1\boldsymbol{\alpha}_1$,其中 k_1 为任意非零常数.

对于特征值 $\lambda_2=\lambda_3=2$,解齐次线性方程组 $(2\boldsymbol{E}-\boldsymbol{A})\boldsymbol{X}=\boldsymbol{0}$,即

$$\begin{pmatrix}4 & -1 & -1\\ 0 & 0 & 0\\ 4 & -1 & -1\end{pmatrix}\begin{pmatrix}x_1\\ x_2\\ x_3\end{pmatrix}=\begin{pmatrix}0\\ 0\\ 0\end{pmatrix},$$

得基础解系 $\boldsymbol{\alpha}_2=(1,0,4)^{\mathrm{T}},\boldsymbol{\alpha}_3=(1,4,0)^{\mathrm{T}}$,于是 $\boldsymbol{A}$ 的对应于特征值 $\lambda_2=\lambda_3=2$ 的全部特征向量为 $k_2\boldsymbol{\alpha}_2+k_3\boldsymbol{\alpha}_3$,其中 k_2,k_3 是不同时为 0 的任意常数.

由例 1 可以看出,矩阵的特征向量总是相对于矩阵的特征值而言的,一个特征值对应的特征向量并不是唯一的;不同的特征值对应的特征向量也不会相等. 也就是说,一个特征向量只能对应一个特征值.

例 2 求矩阵 $\boldsymbol{A}=\begin{pmatrix}-1 & 1 & 0\\ -4 & 3 & 0\\ 1 & 0 & 2\end{pmatrix}$ 的特征值与特征向量.

解 因 $\boldsymbol{A}$ 的特征方程为

$$|\lambda \boldsymbol{E}-\boldsymbol{A}|=\begin{vmatrix}\lambda+1 & -1 & 0\\ 4 & \lambda-3 & 0\\ -1 & 0 & \lambda-2\end{vmatrix}=(\lambda-1)^2(\lambda-2)=0,$$

故得 $\boldsymbol{A}$ 的特征值为 $\lambda_1=2,\lambda_2=\lambda_3=1$.

对于特征值 $\lambda_1=2$,解齐次线性方程组 $(2\boldsymbol{E}-\boldsymbol{A})\boldsymbol{X}=\boldsymbol{0}$,即

$$\begin{pmatrix}3 & -1 & 0\\ 4 & -1 & 0\\ -1 & 0 & 0\end{pmatrix}\begin{pmatrix}x_1\\ x_2\\ x_3\end{pmatrix}=\begin{pmatrix}0\\ 0\\ 0\end{pmatrix},$$

得基础解系 $\boldsymbol{\alpha}_1=(0,0,1)^{\mathrm{T}}$,于是 $\boldsymbol{A}$ 的对应于特征值 $\lambda_1=2$ 的全部特征向量为 $k_1\boldsymbol{\alpha}_1$,其中 k_1 为任意非零常数.

对于特征值$\lambda_2=\lambda_3=1$,解齐次线性方程组$(\boldsymbol{E}-\boldsymbol{A})\boldsymbol{X}=\boldsymbol{0}$,即

$$\begin{pmatrix} 2 & -1 & 0 \\ 4 & -2 & 0 \\ -1 & 0 & -1 \end{pmatrix}\begin{pmatrix} x_1 \\ x_2 \\ x_3 \end{pmatrix}=\begin{pmatrix} 0 \\ 0 \\ 0 \end{pmatrix},$$

得基础解系$\boldsymbol{\alpha}_2=(1,2,-1)^{\mathrm{T}}$,于是$\boldsymbol{A}$的对应于特征值$\lambda_2=\lambda_3=1$的全部特征向量为$k_2\boldsymbol{\alpha}_2$,其中$k_2$为任意非零常数.

注意到,例1中对于二重特征值$\lambda_2=\lambda_3=2$,存在两个线性无关的特征向量,而例2中对应于二重特征值$\lambda_2=\lambda_3=1$的线性无关的特征向量只有一个,这对后面矩阵的对角化问题的讨论具有重要意义.实际上,还可以证明,对应于每个特征值的线性无关的特征向量至少有一个,至多不超过其重数.

例3　设λ是矩阵$\boldsymbol{A}$的特征值,证明:

(1) λ^2是$\boldsymbol{A}^2$的特征值;

(2) 当$\boldsymbol{A}$可逆时,$\dfrac{1}{\lambda}$是$\boldsymbol{A}^{-1}$的特征值.

证明　设$\boldsymbol{\alpha}\neq\boldsymbol{0}$是$\boldsymbol{A}$的对应于特征值$\lambda$的特征向量,则$\boldsymbol{A\alpha}=\lambda\boldsymbol{\alpha}$.

(1) 因$\boldsymbol{A}^2\boldsymbol{\alpha}=\boldsymbol{A}(\boldsymbol{A\alpha})=\boldsymbol{A}(\lambda\boldsymbol{\alpha})=\lambda\boldsymbol{A\alpha}=\lambda^2\boldsymbol{\alpha}$,故$\lambda^2$是$\boldsymbol{A}^2$的特征值.

(2) 当$\boldsymbol{A}$可逆时,由$\boldsymbol{A\alpha}=\lambda\boldsymbol{\alpha}$有$\boldsymbol{\alpha}=\lambda\boldsymbol{A}^{-1}\boldsymbol{\alpha}$.因$\boldsymbol{\alpha}\neq\boldsymbol{0}$,知$\lambda\neq0$,故$\boldsymbol{A}^{-1}\boldsymbol{\alpha}=\dfrac{1}{\lambda}\boldsymbol{\alpha}$,即$\dfrac{1}{\lambda}$是$\boldsymbol{A}^{-1}$的特征值.

注　进一步容易证明,若λ是矩阵$\boldsymbol{A}$的特征值,m为正整数,则λ^m是$\boldsymbol{A}^m$的特征值,且对应于特征值λ的特征向量也是对应于特征值λ^m的特征向量;λ的多项式$\varphi(\lambda)=a_0+a_1\lambda+a_2\lambda^2+\cdots+a_m\lambda^m$是$\boldsymbol{A}$的多项式$\varphi(\boldsymbol{A})=a_0\boldsymbol{E}+a_1\boldsymbol{A}+a_2\boldsymbol{A}^2+\cdots+a_m\boldsymbol{A}^m$的特征值.

二、特征值与特征向量的性质

性质1　设$\boldsymbol{A}$是n阶方阵,则$\boldsymbol{A}$与$\boldsymbol{A}^{\mathrm{T}}$有相同的特征值.

证明　因为

$$|\lambda\boldsymbol{E}-\boldsymbol{A}^{\mathrm{T}}|=|(\lambda\boldsymbol{E}-\boldsymbol{A})^{\mathrm{T}}|=|\lambda\boldsymbol{E}-\boldsymbol{A}|,$$

所以$\boldsymbol{A}^{\mathrm{T}}$与$\boldsymbol{A}$有相同的特征多项式,从而它们的特征值相同.

设$\boldsymbol{A}=(a_{ij})$是n阶方阵,则

$$|\lambda\boldsymbol{E}-\boldsymbol{A}|=\begin{vmatrix} \lambda-a_{11} & -a_{12} & \cdots & -a_{1n} \\ -a_{21} & \lambda-a_{22} & \cdots & -a_{2n} \\ \vdots & \vdots & & \vdots \\ -a_{n1} & -a_{n2} & \cdots & \lambda-a_{nn} \end{vmatrix}$$

$$=\lambda^n-(a_{11}+a_{22}+\cdots+a_{nn})\lambda^{n-1}+\cdots+(-1)^n|\boldsymbol{A}|.$$

由n次代数方程的根与系数的关系有下面的结论成立.

性质2　设n阶方阵$\boldsymbol{A}=(a_{ij})$的n个特征值为$\lambda_1,\lambda_2,\cdots,\lambda_n$,则

(1) $\lambda_1+\lambda_2+\cdots+\lambda_n=a_{11}+a_{22}+\cdots+a_{nn}$;

(2) $\lambda_1\lambda_2\cdots\lambda_n=|\boldsymbol{A}|$,

其中 $\boldsymbol{A}$ 的全部特征值之和 $\lambda_1+\lambda_2+\cdots+\lambda_n=a_{11}+a_{22}+\cdots+a_{nn}$ 称为 $\boldsymbol{A}$ 的迹,记作 $\operatorname{tr}\boldsymbol{A}$.

由性质 2 很容易得到如下推论:

推论 n 阶方阵 $\boldsymbol{A}$ 可逆的充要条件是它的全部特征值都不为 0.

例 4 设三阶方阵 $\boldsymbol{A}$ 的特征值为 $-1,1,2$,求 $|\boldsymbol{A}^*+3\boldsymbol{A}-2\boldsymbol{E}|$.

解 由 $\boldsymbol{A}$ 没有零特征值知 $\boldsymbol{A}$ 可逆,故 $\boldsymbol{A}^*=|\boldsymbol{A}|\boldsymbol{A}^{-1}$. 又 $|\boldsymbol{A}|=\lambda_1\lambda_2\lambda_3=(-1)\times1\times2=-2$,所以

$$\boldsymbol{A}^*+3\boldsymbol{A}-2\boldsymbol{E}=-2\boldsymbol{A}^{-1}+3\boldsymbol{A}-2\boldsymbol{E}.$$

将上式右边记作 $\varphi(\boldsymbol{A})$,有 $\varphi(\lambda)=-\dfrac{2}{\lambda}+3\lambda-2$,这里 $\varphi(\boldsymbol{A})$ 虽不是矩阵多项式,但也具有矩阵多项式的特性,从而可得 $\varphi(\boldsymbol{A})$ 的特征值为

$$\varphi(-1)=-3,\quad \varphi(1)=-1,\quad \varphi(2)=3.$$

典型例题

于是

$$|\boldsymbol{A}^*+3\boldsymbol{A}-2\boldsymbol{E}|=(-3)\times(-1)\times3=9.$$

性质 3 设 $\boldsymbol{A}$ 是 n 阶方阵,$\lambda_1,\lambda_2,\cdots,\lambda_m$ 是 $\boldsymbol{A}$ 的 m 个不同的特征值,$\boldsymbol{\alpha}_1,\boldsymbol{\alpha}_2,\cdots,\boldsymbol{\alpha}_m$ 分别是 $\boldsymbol{A}$ 的对应于 $\lambda_1,\lambda_2,\cdots,\lambda_m$ 的特征向量,则向量组 $\boldsymbol{\alpha}_1,\boldsymbol{\alpha}_2,\cdots,\boldsymbol{\alpha}_m$ 线性无关.

证明 对 m 应用数学归纳法.

当 $m=1$ 时,由于特征向量 $\boldsymbol{\alpha}_1$ 为非零向量,因此 $\boldsymbol{\alpha}_1$ 线性无关.

设 $\boldsymbol{A}$ 的 $m-1$ 个互不相同的特征值是 $\lambda_1,\lambda_2,\cdots,\lambda_{m-1}$,其对应的特征向量 $\boldsymbol{\alpha}_1,\boldsymbol{\alpha}_2,\cdots,\boldsymbol{\alpha}_{m-1}$ 线性无关. 下面证明对 m 个互不相同的特征值 $\lambda_1,\lambda_2,\cdots,\lambda_{m-1},\lambda_m$,其对应的特征向量 $\boldsymbol{\alpha}_1,\boldsymbol{\alpha}_2,\cdots,\boldsymbol{\alpha}_{m-1},\boldsymbol{\alpha}_m$ 也线性无关. 设存在一组数 $k_1,k_2,\cdots,k_{m-1},k_m$,使得

$$k_1\boldsymbol{\alpha}_1+k_2\boldsymbol{\alpha}_2+\cdots+k_{m-1}\boldsymbol{\alpha}_{m-1}+k_m\boldsymbol{\alpha}_m=\boldsymbol{0}. \tag{5.3}$$

在上式两边左乘 $\boldsymbol{A}$,并注意到 $\boldsymbol{A}\boldsymbol{\alpha}_i=\lambda_i\boldsymbol{\alpha}_i\,(i=1,2,\cdots,m-1,m)$,有

$$k_1\lambda_1\boldsymbol{\alpha}_1+k_2\lambda_2\boldsymbol{\alpha}_2+\cdots+k_{m-1}\lambda_{m-1}\boldsymbol{\alpha}_{m-1}+k_m\lambda_m\boldsymbol{\alpha}_m=\boldsymbol{0}. \tag{5.4}$$

在(5.3)式两边乘以 λ_m,再减去(5.4)式,得

$$k_1(\lambda_m-\lambda_1)\boldsymbol{\alpha}_1+k_2(\lambda_m-\lambda_2)\boldsymbol{\alpha}_2+\cdots+k_{m-1}(\lambda_m-\lambda_{m-1})\boldsymbol{\alpha}_{m-1}=\boldsymbol{0}.$$

由归纳假设 $\boldsymbol{\alpha}_1,\boldsymbol{\alpha}_2,\cdots,\boldsymbol{\alpha}_{m-1}$ 线性无关,于是

$$k_i(\lambda_m-\lambda_i)=0\quad(i=1,2,\cdots,m-1).$$

因 $\lambda_m\neq\lambda_i\,(i=1,2,\cdots,m-1)$,故有 $k_1=k_2=\cdots=k_{m-1}=0$. 于是,(5.3)式化为 $k_m\boldsymbol{\alpha}_m=\boldsymbol{0}$,又知 $\boldsymbol{\alpha}_m\neq\boldsymbol{0}$,从而有 $k_m=0$,即(5.3)式中

$$k_1=k_2=\cdots=k_{m-1}=k_m=0.$$

因此,向量组 $\boldsymbol{\alpha}_1,\boldsymbol{\alpha}_2,\cdots,\boldsymbol{\alpha}_m$ 线性无关.

综上所述,由数学归纳法知性质成立.

利用类似的方法,可以证明下面的推广情形.

性质 4 设 n 阶方阵 $\boldsymbol{A}$ 的互不相同的特征值为 $\lambda_1,\lambda_2,\cdots,\lambda_m$,对应于 λ_i 的线性无关的特征向量为 $\boldsymbol{\alpha}_{i1},\boldsymbol{\alpha}_{i2},\cdots,\boldsymbol{\alpha}_{is_i}\,(i=1,2,\cdots,m)$,则向量组 $\boldsymbol{\alpha}_{11},\boldsymbol{\alpha}_{12},\cdots,\boldsymbol{\alpha}_{1s_1},\boldsymbol{\alpha}_{21},\boldsymbol{\alpha}_{22},\cdots,$

$\boldsymbol{\alpha}_{2s_2},\cdots,\boldsymbol{\alpha}_{m1},\boldsymbol{\alpha}_{m2},\cdots,\boldsymbol{\alpha}_{ms_m}$ 线性无关.

例如,在例 1 中,对应于 $\lambda_1=-1$ 的特征向量为 $\boldsymbol{\alpha}_1=(1,0,1)^{\mathrm{T}}$,对应于 $\lambda_2=\lambda_3=2$ 的线性无关的特征向量为 $\boldsymbol{\alpha}_2=(1,0,4)^{\mathrm{T}}$,$\boldsymbol{\alpha}_3=(1,4,0)^{\mathrm{T}}$,所以向量组 $\boldsymbol{\alpha}_1,\boldsymbol{\alpha}_2,\boldsymbol{\alpha}_3$ 线性无关.

例 5 设 λ_1 和 λ_2 是矩阵 $\boldsymbol{A}$ 的两个不同的特征值,对应的特征向量分别为 $\boldsymbol{\alpha}_1$ 和 $\boldsymbol{\alpha}_2$,证明:$\boldsymbol{\alpha}_1+\boldsymbol{\alpha}_2$ 不是 $\boldsymbol{A}$ 的特征向量.

证明 用反证法. 假设 $\boldsymbol{\alpha}_1+\boldsymbol{\alpha}_2$ 是 $\boldsymbol{A}$ 的对应于某个特征值 λ_0 的特征向量,即

$$\boldsymbol{A}(\boldsymbol{\alpha}_1+\boldsymbol{\alpha}_2)=\lambda_0(\boldsymbol{\alpha}_1+\boldsymbol{\alpha}_2)=\lambda_0\boldsymbol{\alpha}_1+\lambda_0\boldsymbol{\alpha}_2.$$

依题设有 $\boldsymbol{A}\boldsymbol{\alpha}_1=\lambda_1\boldsymbol{\alpha}_1$,$\boldsymbol{A}\boldsymbol{\alpha}_2=\lambda_2\boldsymbol{\alpha}_2$,故

$$\boldsymbol{A}(\boldsymbol{\alpha}_1+\boldsymbol{\alpha}_2)=\boldsymbol{A}\boldsymbol{\alpha}_1+\boldsymbol{A}\boldsymbol{\alpha}_2=\lambda_1\boldsymbol{\alpha}_1+\lambda_2\boldsymbol{\alpha}_2.$$

于是

$$\lambda_1\boldsymbol{\alpha}_1+\lambda_2\boldsymbol{\alpha}_2=\lambda_0\boldsymbol{\alpha}_1+\lambda_0\boldsymbol{\alpha}_2,$$

即

$$(\lambda_1-\lambda_0)\boldsymbol{\alpha}_1+(\lambda_2-\lambda_0)\boldsymbol{\alpha}_2=\mathbf{0}.$$

因 $\lambda_1\neq\lambda_2$,由性质 3 知向量组 $\boldsymbol{\alpha}_1,\boldsymbol{\alpha}_2$ 线性无关,故由上式得

$$\lambda_1-\lambda_0=\lambda_2-\lambda_0=0,$$

即 $\lambda_1=\lambda_2$,与题设矛盾. 因此,$\boldsymbol{\alpha}_1+\boldsymbol{\alpha}_2$ 不是 $\boldsymbol{A}$ 的特征向量.

注 进一步容易证明,若 $\boldsymbol{\alpha}_1,\boldsymbol{\alpha}_2$ 是矩阵 $\boldsymbol{A}$ 的对应于不同特征值 λ_1,λ_2 的特征向量,则 $k_1\boldsymbol{\alpha}_1+k_2\boldsymbol{\alpha}_2(k_1\neq0,k_2\neq0)$ 不是 $\boldsymbol{A}$ 的特征向量.

三、发展与环保问题

为了定量分析工业发展与环境污染的关系,某地区提出如下增长模型:设 x_0 是该地区目前的污染损耗(由土壤、河流、湖泊及大气等污染指数测得),y_0 是该地区目前的工业产值,以若干年(如 5 年)为一个发展周期,一个周期后的污染损耗和工业产值分别记为 x_1 和 y_1,它们之间的关系是

$$\begin{cases}x_1=3x_0+y_0,\\ y_1=2x_0+2y_0,\end{cases}$$

写成矩阵形式就是

$$\begin{pmatrix}x_1\\ y_1\end{pmatrix}=\begin{pmatrix}3&1\\ 2&2\end{pmatrix}\begin{pmatrix}x_0\\ y_0\end{pmatrix}\quad\text{或}\quad\boldsymbol{\xi}_1=\boldsymbol{A}\boldsymbol{\xi}_0,$$

其中

$$\boldsymbol{\xi}_1=\begin{pmatrix}x_1\\ y_1\end{pmatrix},\quad\boldsymbol{\xi}_0=\begin{pmatrix}x_0\\ y_0\end{pmatrix},\quad\boldsymbol{A}=\begin{pmatrix}3&1\\ 2&2\end{pmatrix}.$$

如果当前的水平为 $\boldsymbol{\xi}_0=\begin{pmatrix}1\\ 1\end{pmatrix}$,则

$$\boldsymbol{\xi}_1=\boldsymbol{A}\boldsymbol{\xi}_0=\begin{pmatrix}3&1\\ 2&2\end{pmatrix}\begin{pmatrix}1\\ 1\end{pmatrix}=\begin{pmatrix}4\\ 4\end{pmatrix}=4\begin{pmatrix}1\\ 1\end{pmatrix},$$

即 $\boldsymbol{\xi}_1=4\boldsymbol{\xi}_0$. 由此可预测 k 个周期后的污染损耗和工业产值.

记 x_k 和 y_k 为 k 个周期后的污染损耗和工业产值,则有增长模型

$$\begin{cases} x_k=3x_{k-1}+y_{k-1}, \\ y_k=2x_{k-1}+2y_{k-1} \end{cases} \quad (k=1,2,\cdots),$$

即

$$\begin{pmatrix} x_k \\ y_k \end{pmatrix}=\begin{pmatrix} 3 & 1 \\ 2 & 2 \end{pmatrix}\begin{pmatrix} x_{k-1} \\ y_{k-1} \end{pmatrix} \quad \text{或} \quad \boldsymbol{\xi}_k=\boldsymbol{A}\boldsymbol{\xi}_{k-1} \quad (k=1,2,\cdots),$$

其中

$$\boldsymbol{\xi}_k=\begin{pmatrix} x_k \\ y_k \end{pmatrix} \quad (k=1,2,\cdots).$$

由此模型及当前的水平 $\boldsymbol{\xi}_0$,可以预测若干个发展周期后的水平:

$$\boldsymbol{\xi}_1=\boldsymbol{A}\boldsymbol{\xi}_0, \quad \boldsymbol{\xi}_2=\boldsymbol{A}\boldsymbol{\xi}_1=\boldsymbol{A}^2\boldsymbol{\xi}_0, \quad \cdots, \quad \boldsymbol{\xi}_k=\boldsymbol{A}^k\boldsymbol{\xi}_0, \quad \cdots.$$

如果直接计算 $\boldsymbol{A}$ 的各次幂,计算将十分烦琐. 如果利用矩阵的特征值与特征向量的有关性质,不但能使计算大大简化,而且模型的结构和性质也更为清晰. 为此,先计算 $\boldsymbol{A}$ 的特征值.

因 $\boldsymbol{A}$ 的特征方程为

$$|\lambda\boldsymbol{E}-\boldsymbol{A}|=\begin{vmatrix} \lambda-3 & -1 \\ -2 & \lambda-2 \end{vmatrix}=(\lambda-1)(\lambda-4)=0,$$

故得 $\boldsymbol{A}$ 的特征值为 $\lambda_1=1$, $\lambda_2=4$.

对于特征值 $\lambda_1=1$,解齐次线性方程组 $(\boldsymbol{E}-\boldsymbol{A})\boldsymbol{X}=\boldsymbol{0}$,可得 $\boldsymbol{A}$ 的对应于特征值 $\lambda_1=1$ 的一个特征向量

$$\boldsymbol{\alpha}_1=(1,-2)^{\mathrm{T}}.$$

对于特征值 $\lambda_2=4$,解齐次线性方程组 $(4\boldsymbol{E}-\boldsymbol{A})\boldsymbol{X}=\boldsymbol{0}$,可得 $\boldsymbol{A}$ 的对应于特征值 $\lambda_2=4$ 的一个特征向量

$$\boldsymbol{\alpha}_2=(1,1)^{\mathrm{T}}.$$

当前的水平 $\boldsymbol{\xi}_0$ 恰好为 $\boldsymbol{\alpha}_2$,则

$$\boldsymbol{\xi}_k=\boldsymbol{A}^k\boldsymbol{\xi}_0=\boldsymbol{A}^k\boldsymbol{\alpha}_2=\lambda_2^k\boldsymbol{\alpha}_2=4^k\begin{pmatrix} 1 \\ 1 \end{pmatrix}.$$

特别地,当 $k=10$ 时,有 $\boldsymbol{\xi}_{10}=(4^{10},4^{10})^{\mathrm{T}}$. 这表明,尽管工业产值可以达到相当高的水平,但照此下去,环境的污染也将直接威胁人类的生存.

如果当前的水平 $\boldsymbol{\xi}_0=(1,7)^{\mathrm{T}}$,则不能直接应用上述方法分析. 此时,由于 $\boldsymbol{\xi}_0=-2\boldsymbol{\alpha}_1+3\boldsymbol{\alpha}_2$,因此

$$\boldsymbol{\xi}_k=\boldsymbol{A}^k\boldsymbol{\xi}_0=\boldsymbol{A}^k(-2\boldsymbol{\alpha}_1+3\boldsymbol{\alpha}_2)=(-2)\lambda_1^k\boldsymbol{\alpha}_1+3\lambda_2^k\boldsymbol{\alpha}_2=\begin{pmatrix} -2+3\times 4^k \\ 4+3\times 4^k \end{pmatrix}.$$

特别地,当 $k=10$ 时,有

$$\boldsymbol{\xi}_{10}=(-2+3\times 4^{10},4+3\times 4^{10})^{\mathrm{T}}.$$

由上面的分析可以看出,尽管 $\boldsymbol{A}$ 的特征向量 $\boldsymbol{\alpha}_1=(1,-2)^{\mathrm{T}}$ 没有实际意义(因为 $\boldsymbol{\alpha}_1$ 中含有负分量),但任一具有实际意义的向量 $\boldsymbol{\xi}_0$ 都可以表示为 $\boldsymbol{\alpha}_1$, $\boldsymbol{\alpha}_2$ 的线性组合,从而在分析过

程中 $\boldsymbol{\alpha}_1$ 仍具有重要作用.

第二节　相似矩阵与矩阵的相似对角化

对角矩阵是最简单的一类矩阵. 对于任一 n 阶方阵 $\boldsymbol{A}$，是否可将它化为对角矩阵，并保持 $\boldsymbol{A}$ 的许多原有性质，在理论和应用方面都具有重要意义.

一、相似矩阵及其性质

定义 2　设 $\boldsymbol{A},\boldsymbol{B}$ 为 n 阶方阵. 若存在可逆矩阵 $\boldsymbol{P}$，使得

$$\boldsymbol{P}^{-1}\boldsymbol{A}\boldsymbol{P}=\boldsymbol{B},$$

则称 $\boldsymbol{B}$ 是矩阵 $\boldsymbol{A}$ 的相似矩阵，或称矩阵 $\boldsymbol{A}$ 与 $\boldsymbol{B}$ 相似，记作 $\boldsymbol{A}\sim\boldsymbol{B}$.

例如，设矩阵 $\boldsymbol{A}=\begin{pmatrix}3&-1\\-1&3\end{pmatrix}$，$\boldsymbol{P}=\begin{pmatrix}1&-1\\-1&2\end{pmatrix}$，$\boldsymbol{Q}=\begin{pmatrix}-1&1\\1&1\end{pmatrix}$，则 $\boldsymbol{P},\boldsymbol{Q}$ 可逆，且

$$\boldsymbol{P}^{-1}\boldsymbol{A}\boldsymbol{P}=\begin{pmatrix}1&-1\\-1&2\end{pmatrix}^{-1}\begin{pmatrix}3&-1\\-1&3\end{pmatrix}\begin{pmatrix}1&-1\\-1&2\end{pmatrix}=\begin{pmatrix}4&-3\\0&2\end{pmatrix},$$

$$\boldsymbol{Q}^{-1}\boldsymbol{A}\boldsymbol{Q}=\begin{pmatrix}-1&1\\1&1\end{pmatrix}^{-1}\begin{pmatrix}3&-1\\-1&3\end{pmatrix}\begin{pmatrix}-1&1\\1&1\end{pmatrix}=\begin{pmatrix}4&0\\0&2\end{pmatrix}.$$

由此可知，与 $\boldsymbol{A}$ 相似的矩阵并不唯一，也不一定是对角矩阵.

相似是矩阵间的一种特殊的等价关系，即两个相似矩阵等价，反之不然. 相似关系也具有以下性质：

(1) 反身性：$\boldsymbol{A}\sim\boldsymbol{A}$；

(2) 对称性：若 $\boldsymbol{A}\sim\boldsymbol{B}$，则 $\boldsymbol{B}\sim\boldsymbol{A}$；

(3) 传递性：若 $\boldsymbol{A}\sim\boldsymbol{B}$，$\boldsymbol{B}\sim\boldsymbol{C}$，则 $\boldsymbol{A}\sim\boldsymbol{C}$.

证明　(1)，(2) 显然成立，现证(3).

由 $\boldsymbol{A}\sim\boldsymbol{B}$，$\boldsymbol{B}\sim\boldsymbol{C}$，必存在同阶可逆矩阵 $\boldsymbol{P},\boldsymbol{Q}$，使得

$$\boldsymbol{P}^{-1}\boldsymbol{A}\boldsymbol{P}=\boldsymbol{B},\quad \boldsymbol{Q}^{-1}\boldsymbol{B}\boldsymbol{Q}=\boldsymbol{C},$$

于是 $\boldsymbol{Q}^{-1}(\boldsymbol{P}^{-1}\boldsymbol{A}\boldsymbol{P})\boldsymbol{Q}=\boldsymbol{C}$，即

$$(\boldsymbol{P}\boldsymbol{Q})^{-1}\boldsymbol{A}(\boldsymbol{P}\boldsymbol{Q})=\boldsymbol{C}.$$

由此可得 $\boldsymbol{A}\sim\boldsymbol{C}$.

相似的两个矩阵之间，还存在着许多共同的性质.

性质 1　若 $\boldsymbol{A}\sim\boldsymbol{B}$，则 $\boldsymbol{A}$ 与 $\boldsymbol{B}$ 有相同的特征多项式和特征值.

证明　只需证明 $\boldsymbol{A}$ 与 $\boldsymbol{B}$ 有相同的特征多项式即可. 实际上，由 $\boldsymbol{A}\sim\boldsymbol{B}$，必存在可逆矩阵 $\boldsymbol{P}$，使得 $\boldsymbol{P}^{-1}\boldsymbol{A}\boldsymbol{P}=\boldsymbol{B}$，于是

$$\begin{aligned}|\lambda\boldsymbol{E}-\boldsymbol{B}|&=|\lambda\boldsymbol{E}-\boldsymbol{P}^{-1}\boldsymbol{A}\boldsymbol{P}|=|\boldsymbol{P}^{-1}(\lambda\boldsymbol{E}-\boldsymbol{A})\boldsymbol{P}|\\&=|\boldsymbol{P}^{-1}||\lambda\boldsymbol{E}-\boldsymbol{A}||\boldsymbol{P}|=|\lambda\boldsymbol{E}-\boldsymbol{A}|.\end{aligned}$$

因此,$\boldsymbol{A}$ 与 $\boldsymbol{B}$ 有相同的特征多项式.

注 性质 1 的逆命题一般不成立.例如,对于矩阵

$$\boldsymbol{E}=\begin{pmatrix}1&0\\0&1\end{pmatrix},\quad \boldsymbol{A}=\begin{pmatrix}1&1\\0&1\end{pmatrix},$$

容易验证,$\boldsymbol{E}$ 与 $\boldsymbol{A}$ 有相同的特征多项式$(\lambda-1)^2$,但对于任何可逆矩阵 $\boldsymbol{P}$,都有

$$\boldsymbol{P}^{-1}\boldsymbol{E}\boldsymbol{P}=\boldsymbol{E}\neq\boldsymbol{A}.$$

故 $\boldsymbol{E}$ 与 $\boldsymbol{A}$ 不相似.

性质 2 若 $\boldsymbol{A}\sim\boldsymbol{B}$,则 $\boldsymbol{A}^m\sim\boldsymbol{B}^m$,其中 m 为正整数.

证明 由 $\boldsymbol{A}\sim\boldsymbol{B}$,必存在可逆矩阵 $\boldsymbol{P}$,使得 $\boldsymbol{P}^{-1}\boldsymbol{A}\boldsymbol{P}=\boldsymbol{B}$. 于是

$$\begin{aligned}\boldsymbol{B}^m&=(\boldsymbol{P}^{-1}\boldsymbol{A}\boldsymbol{P})^m=\overbrace{(\boldsymbol{P}^{-1}\boldsymbol{A}\boldsymbol{P})(\boldsymbol{P}^{-1}\boldsymbol{A}\boldsymbol{P})\cdots(\boldsymbol{P}^{-1}\boldsymbol{A}\boldsymbol{P})}^{m\text{个}}\\&=\boldsymbol{P}^{-1}\boldsymbol{A}\boldsymbol{P}\boldsymbol{P}^{-1}\boldsymbol{A}\boldsymbol{P}\cdots\boldsymbol{P}^{-1}\boldsymbol{A}\boldsymbol{P}=\boldsymbol{P}^{-1}\boldsymbol{A}^m\boldsymbol{P},\end{aligned}$$

所以 $\boldsymbol{A}^m\sim\boldsymbol{B}^m$.

注 类似可以证明更一般的情形.若 $\boldsymbol{A}\sim\boldsymbol{B}$,则 $\varphi(\boldsymbol{A})\sim\varphi(\boldsymbol{B})$,其中

$$\varphi(\boldsymbol{A})=a_0\boldsymbol{E}+a_1\boldsymbol{A}+a_2\boldsymbol{A}^2+\cdots+a_n\boldsymbol{A}^n\quad(n\text{ 为正整数}).$$

对于相似矩阵,还有下述性质(证明留给读者):

(1) 若 $\boldsymbol{A}\sim\boldsymbol{B}$,则 $|\boldsymbol{A}|=|\boldsymbol{B}|$;

(2) 若 $\boldsymbol{A}\sim\boldsymbol{B}$,则 $\operatorname{tr}\boldsymbol{A}=\operatorname{tr}\boldsymbol{B}$;

(3) 若 $\boldsymbol{A}\sim\boldsymbol{B}$,则 $\mathrm{R}(\boldsymbol{A})=\mathrm{R}(\boldsymbol{B})$;

(4) 若 $\boldsymbol{A}\sim\boldsymbol{B}$,则 $\boldsymbol{A}^{\mathrm{T}}\sim\boldsymbol{B}^{\mathrm{T}}$;

(5) 若 $\boldsymbol{A}\sim\boldsymbol{B}$,则 $\boldsymbol{A}$ 与 $\boldsymbol{B}$ 有相同的可逆性,且当 $\boldsymbol{A}$ 与 $\boldsymbol{B}$ 都可逆时,$\boldsymbol{A}^{-1}\sim\boldsymbol{B}^{-1}$.

二、矩阵可相似对角化的条件

如果 n 阶方阵 $\boldsymbol{A}$ 相似于一个 n 阶对角矩阵 $\boldsymbol{\Lambda}$,则称 $\boldsymbol{A}$ 可相似对角化,并称 $\boldsymbol{\Lambda}$ 为 $\boldsymbol{A}$ 的相似标准形. 由性质 1 可知,$\boldsymbol{\Lambda}$ 的主对角线上的元素就是 $\boldsymbol{A}$ 的 n 个特征值. 然而,并非所有的 n 阶方阵都可相似对角化. 下面将讨论矩阵可相似对角化的充要条件.

定理 1 **n 阶方阵 $\boldsymbol{A}$ 相似于 n 阶对角矩阵 $\boldsymbol{\Lambda}$ 的充要条件是 $\boldsymbol{A}$ 有 n 个线性无关的特征向量.**

证明 **必要性** 设 $\boldsymbol{A}\sim\boldsymbol{\Lambda}$,其中

$$\boldsymbol{\Lambda}=\mathrm{diag}(\lambda_1,\lambda_2,\cdots,\lambda_n),$$

则存在可逆矩阵 $\boldsymbol{P}$,使得

$$\boldsymbol{P}^{-1}\boldsymbol{A}\boldsymbol{P}=\boldsymbol{\Lambda}\quad\text{或}\quad\boldsymbol{A}\boldsymbol{P}=\boldsymbol{P}\boldsymbol{\Lambda}.\tag{5.5}$$

将矩阵 $\boldsymbol{P}$ 按列分块为 $\boldsymbol{P}=(\boldsymbol{\alpha}_1,\boldsymbol{\alpha}_2,\cdots,\boldsymbol{\alpha}_n)$,其中 $\boldsymbol{\alpha}_i\,(i=1,2,\cdots,n)$ 是 $\boldsymbol{P}$ 的第 i 列,则(5.5)式可写成

$$\boldsymbol{A}(\boldsymbol{\alpha}_1,\boldsymbol{\alpha}_2,\cdots,\boldsymbol{\alpha}_n)=(\boldsymbol{\alpha}_1,\boldsymbol{\alpha}_2,\cdots,\boldsymbol{\alpha}_n)\begin{pmatrix}\lambda_1&&&\\&\lambda_2&&\\&&\ddots&\\&&&\lambda_n\end{pmatrix},$$

由此可得 $\boldsymbol{A}\boldsymbol{\alpha}_i=\lambda_i\boldsymbol{\alpha}_i(i=1,2,\cdots,n)$. 因 $\boldsymbol{P}$ 可逆，故 $\boldsymbol{\alpha}_i\neq\boldsymbol{0}(i=1,2,\cdots,n)$，且向量组 $\boldsymbol{\alpha}_1,\boldsymbol{\alpha}_2,\cdots,\boldsymbol{\alpha}_n$ 线性无关. 因此，$\boldsymbol{\alpha}_i(i=1,2,\cdots,n)$ 是 $\boldsymbol{A}$ 的对应于特征值 λ_i 的特征向量，从而 $\boldsymbol{A}$ 有 n 个线性无关的特征向量.

充分性 设 $\boldsymbol{\alpha}_1,\boldsymbol{\alpha}_2,\cdots,\boldsymbol{\alpha}_n$ 是 $\boldsymbol{A}$ 的 n 个线性无关的特征向量，它们对应的特征值依次为 $\lambda_1,\lambda_2,\cdots,\lambda_n$. 记矩阵 $\boldsymbol{P}=(\boldsymbol{\alpha}_1,\boldsymbol{\alpha}_2,\cdots,\boldsymbol{\alpha}_n)$，则 $\boldsymbol{P}$ 可逆，且

$$\begin{aligned}\boldsymbol{AP}&=\boldsymbol{A}(\boldsymbol{\alpha}_1,\boldsymbol{\alpha}_2,\cdots,\boldsymbol{\alpha}_n)=(\boldsymbol{A}\boldsymbol{\alpha}_1,\boldsymbol{A}\boldsymbol{\alpha}_2,\cdots,\boldsymbol{A}\boldsymbol{\alpha}_n)=(\lambda_1\boldsymbol{\alpha}_1,\lambda_2\boldsymbol{\alpha}_2,\cdots,\lambda_n\boldsymbol{\alpha}_n)\\&=(\boldsymbol{\alpha}_1,\boldsymbol{\alpha}_2,\cdots,\boldsymbol{\alpha}_n)\begin{pmatrix}\lambda_1&&&\\&\lambda_2&&\\&&\ddots&\\&&&\lambda_n\end{pmatrix}\triangleq\boldsymbol{P\Lambda}.\end{aligned}$$

于是，有 $\boldsymbol{P}^{-1}\boldsymbol{AP}=\boldsymbol{\Lambda}$，即 $\boldsymbol{A}\sim\boldsymbol{\Lambda}$.

注 (1) 定理 1 的证明过程实际上已给出了把矩阵相似对角化的方法；

(2) 定理 1 的证明中矩阵 $\boldsymbol{P}$ 的列向量的次序与对角矩阵 $\boldsymbol{\Lambda}$ 主对角线上的特征值的次序相对应.

由定理 1 及第一节的性质 3 可得如下推论：

推论 1 若 n 阶方阵 $\boldsymbol{A}$ 有 n 个不同的特征值，则 $\boldsymbol{A}$ 与某个 n 阶对角矩阵相似.

当矩阵 $\boldsymbol{A}$ 的特征方程有重根时，$\boldsymbol{A}$ 就不一定有 n 个线性无关的特征向量，从而不一定可相似对角化. 例如，在第一节例 1 中，矩阵 $\boldsymbol{A}$ 有二重特征值 $\lambda_2=\lambda_3=2$，但能找到 $\boldsymbol{A}$ 的 3 个线性无关的特征向量，故 $\boldsymbol{A}$ 可相似对角化；而在例 2 中，矩阵 $\boldsymbol{A}$ 也有二重特征值 $\lambda_2=\lambda_3=1$，但却只能找到 $\boldsymbol{A}$ 的两个线性无关的特征向量，故 $\boldsymbol{A}$ 不可相似对角化.

由定理 1 及第一节的性质 4 可得如下推论：

推论 2 若矩阵 $\boldsymbol{A}$ 的对应于每个特征值的线性无关特征向量的个数都与其重数相等，则 $\boldsymbol{A}$ 与某个对角矩阵相似.

例 1 已知矩阵 $\boldsymbol{A}=\begin{pmatrix}2&0&0\\0&0&1\\0&1&x\end{pmatrix}$ 与 $\boldsymbol{B}=\begin{pmatrix}2&0&0\\0&y&0\\0&0&1\end{pmatrix}$ 相似，求：

(1) x 和 y 的值；

(2) 一个可逆矩阵 $\boldsymbol{P}$，使得 $\boldsymbol{P}^{-1}\boldsymbol{AP}=\boldsymbol{B}$.

解 (1) **方法一** 由于 $\boldsymbol{A}\sim\boldsymbol{B}$，因此 $|\lambda\boldsymbol{E}-\boldsymbol{A}|=|\lambda\boldsymbol{E}-\boldsymbol{B}|$，即

$$\begin{vmatrix}\lambda-2&0&0\\0&\lambda&-1\\0&-1&\lambda-x\end{vmatrix}=\begin{vmatrix}\lambda-2&0&0\\0&\lambda-y&0\\0&0&\lambda+1\end{vmatrix},$$

从而

$$(\lambda-2)(\lambda^2-x\lambda-1)=(\lambda-2)(\lambda-y)(\lambda+1).$$

将 $\lambda=-1$ 代入上式，得 $x=0$. 于是，有

$$\lambda^2-1=(\lambda-y)(\lambda+1),$$

因此 $y=1$.

方法二 由于 $\boldsymbol{A}\sim\boldsymbol{B}$,因此 $|\boldsymbol{A}|=|\boldsymbol{B}|$,$\operatorname{tr}\boldsymbol{A}=\operatorname{tr}\boldsymbol{B}$,即有

$$-2=-2y,\quad 2+x=1+y,$$

解得 $x=0,y=1$.

(2) 由于 $\boldsymbol{A}\sim\boldsymbol{B}$,因此 $\boldsymbol{A}$ 与 $\boldsymbol{B}$ 有相同的特征值 $2,1,-1$. 解齐次线性方程组 $(\lambda\boldsymbol{E}-\boldsymbol{A})\boldsymbol{X}=\boldsymbol{0}$,可分别求得 $\boldsymbol{A}$ 的对应于特征值 $\lambda=2,1,-1$ 的特征向量为

$$\boldsymbol{\alpha}_1=\begin{pmatrix}1\\0\\0\end{pmatrix},\quad \boldsymbol{\alpha}_2=\begin{pmatrix}0\\1\\1\end{pmatrix},\quad \boldsymbol{\alpha}_3=\begin{pmatrix}0\\-1\\1\end{pmatrix}.$$

于是,可逆矩阵

$$\boldsymbol{P}=(\boldsymbol{\alpha}_1,\boldsymbol{\alpha}_2,\boldsymbol{\alpha}_3)=\begin{pmatrix}1&0&0\\0&1&-1\\0&1&1\end{pmatrix}$$

可使 $\boldsymbol{P}^{-1}\boldsymbol{A}\boldsymbol{P}=\boldsymbol{B}$.

例 2 已知矩阵 $\boldsymbol{A}=\begin{pmatrix}3&2&-2\\-k&-1&k\\4&2&-3\end{pmatrix}$ 可相似对角化,求 k 的值.

解 因 $\boldsymbol{A}$ 的特征方程为

$$|\lambda\boldsymbol{E}-\boldsymbol{A}|=\begin{vmatrix}\lambda-3&-2&2\\k&\lambda+1&-k\\-4&-2&\lambda+3\end{vmatrix}=\begin{vmatrix}\lambda-1&-2&2\\0&\lambda+1&-k\\\lambda-1&-2&\lambda+3\end{vmatrix}$$

$$=\begin{vmatrix}\lambda-1&-2&2\\0&\lambda+1&-k\\0&0&\lambda+1\end{vmatrix}=(\lambda-1)(\lambda+1)^2=0,$$

故得 $\boldsymbol{A}$ 的特征值为 $\lambda_1=1,\lambda_2=\lambda_3=-1$.

由定理 1 的推论 2 可知,对应于二重特征值 $\lambda_2=\lambda_3=-1$,$\boldsymbol{A}$ 应有两个线性无关的特征向量,故齐次线性方程组 $(-\boldsymbol{E}-\boldsymbol{A})\boldsymbol{X}=\boldsymbol{0}$ 的系数矩阵的秩为 $\mathrm{R}(-\boldsymbol{E}-\boldsymbol{A})=3-2=1$. 而

$$-\boldsymbol{E}-\boldsymbol{A}=\begin{pmatrix}-4&-2&2\\k&0&-k\\-4&-2&2\end{pmatrix}\to\begin{pmatrix}-4&-2&2\\k&0&-k\\0&0&0\end{pmatrix}\to\begin{pmatrix}-2&-2&2\\0&0&-k\\0&0&0\end{pmatrix},$$

故 $k=0$ 时,$\boldsymbol{A}$ 可相似对角化.

三、应用示例 —— 教师职业转换预测问题

在涉及矩阵的问题中,当出现的矩阵可相似对角化时,常可通过矩阵的相似标准形分

解，找到解决问题的简捷途径.

对于实际问题，有时会将问题归结为计算一个方阵的高次幂. 作为计算方阵高次幂的一个实例，考察如下教师职业转换预测问题.

例 3　在某城市有 15 万人具有本科及以上学历，其中有 1.5 万人是教师. 据调查，平均每年有 10% 的人从教师职业转为其他职业，又有 1% 的人从其他职业转为教师职业. 试预测 10 年以后这 15 万人中有多少万人在从事教师职业.

解　用 $\boldsymbol{\xi}_i$（单位：万人）表示第 i 年后从事教师职业和其他职业的人数，则 $\boldsymbol{\xi}_0=\begin{pmatrix}1.5\\13.5\end{pmatrix}$.

用矩阵 $\boldsymbol{A}=\begin{pmatrix}0.9 & 0.01\\0.1 & 0.99\end{pmatrix}$ 表示教师职业和其他职业间的转移情况，其中 $a_{11}=0.9$ 表示平均每年有 90% 的人没有从教师职业转为其他职业，$a_{21}=0.1$ 表示平均每年有 10% 的人从教师职业转为其他职业；类似地，a_{12}，a_{22} 表示从其他职业向教师职业的转移情况. 显然

$$\boldsymbol{\xi}_1=\boldsymbol{A}\boldsymbol{\xi}_0=\begin{pmatrix}0.9 & 0.01\\0.1 & 0.99\end{pmatrix}\begin{pmatrix}1.5\\13.5\end{pmatrix}=\begin{pmatrix}1.485\\13.515\end{pmatrix},$$

即 1 年后，从事教师职业和其他职业的人数分别为 1.485 万和 13.515 万. 又

$$\boldsymbol{\xi}_2=\boldsymbol{A}\boldsymbol{\xi}_1=\boldsymbol{A}^2\boldsymbol{\xi}_0,\quad \cdots,\quad \boldsymbol{\xi}_n=\boldsymbol{A}\boldsymbol{\xi}_{n-1}=\cdots=\boldsymbol{A}^n\boldsymbol{\xi}_0,$$

所以 $\boldsymbol{\xi}_{10}=\boldsymbol{A}^{10}\boldsymbol{\xi}_0$. 为计算 $\boldsymbol{A}^{10}$，需要先把 $\boldsymbol{A}$ 相似对角化. 由

$$\begin{aligned}|\lambda\boldsymbol{E}-\boldsymbol{A}|&=\begin{vmatrix}\lambda-0.9 & -0.01\\-0.1 & \lambda-0.99\end{vmatrix}=(\lambda-0.9)(\lambda-0.99)-0.001\\&=\lambda^2-1.89\lambda+0.89=0,\end{aligned}$$

解得特征值 $\lambda_1=1$，$\lambda_2=0.89$. 由于 $\lambda_1\neq\lambda_2$，因此 $\boldsymbol{A}$ 可相似对角化.

将 $\lambda_1=1$，$\lambda_2=0.89$ 分别代入 $(\lambda\boldsymbol{E}-\boldsymbol{A})\boldsymbol{X}=\boldsymbol{0}$，解得其对应的特征向量依次为

$$\boldsymbol{\alpha}_1=\begin{pmatrix}1\\10\end{pmatrix},\quad \boldsymbol{\alpha}_2=\begin{pmatrix}1\\-1\end{pmatrix}.$$

令 $\boldsymbol{P}=(\boldsymbol{\alpha}_1,\boldsymbol{\alpha}_2)=\begin{pmatrix}1 & 1\\10 & -1\end{pmatrix}$，有

$$\boldsymbol{P}^{-1}\boldsymbol{A}\boldsymbol{P}=\begin{pmatrix}1 & 0\\0 & 0.89\end{pmatrix}\triangleq\boldsymbol{\Lambda},\quad \boldsymbol{A}=\boldsymbol{P}\boldsymbol{\Lambda}\boldsymbol{P}^{-1},$$

则

$$\boldsymbol{A}^{10}=\overbrace{(\boldsymbol{P}\boldsymbol{\Lambda}\boldsymbol{P}^{-1})(\boldsymbol{P}\boldsymbol{\Lambda}\boldsymbol{P}^{-1})\cdots(\boldsymbol{P}\boldsymbol{\Lambda}\boldsymbol{P}^{-1})}^{10\text{个}}=\boldsymbol{P}\boldsymbol{\Lambda}^{10}\boldsymbol{P}^{-1}.$$

而 $\boldsymbol{P}^{-1}=-\frac{1}{11}\begin{pmatrix}-1 & -1\\-10 & 1\end{pmatrix}=\frac{1}{11}\begin{pmatrix}1 & 1\\10 & -1\end{pmatrix}$，则

$$\begin{aligned}\boldsymbol{\xi}_{10}&=\boldsymbol{P}\boldsymbol{\Lambda}^{10}\boldsymbol{P}^{-1}\boldsymbol{\xi}_0=\begin{pmatrix}1 & 1\\10 & -1\end{pmatrix}\begin{pmatrix}1 & 0\\0 & 0.89^{10}\end{pmatrix}\cdot\frac{1}{11}\begin{pmatrix}1 & 1\\10 & -1\end{pmatrix}\begin{pmatrix}1.5\\13.5\end{pmatrix}\\&\approx\frac{1}{11}\begin{pmatrix}1 & 1\\10 & -1\end{pmatrix}\begin{pmatrix}1 & 0\\0 & 0.311\,817\end{pmatrix}\begin{pmatrix}1 & 1\\10 & -1\end{pmatrix}\begin{pmatrix}1.5\\13.5\end{pmatrix}\approx\begin{pmatrix}1.406\,2\\13.593\,8\end{pmatrix}.\end{aligned}$$

所以,10 年后这 15 万人中约有 1.41 万人从事教师职业,13.59 万人从事其他职业.

*四、矩阵的若尔当标准形简介

我们已经知道,并非每个 n 阶方阵 $\boldsymbol{A}$ 都可相似对角化. 然而,当 $\boldsymbol{A}$ 不能相似对角化时,$\boldsymbol{A}$ 却一定可以与一类分块对角矩阵相似. 首先引入如下定义:

定义 3 形如

$$\begin{pmatrix} \lambda & 1 & & & \\ & \lambda & 1 & & \\ & & \ddots & \ddots & \\ & & & \lambda & 1 \\ & & & & \lambda \end{pmatrix}$$

的 n 阶方阵,称为 n 阶若尔当(Jordan) 块.

如果在一个分块对角矩阵

$$\boldsymbol{J}=\begin{pmatrix} \boldsymbol{J}_1 & & & \\ & \boldsymbol{J}_2 & & \\ & & \ddots & \\ & & & \boldsymbol{J}_s \end{pmatrix}$$

中,$\boldsymbol{J}_1,\boldsymbol{J}_2,\cdots,\boldsymbol{J}_s$ 都是若尔当块,则称 $\boldsymbol{J}$ 为一个若尔当形矩阵.

注 对角矩阵可视为每个若尔当块都为一阶的若尔当形矩阵.

例如,设矩阵

$$\boldsymbol{J}=\left(\begin{array}{cc:c:ccc} -1 & 1 & 0 & 0 & 0 & 0 \\ 0 & -1 & 0 & 0 & 0 & 0 \\ \hdashline 0 & 0 & 2 & 0 & 0 & 0 \\ \hdashline 0 & 0 & 0 & 2 & 1 & 0 \\ 0 & 0 & 0 & 0 & 2 & 1 \\ 0 & 0 & 0 & 0 & 0 & 2 \end{array}\right),$$

则 $\boldsymbol{J}$ 是一个若尔当形矩阵,其中的若尔当块分别为

$$\boldsymbol{J}_1=\begin{pmatrix} -1 & 1 \\ 0 & -1 \end{pmatrix},\quad \boldsymbol{J}_2=(2),\quad \boldsymbol{J}_3=\begin{pmatrix} 2 & 1 & 0 \\ 0 & 2 & 1 \\ 0 & 0 & 2 \end{pmatrix}.$$

定理 2 **任意 n 阶方阵 $\boldsymbol{A}$ 都与一个若尔当形矩阵 $\boldsymbol{J}$ 相似,其中 $\boldsymbol{J}$ 的主对角线上的元素恰好是 $\boldsymbol{A}$ 的特征值,且某一特征值出现的次数等于它的重数.**

证明略.

与矩阵 $\boldsymbol{A}$ 相似的若尔当形矩阵称为 $\boldsymbol{A}$ 的若尔当标准形.

例如,矩阵 $\boldsymbol{A}=\begin{pmatrix} -1 & 1 & 0 \\ -4 & 3 & 0 \\ 1 & 0 & 2 \end{pmatrix}$ 有特征值 $\lambda_1=2,\lambda_2=\lambda_3=1$,且仅有两个线性无关的特征

向量$\boldsymbol{\alpha}_1=(0,0,1)^{\mathrm{T}}$，$\boldsymbol{\alpha}_2=(1,2,-1)^{\mathrm{T}}$（第一节例 2），所以$\boldsymbol{A}$不与对角矩阵相似. 但它与若尔当形矩阵$\boldsymbol{J}=\begin{pmatrix}2&0&0\\0&1&1\\0&0&1\end{pmatrix}$相似，即$\boldsymbol{J}$为$\boldsymbol{A}$的若尔当标准形. 实际上，设$\boldsymbol{P}=\begin{pmatrix}0&1&0\\0&2&1\\1&-1&-1\end{pmatrix}$，则不难验证$\boldsymbol{P}^{-1}\boldsymbol{A}\boldsymbol{P}=\boldsymbol{J}$.

第三节 实对称矩阵的特征值与特征向量

在实际问题中经常遇到实对称矩阵. 实对称矩阵的特征值与特征向量具有许多特殊的性质. 在讨论有关实对称矩阵的性质之前，本节先介绍正交向量组与正交矩阵，作为预备知识.

一、正交向量组与正交矩阵

在第三章关于n维向量组的讨论中，只讨论了向量的线性运算和线性相关性问题，而对向量的度量（如长度、夹角等）问题并未进行讨论.

在空间解析几何中，两个向量

$$\boldsymbol{\alpha}=\begin{pmatrix}a_1\\a_2\\a_3\end{pmatrix},\quad \boldsymbol{\beta}=\begin{pmatrix}b_1\\b_2\\b_3\end{pmatrix}$$

的内积定义为

$$[\boldsymbol{\alpha},\boldsymbol{\beta}]=a_1b_1+a_2b_2+a_3b_3,$$

而向量$\boldsymbol{\alpha}$的长度定义为

$$\|\boldsymbol{\alpha}\|=\sqrt{a_1^2+a_2^2+a_3^2}=\sqrt{[\boldsymbol{\alpha},\boldsymbol{\alpha}]},$$

并且$\boldsymbol{\alpha},\boldsymbol{\beta}$的夹角$\theta$满足

$$[\boldsymbol{\alpha},\boldsymbol{\beta}]=\|\boldsymbol{\alpha}\|\cdot\|\boldsymbol{\beta}\|\cdot\cos\theta,\quad 0\leqslant\theta\leqslant\pi.$$

我们可以把三维向量的内积推广到n维向量上，定义n维向量的内积、长度和夹角.

定义 4 设$\boldsymbol{\alpha}=(a_1,a_2,\cdots,a_n)^{\mathrm{T}}$，$\boldsymbol{\beta}=(b_1,b_2,\cdots,b_n)^{\mathrm{T}}$为$\mathbf{R}^n$中的两个向量，称

$$\boldsymbol{\alpha}^{\mathrm{T}}\boldsymbol{\beta}=(a_1,a_2,\cdots,a_n)\begin{pmatrix}b_1\\b_2\\\vdots\\b_n\end{pmatrix}=a_1b_1+a_2b_2+\cdots+a_nb_n$$

为向量$\boldsymbol{\alpha}$与$\boldsymbol{\beta}$的内积，记作$[\boldsymbol{\alpha},\boldsymbol{\beta}]$，即

$$[\boldsymbol{\alpha},\boldsymbol{\beta}]=a_1b_1+a_2b_2+\cdots+a_nb_n.$$

容易证明，向量的内积满足下列性质（$\boldsymbol{\alpha},\boldsymbol{\beta},\boldsymbol{\gamma}$为$\mathbf{R}^n$中的任意向量，$k\in\mathbf{R}$）：

(1) $[\boldsymbol{\alpha},\boldsymbol{\beta}]=[\boldsymbol{\beta},\boldsymbol{\alpha}]$；

(2) $[k\boldsymbol{\alpha},\boldsymbol{\beta}]=k[\boldsymbol{\alpha},\boldsymbol{\beta}]$;

(3) $[\boldsymbol{\alpha}+\boldsymbol{\beta},\boldsymbol{\gamma}]=[\boldsymbol{\alpha},\boldsymbol{\gamma}]+[\boldsymbol{\beta},\boldsymbol{\gamma}]$;

(4) $[\boldsymbol{\alpha},\boldsymbol{\alpha}]\geqslant 0$,当且仅当 $\boldsymbol{\alpha}=\mathbf{0}$ 时等号成立.

有了向量的内积的概念,可以给出向量的长度的概念.

定义 5 设 $\boldsymbol{\alpha}=(a_1,a_2,\cdots,a_n)^{\mathrm{T}}$ 为 $\mathbf{R}^n$ 中的向量,称

$$\sqrt{[\boldsymbol{\alpha},\boldsymbol{\alpha}]}=\sqrt{a_1^2+a_2^2+\cdots+a_n^2}$$

为向量 $\boldsymbol{\alpha}$ 的长度或范数,记作 $\|\boldsymbol{\alpha}\|$,即

$$\|\boldsymbol{\alpha}\|=\sqrt{a_1^2+a_2^2+\cdots+a_n^2}.$$

向量的长度具有下列性质($\boldsymbol{\alpha},\boldsymbol{\beta}$ 为 $\mathbf{R}^n$ 中的任意向量,$k\in\mathbf{R}$):

(1) 非负性:$\|\boldsymbol{\alpha}\|\geqslant 0$;

(2) 齐次性:$\|k\boldsymbol{\alpha}\|=|k|\cdot\|\boldsymbol{\alpha}\|$;

(3) 三角不等式:$\|\boldsymbol{\alpha}+\boldsymbol{\beta}\|\leqslant\|\boldsymbol{\alpha}\|+\|\boldsymbol{\beta}\|$.

当 $\|\boldsymbol{\alpha}\|=1$ 时,称 $\boldsymbol{\alpha}$ 为单位向量或标准向量.任一非零向量除以它的长度后就成了单位向量.这一过程叫作向量的单位化或标准化.

容易证明,向量的内积满足

$$[\boldsymbol{\alpha},\boldsymbol{\beta}]^2\leqslant[\boldsymbol{\alpha},\boldsymbol{\alpha}][\boldsymbol{\beta},\boldsymbol{\beta}] \quad \text{或} \quad |[\boldsymbol{\alpha},\boldsymbol{\beta}]|\leqslant\|\boldsymbol{\alpha}\|\cdot\|\boldsymbol{\beta}\|.$$

上式称为柯西-施瓦茨(Cauchy-Schwarz)不等式.由此可得

$$\left|\frac{[\boldsymbol{\alpha},\boldsymbol{\beta}]}{\|\boldsymbol{\alpha}\|\cdot\|\boldsymbol{\beta}\|}\right|\leqslant 1 \quad (\text{当 } \|\boldsymbol{\alpha}\|\cdot\|\boldsymbol{\beta}\|\neq 0 \text{ 时}).$$

于是,可如下定义向量间的夹角.

定义 6 设 $\boldsymbol{\alpha},\boldsymbol{\beta}$ 为 $\mathbf{R}^n$ 中的两个非零向量,称

$$\theta=\arccos\frac{[\boldsymbol{\alpha},\boldsymbol{\beta}]}{\|\boldsymbol{\alpha}\|\cdot\|\boldsymbol{\beta}\|}$$

为向量 $\boldsymbol{\alpha}$ 与 $\boldsymbol{\beta}$ 的夹角.

定义 7 设 $\boldsymbol{\alpha},\boldsymbol{\beta}$ 为 $\mathbf{R}^n$ 中的两个向量.若 $[\boldsymbol{\alpha},\boldsymbol{\beta}]=0$,称向量 $\boldsymbol{\alpha}$ 与 $\boldsymbol{\beta}$ 正交或垂直,记作 $\boldsymbol{\alpha}\perp\boldsymbol{\beta}$.

显然,零向量与任何向量都正交.

定义 8 若一个非零向量组(该向量组中的向量都不是零向量)中任意两个向量都正交,则称该向量组为正交向量组.

若一个正交向量组中的每个向量都是单位向量,则称该向量组为单位正交向量组或标准正交向量组.

例如,向量组 $\boldsymbol{\alpha}_1=\left(0,\frac{\sqrt{2}}{2},\frac{\sqrt{2}}{2}\right)^{\mathrm{T}}$,$\boldsymbol{\alpha}_2=(1,0,0)^{\mathrm{T}}$,$\boldsymbol{\alpha}_3=\left(0,-\frac{\sqrt{2}}{2},\frac{\sqrt{2}}{2}\right)^{\mathrm{T}}$ 和三维基本单位向量组 $\boldsymbol{\varepsilon}_1,\boldsymbol{\varepsilon}_2,\boldsymbol{\varepsilon}_3$ 就是两个等价的单位正交向量组.

定理 3 **正交向量组必是线性无关的向量组.**

证明 设 n 维向量组 $\boldsymbol{\alpha}_1,\boldsymbol{\alpha}_2,\cdots,\boldsymbol{\alpha}_r$ 是正交向量组，即有

$$[\boldsymbol{\alpha}_i,\boldsymbol{\alpha}_j]=0 \quad (i,j=1,2,\cdots,r;i\neq j). \tag{5.6}$$

设存在一组数 $k_1,k_2,\cdots,k_r$，使得

$$k_1\boldsymbol{\alpha}_1+k_2\boldsymbol{\alpha}_2+\cdots+k_r\boldsymbol{\alpha}_r=\mathbf{0},$$

以 $\boldsymbol{\alpha}_i$ 与上式两边同时做内积运算，并利用(5.6)式可得

$$k_i[\boldsymbol{\alpha}_i,\boldsymbol{\alpha}_i]=0 \quad (i=1,2,\cdots,r).$$

由 $\boldsymbol{\alpha}_i\neq\mathbf{0}$ 知，$[\boldsymbol{\alpha}_i,\boldsymbol{\alpha}_i]>0$，于是必有

$$k_i=0 \quad (i=1,2,\cdots,r).$$

因此，$\boldsymbol{\alpha}_1,\boldsymbol{\alpha}_2,\cdots,\boldsymbol{\alpha}_r$ 是一个线性无关的向量组.

例 1 已知两个向量 $\boldsymbol{\alpha}_1=(1,1,1)^{\mathrm{T}},\boldsymbol{\alpha}_2=(1,1,-2)^{\mathrm{T}}$ 正交，求一个非零向量 $\boldsymbol{\alpha}_3$，使得 $\boldsymbol{\alpha}_1,\boldsymbol{\alpha}_2,\boldsymbol{\alpha}_3$ 为正交向量组.

解 设 $\boldsymbol{\alpha}_3=(x_1,x_2,x_3)^{\mathrm{T}}$，则 $[\boldsymbol{\alpha}_1,\boldsymbol{\alpha}_3]=\boldsymbol{\alpha}_1^{\mathrm{T}}\boldsymbol{\alpha}_3=0$，$[\boldsymbol{\alpha}_2,\boldsymbol{\alpha}_3]=\boldsymbol{\alpha}_2^{\mathrm{T}}\boldsymbol{\alpha}_3=0$，即有线性方程组

$$\begin{pmatrix}\boldsymbol{\alpha}_1^{\mathrm{T}}\\ \boldsymbol{\alpha}_2^{\mathrm{T}}\end{pmatrix}\begin{pmatrix}x_1\\ x_2\\ x_3\end{pmatrix}=\begin{pmatrix}0\\ 0\end{pmatrix}, \quad \text{即} \quad \begin{pmatrix}1&1&1\\ 1&1&-2\end{pmatrix}\begin{pmatrix}x_1\\ x_2\\ x_3\end{pmatrix}=\begin{pmatrix}0\\ 0\end{pmatrix}.$$

对该方程组的增广矩阵 $\widetilde{\boldsymbol{A}}$ 做初等行变换：

$$\widetilde{\boldsymbol{A}}=\left(\begin{array}{ccc:c}1&1&1&0\\ 1&1&-2&0\end{array}\right)\to\left(\begin{array}{ccc:c}1&1&1&0\\ 0&0&-3&0\end{array}\right)\to\left(\begin{array}{ccc:c}1&1&0&0\\ 0&0&1&0\end{array}\right).$$

于是，得 $\begin{cases}x_1=-x_2,\\ x_3=0,\end{cases}$ 从而得到该方程组的一个基础解系

$$\boldsymbol{\xi}=(-1,1,0)^{\mathrm{T}}.$$

取 $\boldsymbol{\alpha}_3=\boldsymbol{\xi}$，即可使 $\boldsymbol{\alpha}_1,\boldsymbol{\alpha}_2,\boldsymbol{\alpha}_3$ 为正交向量组.

我们常常采用正交向量组作为向量空间的基，称此基为向量空间的正交基. 例如，例 1 中的 $\boldsymbol{\alpha}_1,\boldsymbol{\alpha}_2,\boldsymbol{\alpha}_3$ 就是 $\mathbf{R}^3$ 的一组正交基. 所含的向量都是单位向量的正交基又称标准正交基，它实际上是一个单位正交向量组.

给定 $\mathbf{R}^n$ 中的一组线性无关的向量，我们可以通过适当的变换方法由它们构造出一个正交向量组，这个变换方法称为施密特(Schmidt) 正交化方法. 具体地，它是用线性无关向量组 $\boldsymbol{\alpha}_1,\boldsymbol{\alpha}_2,\cdots,\boldsymbol{\alpha}_r$ 构造出一个与之等价的正交向量组 $\boldsymbol{\beta}_1,\boldsymbol{\beta}_2,\cdots,\boldsymbol{\beta}_r$，构造方法如下：

$$\boldsymbol{\beta}_1=\boldsymbol{\alpha}_1,$$

$$\boldsymbol{\beta}_2=\boldsymbol{\alpha}_2-\frac{[\boldsymbol{\beta}_1,\boldsymbol{\alpha}_2]}{[\boldsymbol{\beta}_1,\boldsymbol{\beta}_1]}\boldsymbol{\beta}_1,$$

……

$$\boldsymbol{\beta}_r=\boldsymbol{\alpha}_r-\frac{[\boldsymbol{\beta}_1,\boldsymbol{\alpha}_r]}{[\boldsymbol{\beta}_1,\boldsymbol{\beta}_1]}\boldsymbol{\beta}_1-\frac{[\boldsymbol{\beta}_2,\boldsymbol{\alpha}_r]}{[\boldsymbol{\beta}_2,\boldsymbol{\beta}_2]}\boldsymbol{\beta}_2-\cdots-\frac{[\boldsymbol{\beta}_{r-1},\boldsymbol{\alpha}_r]}{[\boldsymbol{\beta}_{r-1},\boldsymbol{\beta}_{r-1}]}\boldsymbol{\beta}_{r-1}.$$

容易验证向量组 $\boldsymbol{\beta}_1,\boldsymbol{\beta}_2,\cdots,\boldsymbol{\beta}_r$ 两两正交，且向量组 $\boldsymbol{\beta}_1,\boldsymbol{\beta}_2,\cdots,\boldsymbol{\beta}_r$ 与向量组 $\boldsymbol{\alpha}_1,\boldsymbol{\alpha}_2,\cdots,\boldsymbol{\alpha}_r$ 等

价. 这一过程通常称为向量组 $\boldsymbol{\alpha}_1,\boldsymbol{\alpha}_2,\cdots,\boldsymbol{\alpha}_r$ 的正交化.

如果再对正交向量组 $\boldsymbol{\beta}_1,\boldsymbol{\beta}_2,\cdots,\boldsymbol{\beta}_r$ 单位化,即取

$$\boldsymbol{\gamma}_1=\frac{\boldsymbol{\beta}_1}{\|\boldsymbol{\beta}_1\|},\quad \boldsymbol{\gamma}_2=\frac{\boldsymbol{\beta}_2}{\|\boldsymbol{\beta}_2\|},\quad \cdots,\quad \boldsymbol{\gamma}_r=\frac{\boldsymbol{\beta}_r}{\|\boldsymbol{\beta}_r\|},$$

则 $\boldsymbol{\gamma}_1,\boldsymbol{\gamma}_2,\cdots,\boldsymbol{\gamma}_r$ 为单位正交向量组. 当 $r=n$ 时,$\boldsymbol{\gamma}_1,\boldsymbol{\gamma}_2,\cdots,\boldsymbol{\gamma}_n$ 即为 $\mathbf{R}^n$ 的一组标准正交基.

例 2 设向量组

$$\boldsymbol{\alpha}_1=\begin{pmatrix}1\\2\\-1\end{pmatrix},\quad \boldsymbol{\alpha}_2=\begin{pmatrix}-1\\3\\1\end{pmatrix},\quad \boldsymbol{\alpha}_3=\begin{pmatrix}4\\-1\\0\end{pmatrix},$$

试用施密特正交化方法将这一向量组化为 $\mathbf{R}^3$ 的一组标准正交基.

解 先将向量组 $\boldsymbol{\alpha}_1,\boldsymbol{\alpha}_2,\boldsymbol{\alpha}_3$ 正交化,取

$$\boldsymbol{\beta}_1=\boldsymbol{\alpha}_1=\begin{pmatrix}1\\2\\-1\end{pmatrix},\quad \boldsymbol{\beta}_2=\boldsymbol{\alpha}_2-\frac{[\boldsymbol{\beta}_1,\boldsymbol{\alpha}_2]}{[\boldsymbol{\beta}_1,\boldsymbol{\beta}_1]}\boldsymbol{\beta}_1=\begin{pmatrix}-1\\3\\1\end{pmatrix}-\frac{4}{6}\begin{pmatrix}1\\2\\-1\end{pmatrix}=\frac{5}{3}\begin{pmatrix}-1\\1\\1\end{pmatrix},$$

$$\boldsymbol{\beta}_3=\boldsymbol{\alpha}_3-\frac{[\boldsymbol{\beta}_1,\boldsymbol{\alpha}_3]}{[\boldsymbol{\beta}_1,\boldsymbol{\beta}_1]}\boldsymbol{\beta}_1-\frac{[\boldsymbol{\beta}_2,\boldsymbol{\alpha}_3]}{[\boldsymbol{\beta}_2,\boldsymbol{\beta}_2]}\boldsymbol{\beta}_2=\begin{pmatrix}4\\-1\\0\end{pmatrix}-\frac{1}{3}\begin{pmatrix}1\\2\\-1\end{pmatrix}+\frac{5}{3}\begin{pmatrix}-1\\1\\1\end{pmatrix}=2\begin{pmatrix}1\\0\\1\end{pmatrix}.$$

再将向量组 $\boldsymbol{\beta}_1,\boldsymbol{\beta}_2,\boldsymbol{\beta}_3$ 单位化,取

$$\boldsymbol{\gamma}_1=\frac{\boldsymbol{\beta}_1}{\|\boldsymbol{\beta}_1\|}=\frac{\sqrt{6}}{6}\begin{pmatrix}1\\2\\-1\end{pmatrix},\quad \boldsymbol{\gamma}_2=\frac{\boldsymbol{\beta}_2}{\|\boldsymbol{\beta}_2\|}=\frac{\sqrt{3}}{3}\begin{pmatrix}-1\\1\\1\end{pmatrix},\quad \boldsymbol{\gamma}_3=\frac{\boldsymbol{\beta}_3}{\|\boldsymbol{\beta}_3\|}=\frac{\sqrt{2}}{2}\begin{pmatrix}1\\0\\1\end{pmatrix},$$

则向量组 $\boldsymbol{\gamma}_1,\boldsymbol{\gamma}_2,\boldsymbol{\gamma}_3$ 即为所求.

以例 2 给出的标准正交基 $\boldsymbol{\gamma}_1,\boldsymbol{\gamma}_2,\boldsymbol{\gamma}_3$ 为列构造矩阵

$$\boldsymbol{Q}=\begin{pmatrix}\frac{\sqrt{6}}{6} & -\frac{\sqrt{3}}{3} & \frac{\sqrt{2}}{2}\\ \frac{\sqrt{6}}{3} & \frac{\sqrt{3}}{3} & 0\\ -\frac{\sqrt{6}}{6} & \frac{\sqrt{3}}{3} & \frac{\sqrt{2}}{2}\end{pmatrix},$$

可以验证它满足

$$\boldsymbol{Q}^{\mathrm{T}}\boldsymbol{Q}=\boldsymbol{E}.$$

由此得到正交矩阵的概念.

定义 9 若 n 阶方阵 $\boldsymbol{Q}$ 满足 $\boldsymbol{Q}^{\mathrm{T}}\boldsymbol{Q}=\boldsymbol{E}$,则称 $\boldsymbol{Q}$ 为正交矩阵.

由正交矩阵的定义,显然正交矩阵有下列性质:

(1) 若 Q 为正交矩阵，则 $Q^{-1}=Q^{T}$，且 Q^{-1}（或 Q^{T}）也是正交矩阵；

(2) 若 Q 为正交矩阵，则 $|Q|=-1$ 或 1；

(3) 两个正交矩阵的乘积仍为正交矩阵.

典型例题

定理 4　n 阶方阵 Q 为正交矩阵的充要条件是 Q 的列（行）向量组是单位正交向量组.

证明　将 Q 按列分块为 $Q=(\boldsymbol{\alpha}_1,\boldsymbol{\alpha}_2,\cdots,\boldsymbol{\alpha}_n)$，则 $Q^{T}Q=E$ 等价于

$$\begin{pmatrix}\boldsymbol{\alpha}_1^{T}\\ \boldsymbol{\alpha}_2^{T}\\ \vdots\\ \boldsymbol{\alpha}_n^{T}\end{pmatrix}(\boldsymbol{\alpha}_1,\boldsymbol{\alpha}_2,\cdots,\boldsymbol{\alpha}_n)=\begin{pmatrix}\boldsymbol{\alpha}_1^{T}\boldsymbol{\alpha}_1 & \boldsymbol{\alpha}_1^{T}\boldsymbol{\alpha}_2 & \cdots & \boldsymbol{\alpha}_1^{T}\boldsymbol{\alpha}_n\\ \boldsymbol{\alpha}_2^{T}\boldsymbol{\alpha}_1 & \boldsymbol{\alpha}_2^{T}\boldsymbol{\alpha}_2 & \cdots & \boldsymbol{\alpha}_2^{T}\boldsymbol{\alpha}_n\\ \vdots & \vdots & & \vdots\\ \boldsymbol{\alpha}_n^{T}\boldsymbol{\alpha}_1 & \boldsymbol{\alpha}_n^{T}\boldsymbol{\alpha}_2 & \cdots & \boldsymbol{\alpha}_n^{T}\boldsymbol{\alpha}_n\end{pmatrix}=E,$$

即

$$\boldsymbol{\alpha}_i^{T}\boldsymbol{\alpha}_j=\begin{cases}1, & i=j,\\ 0, & i\neq j\end{cases}\quad (i,j=1,2,\cdots,n).$$

这说明，Q 的列向量组是单位正交向量组.

由于 $Q^{T}Q=E$ 与 $QQ^{T}=E$ 等价，因此上述结论对 Q 的行向量组的情形也成立.

注　由定理 4 即知，只要我们求出了 $\mathbf{R}^n$ 的一组标准正交基 $\boldsymbol{\alpha}_1,\boldsymbol{\alpha}_2,\cdots,\boldsymbol{\alpha}_n$，则以这 n 个向量为列（行）构造出的 n 阶方阵 Q 就是一个 n 阶正交矩阵；反过来，n 阶正交矩阵的列（行）向量组为 $\mathbf{R}^n$ 的一组标准正交基.

二、实对称矩阵的特征值与特征向量的性质

性质 1　实对称矩阵的特征值为实数.

* **证明**　设 A 是 n 阶实对称矩阵，λ 是 A 在复数范围内的任一特征值，对应于 λ 的特征向量为 $\boldsymbol{\alpha}=(a_1,a_2,\cdots,a_n)^{T}$，则

$$A\boldsymbol{\alpha}=\lambda\boldsymbol{\alpha},\quad \boldsymbol{\alpha}\neq\mathbf{0}.$$

用 $\bar{\lambda}$ 表示 λ 的共轭复数，$\bar{\boldsymbol{\alpha}}$ 表示 $\boldsymbol{\alpha}$ 的所有分量取共轭后得到的向量，$\bar{A}$ 表示 A 的所有元素取共轭后得到的矩阵，则 $A\bar{\boldsymbol{\alpha}}=\bar{A}\,\bar{\boldsymbol{\alpha}}=\overline{A\boldsymbol{\alpha}}=\overline{\lambda\boldsymbol{\alpha}}=\bar{\lambda}\bar{\boldsymbol{\alpha}}$. 于是，有

$$\bar{\boldsymbol{\alpha}}^{T}A\boldsymbol{\alpha}=\bar{\boldsymbol{\alpha}}^{T}(A\boldsymbol{\alpha})=\bar{\boldsymbol{\alpha}}^{T}(\lambda\boldsymbol{\alpha})=\lambda\bar{\boldsymbol{\alpha}}^{T}\boldsymbol{\alpha}$$

及

$$\bar{\boldsymbol{\alpha}}^{T}A\boldsymbol{\alpha}=(\bar{\boldsymbol{\alpha}}^{T}A^{T})\boldsymbol{\alpha}=(A\bar{\boldsymbol{\alpha}})^{T}\boldsymbol{\alpha}=(\bar{\lambda}\bar{\boldsymbol{\alpha}})^{T}\boldsymbol{\alpha}=\bar{\lambda}\,\bar{\boldsymbol{\alpha}}^{T}\boldsymbol{\alpha}.$$

两式相减，得

$$(\lambda-\bar{\lambda})\bar{\boldsymbol{\alpha}}^{T}\boldsymbol{\alpha}=0.$$

但因为 $\boldsymbol{\alpha}\neq\mathbf{0}$，所以

$$\begin{aligned}\bar{\boldsymbol{\alpha}}^{T}\boldsymbol{\alpha}=[\bar{\boldsymbol{\alpha}},\boldsymbol{\alpha}]&=\bar{a}_1a_1+\bar{a}_2a_2+\cdots+\bar{a}_na_n\\ &=|a_1|^2+|a_2|^2+\cdots+|a_n|^2\neq 0.\end{aligned}$$

故 $\lambda-\bar{\lambda}=0$，即 $\lambda=\bar{\lambda}$，说明 λ 是实数.

注　(1) 一般实矩阵的特征值不一定是实数. 例如，矩阵 $\begin{pmatrix}0 & -1\\ 1 & 0\end{pmatrix}$ 的特征值是 $\pm\mathrm{i}$，不是实数.

(2) 根据性质 1，实对称矩阵的特征向量可取实向量.

性质 2 实对称矩阵 $\boldsymbol{A}$ 的对应于不同特征值的特征向量相互正交.

证明 设 λ_1,λ_2 是 $\boldsymbol{A}$ 的不同特征值,$\boldsymbol{\alpha}_1,\boldsymbol{\alpha}_2$ 是对应的特征向量,则

$$\boldsymbol{A\alpha}_1=\lambda_1\boldsymbol{\alpha}_1,\quad \boldsymbol{A\alpha}_2=\lambda_2\boldsymbol{\alpha}_2.$$

用 $\boldsymbol{\alpha}_2^{\mathrm{T}}$ 左乘上面第一式两边,得

$$\boldsymbol{\alpha}_2^{\mathrm{T}}\boldsymbol{A\alpha}_1=\lambda_1\boldsymbol{\alpha}_2^{\mathrm{T}}\boldsymbol{\alpha}_1.$$

注意到 $\boldsymbol{\alpha}_2^{\mathrm{T}}\boldsymbol{A\alpha}_1=(\boldsymbol{A}^{\mathrm{T}}\boldsymbol{\alpha}_2)^{\mathrm{T}}\boldsymbol{\alpha}_1=(\boldsymbol{A\alpha}_2)^{\mathrm{T}}\boldsymbol{\alpha}_1=\lambda_2\boldsymbol{\alpha}_2^{\mathrm{T}}\boldsymbol{\alpha}_1$,代入上式,有

$$(\lambda_2-\lambda_1)\boldsymbol{\alpha}_2^{\mathrm{T}}\boldsymbol{\alpha}_1=0.$$

由于 $\lambda_1\neq\lambda_2$,因此 $\boldsymbol{\alpha}_2^{\mathrm{T}}\boldsymbol{\alpha}_1=0$,即 $\boldsymbol{\alpha}_2$ 与 $\boldsymbol{\alpha}_1$ 正交.

性质 3 设 $\boldsymbol{A}$ 为 n 阶实对称矩阵,λ 是 $\boldsymbol{A}$ 的特征方程的 r 重根,则 $\mathrm{R}(\lambda\boldsymbol{E}-\boldsymbol{A})=n-r$,从而对应于特征值 λ 恰有 r 个线性无关的特征向量.

这个性质不予证明.

三、实对称矩阵的相似对角化

由性质 3 及第二节定理 1 的推论 2 可知,实对称矩阵一定可相似对角化.

定理 5 **设 $\boldsymbol{A}$ 是 n 阶实对称矩阵,则必存在正交矩阵 $\boldsymbol{Q}$,使得**

$$\boldsymbol{Q}^{-1}\boldsymbol{AQ}=\boldsymbol{Q}^{\mathrm{T}}\boldsymbol{AQ}=\boldsymbol{\Lambda},$$

其中 $\boldsymbol{\Lambda}$ 是以 $\boldsymbol{A}$ 的 n 个特征值为主对角线上元素的对角矩阵.

证明 设 $\boldsymbol{A}$ 的互不相同的特征值为 $\lambda_1,\lambda_2,\cdots,\lambda_s$,它们的重数分别为

$$r_1,\quad r_2,\quad \cdots,\quad r_s\quad (r_1+r_2+\cdots+r_s=n).$$

根据性质 3 知,对应于特征值 $\lambda_i(i=1,2,\cdots,s)$ 恰有 r_i 个线性无关的特征向量,将其进行正交化和单位化,即得 r_i 个两两正交的单位特征向量,从而 $\boldsymbol{A}$ 有 n 个两两正交的单位特征向量. 把它们依次作为列构造正交矩阵 $\boldsymbol{Q}$,则有

$$\boldsymbol{Q}^{-1}\boldsymbol{AQ}=\boldsymbol{Q}^{\mathrm{T}}\boldsymbol{AQ}=\mathrm{diag}(\lambda_1,\cdots,\lambda_1,\lambda_2,\cdots,\lambda_2,\cdots,\lambda_s,\cdots,\lambda_s)\triangleq\boldsymbol{\Lambda},$$

其中对角矩阵 $\boldsymbol{\Lambda}$ 的主对角线上的元素中含有 r_1 个 λ_1,r_2 个 λ_2……r_s 个 λ_s.

注 由于齐次线性方程组 $(\lambda_i\boldsymbol{E}-\boldsymbol{A})\boldsymbol{X}=\boldsymbol{0}$ 的基础解系不唯一,因此定理 5 的证明中的正交矩阵 $\boldsymbol{Q}$ 也是不唯一的.

例 3 设实对称矩阵 $\boldsymbol{A}=\begin{pmatrix}0&-1&1\\-1&0&1\\1&1&0\end{pmatrix}$,求一个正交矩阵 $\boldsymbol{Q}$,使得 $\boldsymbol{Q}^{-1}\boldsymbol{AQ}$ 为对角矩阵.

解 因 $\boldsymbol{A}$ 的特征方程为

$$|\lambda\boldsymbol{E}-\boldsymbol{A}|=\begin{vmatrix}\lambda&1&-1\\1&\lambda&-1\\-1&-1&\lambda\end{vmatrix}=(\lambda-1)^2(\lambda+2)=0,$$

故 $\boldsymbol{A}$ 的特征值为 $\lambda_1=-2,\lambda_2=\lambda_3=1$.

对于特征值 $\lambda_1=-2$,解齐次线性方程组 $(-2\boldsymbol{E}-\boldsymbol{A})\boldsymbol{X}=\boldsymbol{0}$,得基础解系

$$\boldsymbol{\alpha}_1=(-1,-1,1)^{\mathrm{T}}.$$

对于特征值 $\lambda_2=\lambda_3=1$，解齐次线性方程组 $(\boldsymbol{E}-\boldsymbol{A})\boldsymbol{X}=\boldsymbol{0}$，得基础解系

$$\boldsymbol{\alpha}_2=(-1,1,0)^{\mathrm{T}},\quad \boldsymbol{\alpha}_3=(1,0,1)^{\mathrm{T}}.$$

将向量组 $\boldsymbol{\alpha}_2,\boldsymbol{\alpha}_3$ 正交化，取

$$\boldsymbol{\beta}_2=\boldsymbol{\alpha}_2,$$

$$\boldsymbol{\beta}_3=\boldsymbol{\alpha}_3-\frac{[\boldsymbol{\beta}_2,\boldsymbol{\alpha}_3]}{[\boldsymbol{\beta}_2,\boldsymbol{\beta}_2]}\boldsymbol{\beta}_2=\begin{pmatrix}1\\0\\1\end{pmatrix}+\frac{1}{2}\begin{pmatrix}-1\\1\\0\end{pmatrix}=\frac{1}{2}\begin{pmatrix}1\\1\\2\end{pmatrix}.$$

再将向量组 $\boldsymbol{\alpha}_1,\boldsymbol{\beta}_2,\boldsymbol{\beta}_3$ 单位化，取

$$\boldsymbol{\gamma}_1=\frac{\boldsymbol{\alpha}_1}{\|\boldsymbol{\alpha}_1\|}=\frac{\sqrt{3}}{3}\begin{pmatrix}-1\\-1\\1\end{pmatrix},\quad \boldsymbol{\gamma}_2=\frac{\boldsymbol{\beta}_2}{\|\boldsymbol{\beta}_2\|}=\frac{\sqrt{2}}{2}\begin{pmatrix}-1\\1\\0\end{pmatrix},\quad \boldsymbol{\gamma}_3=\frac{\boldsymbol{\beta}_3}{\|\boldsymbol{\beta}_3\|}=\frac{\sqrt{6}}{6}\begin{pmatrix}1\\1\\2\end{pmatrix}.$$

依次以 $\boldsymbol{\gamma}_1,\boldsymbol{\gamma}_2,\boldsymbol{\gamma}_3$ 为列构造正交矩阵

$$\boldsymbol{Q}=(\boldsymbol{\gamma}_1,\boldsymbol{\gamma}_2,\boldsymbol{\gamma}_3)=\begin{pmatrix}-\frac{\sqrt{3}}{3} & -\frac{\sqrt{2}}{2} & \frac{\sqrt{6}}{6}\\ -\frac{\sqrt{3}}{3} & \frac{\sqrt{2}}{2} & \frac{\sqrt{6}}{6}\\ \frac{\sqrt{3}}{3} & 0 & \frac{\sqrt{6}}{3}\end{pmatrix},$$

则有

$$\boldsymbol{Q}^{-1}\boldsymbol{A}\boldsymbol{Q}=\boldsymbol{Q}^{\mathrm{T}}\boldsymbol{A}\boldsymbol{Q}=\begin{pmatrix}-2 & 0 & 0\\ 0 & 1 & 0\\ 0 & 0 & 1\end{pmatrix}.$$

例 4　设三阶实对称矩阵 $\boldsymbol{A}$ 的特征值为 $\lambda_1=0,\lambda_2=\lambda_3=1$，$\boldsymbol{A}$ 的对应于 λ_1 的特征向量为 $\boldsymbol{\alpha}_1=(0,1,1)^{\mathrm{T}}$，求 $\boldsymbol{A}$.

解　三阶实对称矩阵 $\boldsymbol{A}$ 必可相似对角化，对应于二重特征值 $\lambda_2=\lambda_3=1$ 的线性无关的特征向量应有两个，设为 $\boldsymbol{\alpha}_2,\boldsymbol{\alpha}_3$. 根据性质 2，$\boldsymbol{\alpha}_2,\boldsymbol{\alpha}_3$ 都与 $\boldsymbol{\alpha}_1$ 正交.

设与 $\boldsymbol{\alpha}_1$ 正交的向量为 $\boldsymbol{\alpha}=(x_1,x_2,x_3)^{\mathrm{T}}$，则

$$\boldsymbol{\alpha}_1^{\mathrm{T}}\boldsymbol{\alpha}=(0,1,1)\begin{pmatrix}x_1\\x_2\\x_3\end{pmatrix}=x_2+x_3=0.$$

解此齐次线性方程组，可得基础解系

$$\boldsymbol{\xi}_1=(1,0,0)^{\mathrm{T}},\quad \boldsymbol{\xi}_2=(0,-1,1)^{\mathrm{T}}.$$

于是，可取 $\boldsymbol{\alpha}_2=\boldsymbol{\xi}_1=(1,0,0)^{\mathrm{T}},\boldsymbol{\alpha}_3=\boldsymbol{\xi}_2=(0,-1,1)^{\mathrm{T}}$.

由于 $\boldsymbol{\alpha}_2$ 与 $\boldsymbol{\alpha}_3$ 已正交,因此只要将向量组 $\boldsymbol{\alpha}_1,\boldsymbol{\alpha}_2,\boldsymbol{\alpha}_3$ 单位化,取

$$\boldsymbol{\beta}_1=\frac{\boldsymbol{\alpha}_1}{\|\boldsymbol{\alpha}_1\|}=\begin{pmatrix}0\\ \frac{\sqrt{2}}{2}\\ \frac{\sqrt{2}}{2}\end{pmatrix},\quad \boldsymbol{\beta}_2=\frac{\boldsymbol{\alpha}_2}{\|\boldsymbol{\alpha}_2\|}=\begin{pmatrix}1\\0\\0\end{pmatrix},\quad \boldsymbol{\beta}_3=\frac{\boldsymbol{\alpha}_3}{\|\boldsymbol{\alpha}_3\|}=\begin{pmatrix}0\\ -\frac{\sqrt{2}}{2}\\ \frac{\sqrt{2}}{2}\end{pmatrix}.$$

构造矩阵

$$\boldsymbol{Q}=(\boldsymbol{\beta}_1,\boldsymbol{\beta}_2,\boldsymbol{\beta}_3)=\begin{pmatrix}0&1&0\\ \frac{\sqrt{2}}{2}&0&-\frac{\sqrt{2}}{2}\\ \frac{\sqrt{2}}{2}&0&\frac{\sqrt{2}}{2}\end{pmatrix},\quad \boldsymbol{\Lambda}=\begin{pmatrix}0&&\\&1&\\&&1\end{pmatrix},$$

则 $\boldsymbol{Q}$ 为正交矩阵,且 $\boldsymbol{Q}^{-1}\boldsymbol{A}\boldsymbol{Q}=\boldsymbol{\Lambda}$. 因此

$$\boldsymbol{A}=\boldsymbol{Q}\boldsymbol{\Lambda}\boldsymbol{Q}^{-1}=\boldsymbol{Q}\boldsymbol{\Lambda}\boldsymbol{Q}^{\mathrm{T}}=\begin{pmatrix}0&1&0\\ \frac{\sqrt{2}}{2}&0&-\frac{\sqrt{2}}{2}\\ \frac{\sqrt{2}}{2}&0&\frac{\sqrt{2}}{2}\end{pmatrix}\begin{pmatrix}0&&\\&1&\\&&1\end{pmatrix}\begin{pmatrix}0&\frac{\sqrt{2}}{2}&\frac{\sqrt{2}}{2}\\ 1&0&0\\ 0&-\frac{\sqrt{2}}{2}&\frac{\sqrt{2}}{2}\end{pmatrix}$$

典型例题

$$=\begin{pmatrix}1&0&0\\ 0&\frac{1}{2}&-\frac{1}{2}\\ 0&-\frac{1}{2}&\frac{1}{2}\end{pmatrix}.$$

例 5 设 $\boldsymbol{A},\boldsymbol{B}$ 是 n 阶实对称矩阵,证明:存在正交矩阵 $\boldsymbol{Q}$,使得 $\boldsymbol{Q}^{-1}\boldsymbol{A}\boldsymbol{Q}=\boldsymbol{B}$ 的充要条件是 $\boldsymbol{A},\boldsymbol{B}$ 有相同的特征值.

证明 **必要性** 设存在正交矩阵 $\boldsymbol{Q}$,使得 $\boldsymbol{Q}^{-1}\boldsymbol{A}\boldsymbol{Q}=\boldsymbol{B}$,则 $\boldsymbol{A}\sim\boldsymbol{B}$,故 $\boldsymbol{A}$ 与 $\boldsymbol{B}$ 有相同的特征值.

充分性 设实对称矩阵 $\boldsymbol{A},\boldsymbol{B}$ 的特征值均为 $\lambda_1,\lambda_2,\cdots,\lambda_n$,则存在正交矩阵 $\boldsymbol{Q}_1,\boldsymbol{Q}_2$,使得

$$\boldsymbol{Q}_1^{-1}\boldsymbol{A}\boldsymbol{Q}_1=\begin{pmatrix}\lambda_1&&&\\&\lambda_2&&\\&&\ddots&\\&&&\lambda_n\end{pmatrix},\quad \boldsymbol{Q}_2^{-1}\boldsymbol{B}\boldsymbol{Q}_2=\begin{pmatrix}\lambda_1&&&\\&\lambda_2&&\\&&\ddots&\\&&&\lambda_n\end{pmatrix},$$

即

$$\boldsymbol{Q}_1^{-1}\boldsymbol{A}\boldsymbol{Q}_1=\boldsymbol{Q}_2^{-1}\boldsymbol{B}\boldsymbol{Q}_2,$$

于是

$$\boldsymbol{B}=\boldsymbol{Q}_2\boldsymbol{Q}_1^{-1}\boldsymbol{A}\boldsymbol{Q}_1\boldsymbol{Q}_2^{-1}=(\boldsymbol{Q}_1\boldsymbol{Q}_2^{-1})^{-1}\boldsymbol{A}(\boldsymbol{Q}_1\boldsymbol{Q}_2^{-1}).$$

令 $\boldsymbol{Q}=\boldsymbol{Q}_1\boldsymbol{Q}_2^{-1}$,则 $\boldsymbol{Q}$ 仍为正交矩阵,且

$$\boldsymbol{B}=\boldsymbol{Q}^{-1}\boldsymbol{A}\boldsymbol{Q}.$$

注 例 5 说明,当 $\boldsymbol{A},\boldsymbol{B}$ 是实对称矩阵时,第二节性质 1 的逆命题也是成立的.

习题五

1. 求下列矩阵的特征值与特征向量：

(1) $\boldsymbol{A}=\begin{pmatrix}2 & -4\\ -3 & 3\end{pmatrix}$； (2) $\boldsymbol{A}=\begin{pmatrix}0 & 0 & 1\\ 0 & 1 & 0\\ 1 & 0 & 0\end{pmatrix}$；

(3) $\boldsymbol{A}=\begin{pmatrix}2 & -1 & 2\\ 5 & -3 & 3\\ -1 & 0 & -2\end{pmatrix}$.

2. 已知 $\boldsymbol{\alpha}=\begin{pmatrix}1\\ k\\ 1\end{pmatrix}$ 是矩阵 $\boldsymbol{A}=\begin{pmatrix}2 & 1 & 1\\ 1 & 2 & 1\\ 1 & 1 & 2\end{pmatrix}$ 的逆矩阵 $\boldsymbol{A}^{-1}$ 的特征向量，求 k 的值.

3. 设 $\boldsymbol{A}$ 是 n 阶方阵，证明：若 $\boldsymbol{A}^2=\boldsymbol{E}$，则 $\boldsymbol{A}$ 的特征值只能是 -1 或 1.

4. 已知三阶方阵 $\boldsymbol{A}$ 的特征值为 1,2,3，试求矩阵 $\boldsymbol{B}=\frac{1}{2}\boldsymbol{A}^*+3\boldsymbol{E}$ 的特征值.

5. 设矩阵 $\boldsymbol{A}$ 与对角矩阵 $\boldsymbol{\Lambda}$ 相似，其中

$$\boldsymbol{A}=\begin{pmatrix}1 & -2 & -4\\ -2 & x & -2\\ -4 & -2 & 1\end{pmatrix},\quad \boldsymbol{\Lambda}=\begin{pmatrix}5 & & \\ & y & \\ & & -4\end{pmatrix},$$

求 x 与 y 的值.

6. 设 $\boldsymbol{A}$ 与 $\boldsymbol{B}$ 都是 n 阶方阵，且 $|\boldsymbol{A}|\neq 0$，证明：$\boldsymbol{AB}$ 与 $\boldsymbol{BA}$ 相似.

7. 若 n 阶方阵 $\boldsymbol{A}$ 满足 $\boldsymbol{A}^2=\boldsymbol{A}$，则称 $\boldsymbol{A}$ 为幂等矩阵. 证明：若 $\boldsymbol{A}$ 是幂等矩阵，且 $\boldsymbol{A}\sim\boldsymbol{B}$，则 $\boldsymbol{B}$ 是幂等矩阵.

8. 设三阶方阵 $\boldsymbol{A}$ 的特征值为 1,0,-1，对应的特征向量依次为 $\boldsymbol{\alpha}_1=(1,2,2)^{\mathrm{T}}$，$\boldsymbol{\alpha}_2=(2,-2,1)^{\mathrm{T}}$，$\boldsymbol{\alpha}_3=(-2,-1,2)^{\mathrm{T}}$，求 $\boldsymbol{A}$ 与 $\boldsymbol{A}^{50}$.

9. 设矩阵 $\boldsymbol{A}=\begin{pmatrix}0 & 0 & 1\\ x & 1 & y\\ 1 & 0 & 0\end{pmatrix}$ 有 3 个线性无关的特征向量，求 x 和 y 应满足的条件.

10. 试用施密特正交化方法将下列向量组正交化：

(1) $\boldsymbol{\alpha}_1=(1,1,1)^{\mathrm{T}}$，$\boldsymbol{\alpha}_2=(1,2,3)^{\mathrm{T}}$，$\boldsymbol{\alpha}_3=(1,4,9)^{\mathrm{T}}$；

(2) $\boldsymbol{\alpha}_1=(1,0,-1,1)^{\mathrm{T}}$，$\boldsymbol{\alpha}_2=(1,-1,0,1)^{\mathrm{T}}$，$\boldsymbol{\alpha}_3=(-1,1,1,0)^{\mathrm{T}}$.

11. 判断下列矩阵是否为正交矩阵，并说明理由：

(1) $\begin{pmatrix} 2 & 1 & 0 \\ -1 & 1 & 1 \\ 1 & -1 & 1 \end{pmatrix}$；　　(2) $\dfrac{\sqrt{2}}{2}\begin{pmatrix} 1 & 0 & 1 & 0 \\ 1 & 0 & -1 & 0 \\ 0 & 1 & 0 & 1 \\ 0 & -1 & 0 & 1 \end{pmatrix}$.

12. 对于下列实对称矩阵 $\boldsymbol{A}$，求正交矩阵 $\boldsymbol{Q}$，使得 $\boldsymbol{Q}^{-1}\boldsymbol{A}\boldsymbol{Q}$ 为对角矩阵：

(1) $\boldsymbol{A}=\begin{pmatrix} 1 & -2 & 0 \\ -2 & 2 & -2 \\ 0 & -2 & 3 \end{pmatrix}$；　　(2) $\boldsymbol{A}=\begin{pmatrix} 2 & 2 & -2 \\ 2 & 5 & -4 \\ -2 & -4 & 5 \end{pmatrix}$.

13. 设三阶实对称矩阵 $\boldsymbol{A}$ 的特征值为 $\lambda_1=-1, \lambda_2=\lambda_3=1$，对应于特征值 λ_1 的特征向量为 $\boldsymbol{\alpha}_1=(0,1,1)^{\mathrm{T}}$，求：

(1) $\boldsymbol{A}$ 的对应于特征值 $\lambda_2=\lambda_3=1$ 的特征向量；

(2) $\boldsymbol{A}$.

14. 在某国，每年有比例为 p 的农村居民移居城镇，有比例为 q 的城镇居民移居农村. 假设该国总人口不变，且上述人口迁移的规律也不变，把 n 年后农村人口和城镇人口占总人口的比例依次记为 x_n 和 y_n $(x_n+y_n=1)$.

(1) 求关系式 $\begin{pmatrix} x_{n+1} \\ y_{n+1} \end{pmatrix}=\boldsymbol{A}\begin{pmatrix} x_n \\ y_n \end{pmatrix}$ 中的矩阵 $\boldsymbol{A}$；

(2) 设目前农村人口与城镇人口相等，即 $\begin{pmatrix} x_0 \\ y_0 \end{pmatrix}=\begin{pmatrix} 0.5 \\ 0.5 \end{pmatrix}$，求 $\begin{pmatrix} x_n \\ y_n \end{pmatrix}$.

第六章

二 次 型

二次型的理论起源于解析几何中二次曲线和二次曲面方程化为标准形的问题. 这种理论不仅在数学领域,而且在包括经济学在内的许多其他学科中都有广泛的应用.

第一节 二次型的基本概念

一、二次型及其矩阵

我们知道,在解析几何中,以坐标原点为中心的二次曲线

$$ax^2+bxy+cy^2=d,$$

可以通过适当的坐标变换消去其中的交叉项化为只有平方项的形式

$$a'x'^2+c'y'^2=d.$$

这是所给二次曲线的标准形.由标准形,我们容易识别二次曲线的类型,并研究其性质.

一般地,对于二次齐次多项式

$$\begin{aligned}f(x_1,x_2,\cdots,x_n)=&a_{11}x_1^2+2a_{12}x_1x_2+\cdots+2a_{1n}x_1x_n\\&+a_{22}x_2^2+\cdots+2a_{2n}x_2x_n\\&+\cdots\\&+a_{nn}x_n^2,\end{aligned}\tag{6.1}$$

要消掉其中的交叉项,即要寻找合适的坐标变换

$$\begin{pmatrix}x_1\\x_2\\\vdots\\x_n\end{pmatrix}=\boldsymbol{C}\begin{pmatrix}y_1\\y_2\\\vdots\\y_n\end{pmatrix},\tag{6.2}$$

其中 $\boldsymbol{C}$ 是 n 阶方阵,使得(6.1)式化为

$$d_1y_1^2+d_2y_2^2+\cdots+d_ny_n^2\tag{6.3}$$

的形式.

定义 1 形如(6.1)式的二次齐次多项式称为n元二次型,简称二次型,并简记为 f.(6.3)式称为二次型(6.1)的标准形.

当 $a_{ij}(i,j=1,2,\cdots,n;j\geqslant i)$ 为复数时,f 称为复二次型;当 $a_{ij}(i,j=1,2,\cdots,n;j\geqslant i)$ 为实数时,f 称为实二次型.本章仅限于讨论实二次型.

取 $a_{ji}=a_{ij}(i,j=1,2,\cdots,n)$,则 $2a_{ij}x_ix_j=a_{ij}x_ix_j+a_{ji}x_jx_i$.于是,(6.1)式可写成

$$\begin{aligned}f(x_1,x_2,\cdots,x_n)=&a_{11}x_1^2+a_{12}x_1x_2+\cdots+a_{1n}x_1x_n\\&+a_{21}x_2x_1+a_{22}x_2^2+\cdots+a_{2n}x_2x_n\\&+\cdots+a_{n1}x_nx_1+a_{n2}x_nx_2+\cdots+a_{nn}x_n^2\\=&\sum_{i=1}^n\sum_{j=1}^n a_{ij}x_ix_j.\end{aligned}\tag{6.4}$$

为了便于讨论,我们将二次型写成矩阵形式.由(6.4)式,有

$$\begin{aligned}f(x_1,x_2,\cdots,x_n)=&x_1(a_{11}x_1+a_{12}x_2+\cdots+a_{1n}x_n)\\&+x_2(a_{21}x_1+a_{22}x_2+\cdots+a_{2n}x_n)\\&+\cdots+x_n(a_{n1}x_1+a_{n2}x_2+\cdots+a_{nn}x_n)\end{aligned}$$

$$=(x_1,x_2,\cdots,x_n)\begin{pmatrix}a_{11}&a_{12}&\cdots&a_{1n}\\a_{21}&a_{22}&\cdots&a_{2n}\\\vdots&\vdots&&\vdots\\a_{n1}&a_{n2}&\cdots&a_{nn}\end{pmatrix}\begin{pmatrix}x_1\\x_2\\\vdots\\x_n\end{pmatrix}.$$

记

$$\boldsymbol{A}=\begin{pmatrix}a_{11}&a_{12}&\cdots&a_{1n}\\a_{21}&a_{22}&\cdots&a_{2n}\\\vdots&\vdots&&\vdots\\a_{n1}&a_{n2}&\cdots&a_{nn}\end{pmatrix},\quad \boldsymbol{X}=\begin{pmatrix}x_1\\x_2\\\vdots\\x_n\end{pmatrix},$$

则二次型(6.1)可记为

$$f=\boldsymbol{X}^{\mathrm{T}}\boldsymbol{A}\boldsymbol{X},$$

其中 $\boldsymbol{A}$ 为实对称矩阵.

例如,二次型 $f=2x_1x_2+3x_3^2$(一般不特别指明二次型 f 的变量个数时,以式中出现的个数为准)用矩阵记号写出来就是

$$f=(x_1,x_2,x_3)\begin{pmatrix}0&1&0\\1&0&0\\0&0&3\end{pmatrix}\begin{pmatrix}x_1\\x_2\\x_3\end{pmatrix};$$

二次型(6.1)的标准形(6.3)用矩阵记号写出来就是

$$(y_1,y_2,\cdots,y_n)\begin{pmatrix}d_1&&&\\&d_2&&\\&&\ddots&\\&&&d_n\end{pmatrix}\begin{pmatrix}y_1\\y_2\\\vdots\\y_n\end{pmatrix}.$$

由上面的讨论我们知道,给定一个 n 元二次型 f,就唯一地确定了一个 n 阶实对称矩阵 $\boldsymbol{A}$;反之,任给一个 n 阶实对称矩阵 $\boldsymbol{A}$,也可以唯一地构造一个 n 元二次型 $f=\boldsymbol{X}^{\mathrm{T}}\boldsymbol{A}\boldsymbol{X}$. 这样,二次型与实对称矩阵之间存在一一对应的关系. 因此,我们把实对称矩阵 $\boldsymbol{A}$ 叫作二次型 $f=\boldsymbol{X}^{\mathrm{T}}\boldsymbol{A}\boldsymbol{X}$ 的矩阵,也把 $f=\boldsymbol{X}^{\mathrm{T}}\boldsymbol{A}\boldsymbol{X}$ 叫作实对称矩阵 $\boldsymbol{A}$ 的二次型. 实对称矩阵 $\boldsymbol{A}$ 的秩称为二次型 $f=\boldsymbol{X}^{\mathrm{T}}\boldsymbol{A}\boldsymbol{X}$ 的秩.

例 1　写出二次型 $f=\boldsymbol{X}^{\mathrm{T}}\begin{pmatrix}1&3&5\\2&4&6\\7&8&5\end{pmatrix}\boldsymbol{X}$ 的矩阵.

解　由于 $\begin{pmatrix}1&3&5\\2&4&6\\7&8&5\end{pmatrix}$ 不是实对称矩阵,因此不是二次型 f 的矩阵. 令 $\boldsymbol{X}=(x_1,x_2,x_3)^{\mathrm{T}}$,将二次型 f 展开,得

$$f=(x_1,x_2,x_3)\begin{pmatrix}1&3&5\\2&4&6\\7&8&5\end{pmatrix}\begin{pmatrix}x_1\\x_2\\x_3\end{pmatrix}=x_1^2+4x_2^2+5x_3^2+5x_1x_2+12x_1x_3+14x_2x_3$$

$$=(x_1,x_2,x_3)\begin{pmatrix}1&\frac{5}{2}&6\\\frac{5}{2}&4&7\\6&7&5\end{pmatrix}\begin{pmatrix}x_1\\x_2\\x_3\end{pmatrix}.$$

因此,二次型 f 的矩阵为

$$A=\begin{pmatrix}1&\frac{5}{2}&6\\\frac{5}{2}&4&7\\6&7&5\end{pmatrix}.$$

注 一般地,在二次型 $f=\boldsymbol{X}^{\mathrm{T}}\boldsymbol{A}\boldsymbol{X}$ 中,当 $\boldsymbol{A}$ 不是实对称矩阵时,f 的矩阵可取作 $\frac{\boldsymbol{A}+\boldsymbol{A}^{\mathrm{T}}}{2}$.以后约定二次型 $f=\boldsymbol{X}^{\mathrm{T}}\boldsymbol{A}\boldsymbol{X}$ 中的矩阵 $\boldsymbol{A}$ 为实对称矩阵.

例 2 已知二次型

$$f=5x_1^2+5x_2^2+tx_3^2-2x_1x_2+6x_1x_3-6x_2x_3$$

的秩为 2,求参数 t 的值.

解 二次型 f 的矩阵为

$$\boldsymbol{A}=\begin{pmatrix}5&-1&3\\-1&5&-3\\3&-3&t\end{pmatrix}.$$

由 $\mathrm{R}(\boldsymbol{A})=2$,知 $|\boldsymbol{A}|=0$,即 $24(t-3)=0$,于是有

$$t=3.$$

二、矩阵的合同

记 $\boldsymbol{X}=\begin{pmatrix}x_1\\x_2\\\vdots\\x_n\end{pmatrix}$,$\boldsymbol{Y}=\begin{pmatrix}y_1\\y_2\\\vdots\\y_n\end{pmatrix}$,则坐标变换(6.2)可写成

$$\boldsymbol{X}=\boldsymbol{C}\boldsymbol{Y}.$$

这是一个线性变换.因为线性变换 $\boldsymbol{X}=\boldsymbol{C}\boldsymbol{Y}$ 中的矩阵 $\boldsymbol{C}$ 是一个可逆矩阵,所以这样的变换又称为可逆线性变换,简称可逆变换.

对于一般的二次型 $f=\boldsymbol{X}^{\mathrm{T}}\boldsymbol{A}\boldsymbol{X}$,经可逆变换 $\boldsymbol{X}=\boldsymbol{C}\boldsymbol{Y}$,可将其化为

$$f = X^{\mathrm{T}}AX = (CY)^{\mathrm{T}}A(CY) = Y^{\mathrm{T}}(C^{\mathrm{T}}AC)Y = Y^{\mathrm{T}}BY,$$

其中 $B = C^{\mathrm{T}}AC$. 显然，B 为实对称矩阵，所以 $Y^{\mathrm{T}}BY$ 为关于变量 $y_1, y_2, \cdots, y_n$ 的二次型. 又由于 C 是可逆矩阵，因此 $\mathrm{R}(B) = \mathrm{R}(A)$. 这可归结为下述定理.

定理 1　**二次型经可逆变换后化为新二次型，且新二次型与原二次型的秩相等.**

定义 2　设 A, B 是两个 n 阶方阵. 如果存在可逆矩阵 C，使得 $B = C^{\mathrm{T}}AC$，则称 A 与 B 合同，或称 A 合同于 B，记作 $A \simeq B$.

显然，两个矩阵间的合同关系也是一种特殊的等价关系，它具有以下性质：

(1) 反身性：$A \simeq A$；

(2) 对称性：若 $A \simeq B$，则 $B \simeq A$；

(3) 传递性：若 $A \simeq B$，$B \simeq C$，则 $A \simeq C$.

请读者自己验证.

注　(1) 矩阵的合同是一般方阵之间的一种关系，不只是针对实对称矩阵.

(2) 结合第五章第三节例 5 知，对于两个实对称矩阵，相似必合同，但反之不然. 例如，

$$A = \begin{pmatrix} 1 & 0 \\ 0 & 1 \end{pmatrix}, \quad B = \begin{pmatrix} 1 & 0 \\ 0 & 4 \end{pmatrix}$$

均为实对称矩阵，且存在可逆矩阵 $C = \begin{pmatrix} 1 & 0 \\ 0 & 2 \end{pmatrix}$，使得 $C^{\mathrm{T}}AC = B$，即 A 与 B 合同，但对于任意可逆矩阵 P，都有 $P^{-1}AP = E \neq B$，故 A 与 B 不相似(实际上，A 与 B 的特征值不相同，当然 A 与 B 不相似).

定理 2　**设 A, B 是实对称矩阵，则 A 与 B 合同的充要条件是二次型 $X^{\mathrm{T}}AX$ 经可逆变换可化为 $Y^{\mathrm{T}}BY$.**

证明　**必要性**　若矩阵 A 与 B 合同，则存在可逆矩阵 C，使得 $B = C^{\mathrm{T}}AC$. 令 $X = CY$，则

$$X^{\mathrm{T}}AX = (CY)^{\mathrm{T}}A(CY) = Y^{\mathrm{T}}C^{\mathrm{T}}ACY = Y^{\mathrm{T}}BY.$$

充分性　若存在可逆变换 $X = CY$，使得

$$X^{\mathrm{T}}AX = Y^{\mathrm{T}}C^{\mathrm{T}}ACY = Y^{\mathrm{T}}BY,$$

则因为关于变量 $y_1, y_2, \cdots, y_n$ 的二次型的矩阵是唯一的，且 $C^{\mathrm{T}}AC$ 是实对称矩阵，所以 $B = C^{\mathrm{T}}AC$，即 A 与 B 合同.

由此，二次型能否化简为只含平方项的标准形的问题就归结为实对称矩阵能否合同于对角矩阵的问题.

第二节　化二次型为标准形

本节将讨论如何通过可逆变换 $X = CY$，化二次型 $f = X^{\mathrm{T}}AX$ 为标准形

$$f = d_1 y_1^2 + d_2 y_2^2 + \cdots + d_n y_n^2,$$

即对于实对称矩阵 A，如何找到可逆矩阵 C，使得 $C^{\mathrm{T}}AC$ 为对角矩阵 $\mathrm{diag}(d_1, d_2, \cdots, d_n)$. 这时，我们称 C 为变换矩阵.

下面介绍三种化二次型为标准形的方法.

一、正交变换法

由于二次型的矩阵是实对称矩阵,由第五章定理5知,任给一个n阶实对称矩阵$\boldsymbol{A}$,总存在正交矩阵$\boldsymbol{Q}$,使得$\boldsymbol{Q}^{\mathrm{T}}\boldsymbol{A}\boldsymbol{Q}=\mathrm{diag}(\lambda_1,\lambda_2,\cdots,\lambda_n)$,其中$\lambda_1,\lambda_2,\cdots,\lambda_n$为$\boldsymbol{A}$的$n$个特征值.以正交矩阵$\boldsymbol{Q}$为系数矩阵的线性变换$\boldsymbol{X}=\boldsymbol{Q}\boldsymbol{Y}$称为正交线性变换,简称正交变换.于是,有如下定理:

定理3 **任给二次型$f=\boldsymbol{X}^{\mathrm{T}}\boldsymbol{A}\boldsymbol{X}$,总存在正交变换$\boldsymbol{X}=\boldsymbol{Q}\boldsymbol{Y}$,使得$f$化为标准形**

$$f=\lambda_1y_1^2+\lambda_2y_2^2+\cdots+\lambda_ny_n^2,$$

其中$\lambda_1,\lambda_2,\cdots,\lambda_n$是$f$的矩阵$\boldsymbol{A}$的特征值.

用正交变换法化二次型$f=\boldsymbol{X}^{\mathrm{T}}\boldsymbol{A}\boldsymbol{X}$为标准形的基本步骤如下:

(1) 写出二次型f的矩阵$\boldsymbol{A}$;

(2) 求出$\boldsymbol{A}$的所有特征值$\lambda_1,\lambda_2,\cdots,\lambda_n$;

(3) 求出对应于各特征值的线性无关的特征向量$\boldsymbol{\alpha}_1,\boldsymbol{\alpha}_2,\cdots,\boldsymbol{\alpha}_n$;

(4) 将向量组$\boldsymbol{\alpha}_1,\boldsymbol{\alpha}_2,\cdots,\boldsymbol{\alpha}_n$正交化、单位化,得向量组$\boldsymbol{\beta}_1,\boldsymbol{\beta}_2,\cdots,\boldsymbol{\beta}_n$,再构造正交矩阵

$$\boldsymbol{Q}=(\boldsymbol{\beta}_1,\boldsymbol{\beta}_2,\cdots,\boldsymbol{\beta}_n);$$

(5) 用正交变换$\boldsymbol{X}=\boldsymbol{Q}\boldsymbol{Y}$,将二次型$f$化为标准形

$$f=\lambda_1y_1^2+\lambda_2y_2^2+\cdots+\lambda_ny_n^2.$$

例1 求一个正交变换,化二次型

$$f=x_1^2-2x_2^2-2x_3^2-4x_1x_2+4x_1x_3+8x_2x_3$$

为标准形,并指出方程$f=1$在空间直角坐标系下表示何种二次曲面.

解 二次型f的矩阵为

$$\boldsymbol{A}=\begin{pmatrix}1&-2&2\\-2&-2&4\\2&4&-2\end{pmatrix},$$

它的特征方程为

$$|\lambda\boldsymbol{E}-\boldsymbol{A}|=\begin{vmatrix}\lambda-1&2&-2\\2&\lambda+2&-4\\-2&-4&\lambda+2\end{vmatrix}=(\lambda+7)(\lambda-2)^2=0,$$

故$\boldsymbol{A}$的特征值为$\lambda_1=-7,\lambda_2=\lambda_3=2$.

对于特征值$\lambda_1=-7$,解齐次线性方程组$(-7\boldsymbol{E}-\boldsymbol{A})\boldsymbol{X}=\boldsymbol{0}$,得基础解系$\boldsymbol{\alpha}_1=(1,2,-2)^{\mathrm{T}}$,单位化后得

$$\boldsymbol{\beta}_1=\frac{1}{3}(1,2,-2)^{\mathrm{T}}.$$

对于特征值$\lambda_2=\lambda_3=2$,解齐次线性方程组$(2\boldsymbol{E}-\boldsymbol{A})\boldsymbol{X}=\boldsymbol{0}$,得基础解系$\boldsymbol{\alpha}_2=(-2,1,0)^{\mathrm{T}}$,$\boldsymbol{\alpha}_3=(2,0,1)^{\mathrm{T}}$,正交化和单位化后得

$$\boldsymbol{\beta}_2=\frac{\sqrt{5}}{5}(-2,1,0)^{\mathrm{T}},\quad \boldsymbol{\beta}_3=\frac{\sqrt{5}}{15}(2,4,5)^{\mathrm{T}}.$$

由 $\boldsymbol{\beta}_1,\boldsymbol{\beta}_2,\boldsymbol{\beta}_3$ 构造正交矩阵

$$\boldsymbol{Q}=(\boldsymbol{\beta}_1,\boldsymbol{\beta}_2,\boldsymbol{\beta}_3)=\begin{pmatrix} \frac{1}{3} & -\frac{2\sqrt{5}}{5} & \frac{2\sqrt{5}}{15} \\ \frac{2}{3} & \frac{\sqrt{5}}{5} & \frac{4\sqrt{5}}{15} \\ -\frac{2}{3} & 0 & \frac{\sqrt{5}}{3} \end{pmatrix}.$$

做正交变换 $\boldsymbol{X}=\boldsymbol{QY}$，即

$$\begin{cases} x_1=\frac{1}{3}y_1-\frac{2\sqrt{5}}{5}y_2+\frac{2\sqrt{5}}{15}y_3, \\ x_2=\frac{2}{3}y_1+\frac{\sqrt{5}}{5}y_2+\frac{4\sqrt{5}}{15}y_3, \\ x_3=-\frac{2}{3}y_1+\frac{\sqrt{5}}{3}y_3, \end{cases}$$

可将二次型 f 化为标准形

$$f=-7y_1^2+2y_2^2+2y_3^2.$$

显然，$f=1$ 在空间直角坐标系下表示的二次曲面为单叶双曲面.

注　正交变换法化二次型为标准形，具有保持向量内积，从而保持向量的长度和夹角的优点. 因此，在解析几何中，正交变换不改变方程表示的曲线或曲面的形状.

事实上，设 $\boldsymbol{X}=\boldsymbol{QY}$ 为正交变换，且 $\boldsymbol{Q\alpha}_1=\boldsymbol{\beta}_1,\boldsymbol{Q\alpha}_2=\boldsymbol{\beta}_2$，则

$$[\boldsymbol{\beta}_1,\boldsymbol{\beta}_2]=\boldsymbol{\beta}_1^{\mathrm{T}}\boldsymbol{\beta}_2=\boldsymbol{\alpha}_1^{\mathrm{T}}\boldsymbol{Q}^{\mathrm{T}}\boldsymbol{Q\alpha}_2=\boldsymbol{\alpha}_1^{\mathrm{T}}\boldsymbol{\alpha}_2=[\boldsymbol{\alpha}_1,\boldsymbol{\alpha}_2].$$

于是有

$$\|\boldsymbol{\beta}_1\|=\|\boldsymbol{\alpha}_1\|,\quad \|\boldsymbol{\beta}_2\|=\|\boldsymbol{\alpha}_2\|,$$

$$\arccos\frac{[\boldsymbol{\beta}_1,\boldsymbol{\beta}_2]}{\|\boldsymbol{\beta}_1\|\cdot\|\boldsymbol{\beta}_2\|}=\arccos\frac{[\boldsymbol{\alpha}_1,\boldsymbol{\alpha}_2]}{\|\boldsymbol{\alpha}_1\|\cdot\|\boldsymbol{\alpha}_2\|}.$$

二、配方法

把一个二次型化为标准形，如果不限于正交变换，那么还有其他方法，其中常用的方法之一就是拉格朗日(Lagrange) 配方法(简称配方法).

配方法的步骤如下：

(1) 若二次型 $f=\boldsymbol{X}^{\mathrm{T}}\boldsymbol{AX}$ 含有 x_i 的平方项，则把含有 x_i 的乘积项集中，然后配方. 再对其余有平方项的变量重复这一过程，直到所有变量都配成平方项为止. 于是，经相应的可逆变换就得到二次型 f 的标准形.

(2) 若二次型 f 中不含有平方项，但是其某个系数 $a_{ij}\neq 0(i\neq j)$，则先做变换

$$\begin{cases}x_i=y_i+y_j,\\x_j=y_i-y_j,\quad(k=1,2,\cdots,n\text{ 且 }k\neq i,j),\\x_k=y_k\end{cases}$$

化二次型 f 为含有平方项的二次型,然后按(1)中方法配方.

例 2 用配方法化二次型

$$f=x_1^2+2x_2^2+5x_3^2+2x_1x_2+2x_1x_3+6x_2x_3$$

为标准形,并求所用的变换矩阵.

解 由于该二次型中含有变量 x_1 的平方项,因此把含有 x_1 的项集中,配方可得

$$\begin{aligned}f&=x_1^2+2x_1x_2+2x_1x_3+2x_2^2+5x_3^2+6x_2x_3\\&=(x_1+x_2+x_3)^2-x_2^2-x_3^2-2x_2x_3+2x_2^2+5x_3^2+6x_2x_3\\&=(x_1+x_2+x_3)^2+x_2^2+4x_2x_3+4x_3^2.\end{aligned}$$

上式右边除第一项外已不再含 x_1,继续配方,可得

$$f=(x_1+x_2+x_3)^2+(x_2+2x_3)^2.$$

于是,做线性变换

$$\begin{cases}y_1=x_1+x_2+x_3,\\y_2=x_2+2x_3,\\y_3=x_3,\end{cases}$$

即

$$\begin{cases}x_1=y_1-y_2+y_3,\\x_2=y_2-2y_3,\\x_3=y_3,\end{cases}$$

就把原二次型化为标准形

$$f=y_1^2+y_2^2,$$

所用的变换矩阵为

$$\boldsymbol{C}=\begin{pmatrix}1&-1&1\\0&1&-2\\0&0&1\end{pmatrix}\quad(|\boldsymbol{C}|=1\neq0).$$

例 3 用配方法化二次型

$$f=2x_1x_2+2x_1x_3-6x_2x_3$$

为标准形,并求所用的变换矩阵.

解 在该二次型中不含有平方项.因含有乘积项 x_1x_2,故令

$$\begin{cases}x_1=y_1+y_2,\\x_2=y_1-y_2,\\x_3=y_3.\end{cases}$$

代入该二次型可得

$$f=2y_1^2-2y_2^2-4y_1y_3+8y_2y_3,$$

再配方得

$$f=2(y_1-y_3)^2-2(y_2-2y_3)^2+6y_3^2.$$

令

$$\begin{cases}z_1=y_1-y_3,\\z_2=y_2-2y_3,\\z_3=y_3,\end{cases}$$

即

$$\begin{cases}y_1=z_1+z_3,\\y_2=z_2+2z_3,\\y_3=z_3,\end{cases}$$

就把原二次型化为标准形

$$f=2z_1^2-2z_2^2+6z_3^2,$$

所用的变换矩阵为

$$\boldsymbol{C}=\begin{pmatrix}1&1&0\\1&-1&0\\0&0&1\end{pmatrix}\begin{pmatrix}1&0&1\\0&1&2\\0&0&1\end{pmatrix}=\begin{pmatrix}1&1&3\\1&-1&-1\\0&0&1\end{pmatrix}\quad(|\boldsymbol{C}|=-2\neq 0).$$

一般地,任何二次型都可用上面的方法找到变换矩阵,从而得到可逆变换,把二次型化为标准形.

定理 4　**任何二次型都可经可逆变换化为标准形.**

由定理 4 及定理 2,即有如下推论:

推论　任何实对称矩阵都与一个对角矩阵合同.

例 2、例 3 与定理 4 及其推论说明,二次型化为标准形,通过一般的可逆变换即可实现,并非一定需要通过正交变换来实现.

三、初等变换法

根据定理 4,对于任一 n 元二次型 $f=\boldsymbol{X}^{\mathrm{T}}\boldsymbol{AX}$,都可找到可逆变换 $\boldsymbol{X}=\boldsymbol{CY}$ 将其化为标准形,即存在可逆矩阵 $\boldsymbol{C}$,使得 $\boldsymbol{C}^{\mathrm{T}}\boldsymbol{AC}$ 为对角矩阵. 而任一可逆矩阵都可写成若干个初等矩阵的乘积,即存在若干个初等矩阵 $\boldsymbol{P}_1,\boldsymbol{P}_2,\cdots,\boldsymbol{P}_s$,使得 $\boldsymbol{C}=\boldsymbol{P}_1\boldsymbol{P}_2\cdots\boldsymbol{P}_s$,于是

$$\boldsymbol{C}^{\mathrm{T}}\boldsymbol{AC}=\boldsymbol{P}_s^{\mathrm{T}}\cdots\boldsymbol{P}_2^{\mathrm{T}}\boldsymbol{P}_1^{\mathrm{T}}\boldsymbol{AP}_1\boldsymbol{P}_2\cdots\boldsymbol{P}_s.$$

上式说明,对 n 阶实对称矩阵 $\boldsymbol{A}$ 相继做初等行变换,同时做同种类型的初等列变换,矩阵 $\boldsymbol{A}$ 就可化为一个对角矩阵. 由此得到化二次型为标准形的初等变换法:

(1) 构造 $2n\times n$ 矩阵 $\begin{pmatrix}\boldsymbol{A}\\ \hdashline \boldsymbol{E}\end{pmatrix}$,对 $\boldsymbol{A}$ 每做一次初等行变换,就对 $\begin{pmatrix}\boldsymbol{A}\\ \hdashline \boldsymbol{E}\end{pmatrix}$ 做一次同种类型的初等列变换;

(2) 当 $\boldsymbol{A}$ 化为对角矩阵时,$\boldsymbol{E}$ 就化为所求的变换矩阵 $\boldsymbol{C}$;

(3) 写出变换矩阵 $\boldsymbol{C}$ 及二次型的标准形.

例 4 用初等变换法化例 3 中的二次型

$$f=2x_1x_2+2x_1x_3-6x_2x_3$$

为标准形,并求所用的变换矩阵.

解 二次型 f 的矩阵为

$$\boldsymbol{A}=\begin{pmatrix}0&1&1\\1&0&-3\\1&-3&0\end{pmatrix},$$

于是

$$\begin{pmatrix}\boldsymbol{A}\\ \boldsymbol{E}\end{pmatrix}=\begin{pmatrix}0&1&1\\1&0&-3\\1&-3&0\\ \hdashline 1&0&0\\0&1&0\\0&0&1\end{pmatrix}\xrightarrow[c_1+c_2]{r_1+r_2}\begin{pmatrix}2&1&-2\\1&0&-3\\-2&-3&0\\ \hdashline 1&0&0\\1&1&0\\0&0&1\end{pmatrix}$$

$$\xrightarrow[\substack{c_2-\frac{1}{2}c_1\\ c_3+c_1}]{\substack{r_2-\frac{1}{2}r_1\\ r_3+r_1}}\begin{pmatrix}2&0&0\\0&-\frac{1}{2}&-2\\0&-2&-2\\ \hdashline 1&-\frac{1}{2}&1\\1&\frac{1}{2}&1\\0&0&1\end{pmatrix}\xrightarrow[c_3-4c_2]{r_3-4r_2}\begin{pmatrix}2&0&0\\0&-\frac{1}{2}&0\\0&0&6\\ \hdashline 1&-\frac{1}{2}&3\\1&\frac{1}{2}&-1\\0&0&1\end{pmatrix}.$$

这样,矩阵 $\boldsymbol{A}$ 就化为了对角矩阵,相应的二次型化为了标准形

$$f=2y_1^2-\frac{1}{2}y_2^2+6y_3^2,$$

所用的变换矩阵为

$$\boldsymbol{C}=\begin{pmatrix}1&-\frac{1}{2}&3\\1&\frac{1}{2}&-1\\0&0&1\end{pmatrix}\quad(|\boldsymbol{C}|=1\neq 0).$$

比较例 3 和例 4 的结果可以看到,选取的变换矩阵不同,得到的二次型的标准形一般也不同,但有两点是相同的:一是标准形中平方项的个数,即二次型的秩,这一点由定理 1 即可知;二是标准形中正平方项和负平方项的个数,这一点将在第三节加以研究.

第三节　惯性定理和正定二次型

一、惯性定理

同一个二次型化为标准形，由于采用的可逆变换不同而使标准形不同. 也就是说，二次型的标准形不是唯一的，那么这些不同的标准形有什么关系呢？

二次型 $f=\boldsymbol{X}^{\mathrm{T}}\boldsymbol{A}\boldsymbol{X}$ 化为标准形

$$f=k_1y_1^2+k_2y_2^2+\cdots+k_ry_r^2$$

后，如果 $\boldsymbol{A}$ 的秩为 r，因为任何可逆变换不改变二次型的秩，所以其标准形中非零系数有且仅有 r 个. 再经过一次可逆变换，可以适当排列变量的次序，把系数为正的排在前面，将二次型 f 化为如下形式：

$$f=c_1y_1^2+\cdots+c_py_p^2-c_{p+1}y_{p+1}^2-\cdots-c_ry_r^2, \tag{6.5}$$

其中 $c_i>0(i=1,2,\cdots,r)$. 下面的结论进一步指出 p 也是由 f 完全确定的.

定理 5　**任意二次型 f 经不同的可逆变换化为标准形后，正平方项的个数和负平方项的个数都是由 f 唯一确定的.**

证明略.

二次型的标准形保持其正平方项个数和负平方项个数不变的特性，称为二次型的惯性. 因此，常称定理 5 为惯性定理.

二次型 $f=\boldsymbol{X}^{\mathrm{T}}\boldsymbol{A}\boldsymbol{X}$ 的标准形(6.5) 中正平方项的个数 p 称为二次型 f(或矩阵 $\boldsymbol{A}$) 的正惯性指数，负平方项的个数 $r-p$ 称为负惯性指数. 正惯性指数与负惯性指数的和为 r，恰好等于二次型 f(或矩阵 $\boldsymbol{A}$) 的秩.

若进一步对二次型 $f=\boldsymbol{X}^{\mathrm{T}}\boldsymbol{A}\boldsymbol{X}$ 的标准形(6.5) 做可逆变换

$$\begin{cases} y_1=\dfrac{1}{\sqrt{c_1}}z_1, \\ \cdots\cdots \\ y_r=\dfrac{1}{\sqrt{c_r}}z_r, \\ y_{r+1}=z_{r+1}, \\ \cdots\cdots \\ y_n=z_n, \end{cases}$$

则二次型 f 可以化为如下形式：

$$f=z_1^2+\cdots+z_p^2-z_{p+1}^2-\cdots-z_r^2. \tag{6.6}$$

称(6.6) 式为二次型 f 的规范形.

显然，将一个标准形化为规范形的过程中，二次型的正平方项个数和负平方项个数也保持不变. 于是，由惯性定理及定理 4 可以得到如下推论：

推论 1 任意二次型都可以通过可逆变换化为规范形,且规范形是唯一的.

例如,在第二节的例 4 中,二次型 $f=2x_1x_2+2x_1x_3-6x_2x_3$ 的标准形为

$$f=2y_1^2-\frac{1}{2}y_2^2+6y_3^2,$$

再做可逆变换

$$\begin{cases} y_1=\dfrac{\sqrt{2}}{2}z_1, \\ y_2=\sqrt{2}z_3, \\ y_3=\dfrac{\sqrt{6}}{6}z_2, \end{cases}$$

即

典型例题

$$\begin{pmatrix} y_1 \\ y_2 \\ y_3 \end{pmatrix}=\begin{pmatrix} \dfrac{\sqrt{2}}{2} & 0 & 0 \\ 0 & 0 & \sqrt{2} \\ 0 & \dfrac{\sqrt{6}}{6} & 0 \end{pmatrix}\begin{pmatrix} z_1 \\ z_2 \\ z_3 \end{pmatrix},$$

则二次型 f 可化为规范形

$$f=z_1^2+z_2^2-z_3^2.$$

利用矩阵的语言,推论 1 可以叙述如下:

推论 2 任意实对称矩阵 $\boldsymbol{A}$ 合同于对角矩阵

$$\boldsymbol{\Lambda}=\begin{pmatrix} \boldsymbol{E}_p & & \\ & -\boldsymbol{E}_{r-p} & \\ & & \boldsymbol{O} \end{pmatrix},$$

且 p 与 $r-p$ 是由 $\boldsymbol{A}$ 唯一确定的,它们分别是 $\boldsymbol{A}$ 的正、负惯性指数.

称上述对角矩阵 $\boldsymbol{\Lambda}$ 为实对称矩阵 $\boldsymbol{A}$ 的合同规范形(简称规范型). 于是,有如下推论:

推论 3 实对称矩阵 $\boldsymbol{A}$ 与 $\boldsymbol{B}$ 合同的充要条件是 $\boldsymbol{A}$ 与 $\boldsymbol{B}$ 有相同的规范形.

推论 3 说明,两个实对称矩阵合同当且仅当它们有相同的正、负惯性指数.

二、正定二次型

根据二次型的标准形和规范形将二次型进行分类在理论和应用上具有重要意义,其中标准形系数全为正的正定二次型占有特殊的地位. 下面给出正定二次型的定义及常用的判别方法.

定义 3 设二次型 $f=\boldsymbol{X}^{\mathrm{T}}\boldsymbol{A}\boldsymbol{X}$. 如果对于任意的 $\boldsymbol{X}=(x_1,x_2,\cdots,x_n)^{\mathrm{T}}\neq\boldsymbol{0}$,都有

$$f(x_1,x_2,\cdots,x_n)>0,$$

则称 f 为正定二次型,其矩阵 $\boldsymbol{A}$ 称为正定矩阵.

例如，$f=x_1^2+x_2^2+\cdots+x_n^2$ 是正定二次型，因为对于任意的 $\boldsymbol{X}=(x_1,x_2,\cdots,x_n)^{\mathrm{T}}\neq\boldsymbol{0}$，有 $f(x_1,x_2,\cdots,x_n)>0$. 但 n 元二次型 $f=x_1^2+x_2^2+\cdots+x_r^2(r<n)$ 不是正定二次型，因为对于 $\boldsymbol{X}=(0,\cdots,0,x_{r+1},\cdots,x_n)^{\mathrm{T}}\neq\boldsymbol{0}$，有 $f(x_1,x_2,\cdots,x_n)=0$.

由此可见，利用二次型的标准形或规范形很容易判断二次型的正定性.

根据正定二次型的定义，有如下定理：

定理 6 **二次型**

$$f=d_1x_1^2+d_2x_2^2+\cdots+d_nx_n^2$$

正定的充要条件是 $d_i>0(i=1,2,\cdots,n)$.

证明 **充分性** 显然成立.

必要性 用反证法. 设有 $d_k\leqslant 0$，取 $x_k=1$ 而 $x_i=0(i\neq k;i=1,2,\cdots,n)$，代入二次型 f 得

$$f(0,\cdots,0,1,0,\cdots,0)=d_k\leqslant 0,$$

与二次型 f 正定矛盾. 所以，$d_i>0(i=1,2,\cdots,n)$.

定理 7 **可逆变换不改变二次型的正定性.**

证明 设二次型 $f=\boldsymbol{X}^{\mathrm{T}}\boldsymbol{A}\boldsymbol{X}$ 为正定二次型，经可逆变换 $\boldsymbol{X}=\boldsymbol{C}\boldsymbol{Y}$，有

$$f=\boldsymbol{X}^{\mathrm{T}}\boldsymbol{A}\boldsymbol{X}=(\boldsymbol{C}\boldsymbol{Y})^{\mathrm{T}}\boldsymbol{A}(\boldsymbol{C}\boldsymbol{Y})=\boldsymbol{Y}^{\mathrm{T}}(\boldsymbol{C}^{\mathrm{T}}\boldsymbol{A}\boldsymbol{C})\boldsymbol{Y}.$$

对于任意的 $\boldsymbol{Y}\neq\boldsymbol{0}$，由 $\boldsymbol{C}$ 可逆可得 $\boldsymbol{X}\neq\boldsymbol{0}$，因此

$$f=\boldsymbol{Y}^{\mathrm{T}}(\boldsymbol{C}^{\mathrm{T}}\boldsymbol{A}\boldsymbol{C})\boldsymbol{Y}=\boldsymbol{X}^{\mathrm{T}}\boldsymbol{A}\boldsymbol{X}>0,$$

即二次型 $f=\boldsymbol{Y}^{\mathrm{T}}(\boldsymbol{C}^{\mathrm{T}}\boldsymbol{A}\boldsymbol{C})\boldsymbol{Y}$ 仍为正定二次型.

这样，总可以通过可逆变换将二次型化为标准形来判定其正定性.

关于二次型正定性的判定，还有下列重要的结果：

定理 8 **设 n 元二次型 $f=\boldsymbol{X}^{\mathrm{T}}\boldsymbol{A}\boldsymbol{X}$，则下列命题等价：**

(1) f **为正定二次型；**

(2) f **的正惯性指数为 n，即 $\boldsymbol{A}\simeq\boldsymbol{E}$；**

(3) **存在可逆矩阵 $\boldsymbol{P}$，使得 $\boldsymbol{A}=\boldsymbol{P}^{\mathrm{T}}\boldsymbol{P}$；**

(4) $\boldsymbol{A}$ **的特征值全大于** 0.

证明 (1)⇒(2). 根据定理 4，存在可逆变换 $\boldsymbol{X}=\boldsymbol{C}\boldsymbol{Y}$，使得

$$f=\boldsymbol{X}^{\mathrm{T}}\boldsymbol{A}\boldsymbol{X}=\boldsymbol{Y}^{\mathrm{T}}(\boldsymbol{C}^{\mathrm{T}}\boldsymbol{A}\boldsymbol{C})\boldsymbol{Y}=d_1y_1^2+d_2y_2^2+\cdots+d_ny_n^2.$$

假设 f 的正惯性指数小于 n，则至少存在一个 d_i，满足 $d_i\leqslant 0$. 由定理 6，f 不是正定二次型，与(1)矛盾，故 f 的正惯性指数为 n，从而由定理 5 的推论 2 知 $\boldsymbol{A}\simeq\boldsymbol{E}$.

(2)⇒(3). 设 $\boldsymbol{A}\simeq\boldsymbol{E}$，则存在可逆矩阵 $\boldsymbol{C}$，使得

$$\boldsymbol{C}^{\mathrm{T}}\boldsymbol{A}\boldsymbol{C}=\boldsymbol{E},\quad 即\quad \boldsymbol{A}=(\boldsymbol{C}^{\mathrm{T}})^{-1}\boldsymbol{C}^{-1}=(\boldsymbol{C}^{-1})^{\mathrm{T}}\boldsymbol{C}^{-1}.$$

令 $\boldsymbol{P}=\boldsymbol{C}^{-1}$，则有 $\boldsymbol{A}=\boldsymbol{P}^{\mathrm{T}}\boldsymbol{P}$.

(3)⇒(4). 设 λ 为 $\boldsymbol{A}$ 的任一特征值，$\boldsymbol{X}$ 为对应的特征向量，则有 $\boldsymbol{A}\boldsymbol{X}=\lambda\boldsymbol{X}$. 由(3)，有

$$\boldsymbol{P}^{\mathrm{T}}\boldsymbol{P}\boldsymbol{X}=\lambda\boldsymbol{X}.$$

用 $\boldsymbol{X}^{\mathrm{T}}$ 左乘上式两边，有

$$\boldsymbol{X}^{\mathrm{T}}\boldsymbol{P}^{\mathrm{T}}\boldsymbol{P}\boldsymbol{X}=\lambda\boldsymbol{X}^{\mathrm{T}}\boldsymbol{X},\quad 即\quad [\boldsymbol{P}\boldsymbol{X},\boldsymbol{P}\boldsymbol{X}]=\lambda[\boldsymbol{X},\boldsymbol{X}].$$

由 $\boldsymbol{X} \neq \boldsymbol{0}$,有 $\boldsymbol{PX} \neq \boldsymbol{0}$,故 $\boldsymbol{A}$ 的特征值

$$\lambda = \frac{[\boldsymbol{PX}, \boldsymbol{PX}]}{[\boldsymbol{X}, \boldsymbol{X}]} > 0.$$

(4)⇒(1). 对于 n 阶实对称矩阵 $\boldsymbol{A}$,存在正交矩阵 $\boldsymbol{Q}$,使得

$$\boldsymbol{Q}^{\mathrm{T}}\boldsymbol{AQ} = \mathrm{diag}(\lambda_1, \lambda_2, \cdots, \lambda_n),$$

其中 $\lambda_1, \lambda_2, \cdots, \lambda_n$ 为 $\boldsymbol{A}$ 的全部特征值. 做正交变换 $\boldsymbol{X} = \boldsymbol{QY}$,得

$$f = \boldsymbol{X}^{\mathrm{T}}\boldsymbol{AX} = \lambda_1 y_1^2 + \lambda_2 y_2^2 + \cdots + \lambda_n y_n^2.$$

由于已知 $\lambda_1, \lambda_2, \cdots, \lambda_n$ 全大于 0,因此由定理 6 和定理 7 知 $f = \boldsymbol{X}^{\mathrm{T}}\boldsymbol{AX}$ 正定.

定理 8 表明,正定二次型的矩阵一定是可逆的. 另外,定理 8 也可从正定矩阵的角度来描述.

例 1 证明:若 $\boldsymbol{A}$ 是正定矩阵,则 $\boldsymbol{A}^{-1}$ 也是正定矩阵.

证明 **方法一** 由 $\boldsymbol{A}^{\mathrm{T}} = \boldsymbol{A}$,有

$$(\boldsymbol{A}^{-1})^{\mathrm{T}} = (\boldsymbol{A}^{\mathrm{T}})^{-1} = \boldsymbol{A}^{-1},$$

即 $\boldsymbol{A}^{-1}$ 也是对称矩阵. 又 $\boldsymbol{A}$ 是正定矩阵,所以存在可逆矩阵 $\boldsymbol{C}$,使得 $\boldsymbol{A} = \boldsymbol{C}^{\mathrm{T}}\boldsymbol{C}$,于是

$$\boldsymbol{A}^{-1} = (\boldsymbol{C}^{\mathrm{T}}\boldsymbol{C})^{-1} = \boldsymbol{C}^{-1}(\boldsymbol{C}^{-1})^{\mathrm{T}}.$$

记 $\boldsymbol{P}^{\mathrm{T}} = \boldsymbol{C}^{-1}$,则 $\boldsymbol{A}^{-1} = \boldsymbol{P}^{\mathrm{T}}\boldsymbol{P}$,因此 $\boldsymbol{A}^{-1}$ 也是正定矩阵.

典型例题

方法二 若 $\boldsymbol{A}$ 是正定矩阵,其特征值为 $\lambda_1, \lambda_2, \cdots, \lambda_n$,则 $\lambda_i > 0(i = 1, 2, \cdots, n)$. 而 $\boldsymbol{A}^{-1}$ 的特征值为 $\dfrac{1}{\lambda_i} > 0(i = 1, 2, \cdots, n)$,因此 $\boldsymbol{A}^{-1}$ 也是正定矩阵.

下面先给出二次型 $f = \boldsymbol{X}^{\mathrm{T}}\boldsymbol{AX}$ 正定的两个必要条件,再给一个充要条件.

定理 9 **设 n 元二次型 $f = \boldsymbol{X}^{\mathrm{T}}\boldsymbol{AX}$ 正定,则**

(1) $\boldsymbol{A}$ 的主对角线上的元素 $a_{ii} > 0(i = 1, 2, \cdots, n)$;

(2) $\boldsymbol{A}$ 的行列式 $|\boldsymbol{A}| > 0$.

证明 (1) 因为 $f = \boldsymbol{X}^{\mathrm{T}}\boldsymbol{AX}$ 正定,所以对于基本单位向量 $\boldsymbol{\varepsilon}_i(i = 1, 2, \cdots, n)$,由定义 3 有

$$a_{ii} = \boldsymbol{\varepsilon}_i^{\mathrm{T}}\boldsymbol{A}\boldsymbol{\varepsilon}_i > 0.$$

(2) 因为 $f = \boldsymbol{X}^{\mathrm{T}}\boldsymbol{AX}$ 正定,所以 $\boldsymbol{A}$ 的特征值 $\lambda_i > 0(i = 1, 2, \cdots, n)$,从而

$$|\boldsymbol{A}| = \lambda_1 \lambda_2 \cdots \lambda_n > 0.$$

注 利用定理 9,对某些实对称矩阵可以快速地给出它非正定的判定,但该定理给出的是二次型 $f = \boldsymbol{X}^{\mathrm{T}}\boldsymbol{AX}$ 正定的必要条件,不是充分条件. 例如,

$$\boldsymbol{A} = \begin{pmatrix} 1 & 2 \\ 2 & 4 \end{pmatrix}, \quad \boldsymbol{B} = \begin{pmatrix} 4 & 5 \\ 5 & 2 \end{pmatrix}, \quad \boldsymbol{C} = \begin{pmatrix} -3 & 2 \\ 2 & 3 \end{pmatrix}, \quad \boldsymbol{D} = \begin{pmatrix} 1 & 2 & 0 & 0 \\ 2 & 1 & 0 & 0 \\ 0 & 0 & 1 & 2 \\ 0 & 0 & 2 & 1 \end{pmatrix}$$

都不是正定矩阵,即它们对应的二次型都不是正定的. 这是因为:$|\boldsymbol{A}| = 0$, $|\boldsymbol{B}| < 0$ 和 $\boldsymbol{C}$ 中 $-3 < 0$;而对于 $\boldsymbol{D} = (d_{ij})_{4\times 4}$,虽有 $d_{ii} > 0(i = 1, 2, 3, 4)$,且 $|\boldsymbol{D}| = 9 > 0$,但其特征值不全大于 0(留给读者验证).

下面的结论要用到主子式和顺序主子式的概念. 设 n 阶方阵 $\boldsymbol{A} = (a_{ij})_{n\times n}$,称 $\boldsymbol{A}$ 的 k 阶子

式

$$\begin{vmatrix} a_{i_1i_1} & a_{i_1i_2} & \cdots & a_{i_1i_k} \\ a_{i_2i_1} & a_{i_2i_2} & \cdots & a_{i_2i_k} \\ \vdots & \vdots & & \vdots \\ a_{i_ki_1} & a_{i_ki_2} & \cdots & a_{i_ki_k} \end{vmatrix} \quad (1 \leqslant i_1 < i_2 < \cdots < i_k \leqslant n, k = 1, 2, \cdots, n)$$

为 $\boldsymbol{A}$ 的 k **阶主子式**. 特别地,称 $\boldsymbol{A}$ 的 k 阶子式

$$\begin{vmatrix} a_{11} & a_{12} & \cdots & a_{1k} \\ a_{21} & a_{22} & \cdots & a_{2k} \\ \vdots & \vdots & & \vdots \\ a_{k1} & a_{k2} & \cdots & a_{kk} \end{vmatrix} \quad (k = 1, 2, \cdots, n)$$

为 $\boldsymbol{A}$ 的 k **阶顺序主子式**.

定理 10　**n 元二次型 $f = \boldsymbol{X}^{\mathrm{T}}\boldsymbol{A}\boldsymbol{X}$ 正定的充要条件是矩阵 $\boldsymbol{A} = (a_{ij})$ 的各阶顺序主子式全大于 0,即**

$$a_{11} > 0, \quad \begin{vmatrix} a_{11} & a_{12} \\ a_{21} & a_{22} \end{vmatrix} > 0, \quad \cdots, \quad \begin{vmatrix} a_{11} & a_{12} & \cdots & a_{1n} \\ a_{21} & a_{22} & \cdots & a_{2n} \\ \vdots & \vdots & & \vdots \\ a_{n1} & a_{n2} & \cdots & a_{nn} \end{vmatrix} > 0.$$

证明略.

例 2　设二次型

$$f = t(x_1^2 + x_2^2 + x_3^2) + 2x_1x_2 + 2x_1x_3 - 2x_2x_3,$$

问:t 取何值时,f 是正定二次型?

解　f 的矩阵为

$$\boldsymbol{A} = \begin{pmatrix} t & 1 & 1 \\ 1 & t & -1 \\ 1 & -1 & t \end{pmatrix},$$

f 正定,当且仅当其矩阵 $\boldsymbol{A}$ 的各阶顺序主子式全大于 0,即

$$t > 0, \quad \begin{vmatrix} t & 1 \\ 1 & t \end{vmatrix} = t^2 - 1 > 0, \quad \begin{vmatrix} t & 1 & 1 \\ 1 & t & -1 \\ 1 & -1 & t \end{vmatrix} = (t-2)(t+1)^2 > 0.$$

解得 $t > 2$,所以当 $t > 2$ 时,f 是正定二次型.

三、非正定二次型

在实际应用中,也会遇到负定、半正定、半负定或不定二次型,这里仅介绍它们的定义,并直接列出有关结论.

定义 4 设二次型 $f=\boldsymbol{X}^{\mathrm{T}}\boldsymbol{A}\boldsymbol{X}$. 对于任意的 $\boldsymbol{X}=(x_1,x_2,\cdots,x_n)^{\mathrm{T}}\neq\boldsymbol{0}$,

(1) 若总有 $f(x_1,x_2,\cdots,x_n)<0$,则称 f 为负定二次型,其矩阵 $\boldsymbol{A}$ 称为负定矩阵;

(2) 若总有 $f(x_1,x_2,\cdots,x_n)\geqslant 0(\leqslant 0)$,且存在 $\boldsymbol{X}_0=(x_1^0,x_2^0,\cdots,x_n^0)^{\mathrm{T}}\neq\boldsymbol{0}$,使得 $\boldsymbol{X}_0^{\mathrm{T}}\boldsymbol{A}\boldsymbol{X}_0=0$,则称 f 为半正定(半负定)二次型,其矩阵 $\boldsymbol{A}$ 称为半正定(半负定)矩阵;

(3) 若对某些 $\boldsymbol{X}$ 有 $f(x_1,x_2,\cdots,x_n)>0$,而对另一些 $\boldsymbol{X}$ 又有 $f(x_1,x_2,\cdots,x_n)<0$,则称 f 为不定二次型,其矩阵 $\boldsymbol{A}$ 称为不定矩阵.

根据定义 4,类似于正定二次型,可以证明下列定理:

定理 11 **设 n 元二次型 $f=\boldsymbol{X}^{\mathrm{T}}\boldsymbol{A}\boldsymbol{X}$,则下列命题等价:**

(1) f 为负定二次型;

(2) f 的负惯性指数为 n,即 $\boldsymbol{A}\simeq-\boldsymbol{E}$;

(3) 存在可逆矩阵 $\boldsymbol{P}$,使得 $\boldsymbol{A}=-\boldsymbol{P}^{\mathrm{T}}\boldsymbol{P}$;

(4) $\boldsymbol{A}$ 的特征值全小于 0;

(5) $\boldsymbol{A}=(a_{ij})$ 的奇数阶顺序主子式全小于 0,偶数阶顺序主子式全大于 0,即

典型例题

$$(-1)^k\begin{vmatrix} a_{11} & a_{12} & \cdots & a_{1k} \\ a_{21} & a_{22} & \cdots & a_{2k} \\ \vdots & \vdots & & \vdots \\ a_{k1} & a_{k2} & \cdots & a_{kk} \end{vmatrix}>0\quad(k=1,2,\cdots,n).$$

定理 12 **设 n 元二次型 $f=\boldsymbol{X}^{\mathrm{T}}\boldsymbol{A}\boldsymbol{X}$,则下列命题等价:**

(1) f 为半正定二次型;

(2) f 的正惯性指数为 $\mathrm{R}(\boldsymbol{A})=r<n$,即 $\boldsymbol{A}\simeq\begin{pmatrix}\boldsymbol{E}_r & \\ & \boldsymbol{O}\end{pmatrix}$;

(3) 存在不可逆矩阵 $\boldsymbol{P}$,使得 $\boldsymbol{A}=\boldsymbol{P}^{\mathrm{T}}\boldsymbol{P}$;

(4) $\boldsymbol{A}$ 的特征值全大于或等于 0,且至少有一个特征值,它等于 0;

(5) $\boldsymbol{A}$ 的各阶主子式大于或等于 0,即

$$\begin{vmatrix} a_{i_1i_1} & a_{i_1i_2} & \cdots & a_{i_1i_k} \\ a_{i_2i_1} & a_{i_2i_2} & \cdots & a_{i_2i_k} \\ \vdots & \vdots & & \vdots \\ a_{i_ki_1} & a_{i_ki_2} & \cdots & a_{i_ki_k} \end{vmatrix}\geqslant 0\quad(1\leqslant i_1<i_2<\cdots<i_k\leqslant n,k=1,2,\cdots,n),$$

且至少有一个主子式,它等于 0.

注 实对称矩阵 $\boldsymbol{A}$ 的各阶顺序主子式大于或等于 0 时,$\boldsymbol{A}$ 不一定是半正定的,如矩阵 $\boldsymbol{A}=\begin{pmatrix}0 & 0\\ 0 & -1\end{pmatrix}$.

关于半负定二次型的相应定理,读者不难自行写出.

*四、应用示例 —— 多元函数极值的判定问题

多元函数极值的理论是微分学中应用很广泛的内容，但在一般的微积分教科书中仅对二元函数取极值的充分条件进行了讨论，对两个以上变量的情形不做介绍. 下面以三元函数为例，将矩阵与二次型的理论和方法应用于极值研究. 对于 $n(n>3)$ 元函数，读者可得到类似的结果.

例 3　设三元函数 $y=f(x_1,x_2,x_3)$ 在点 $\boldsymbol{X}_0=(x_1^0,x_2^0,x_3^0)^{\mathrm{T}}$ 的邻域内具有二阶连续偏导数，则 $f(x_1,x_2,x_3)$ 在点 $\boldsymbol{X}=\boldsymbol{X}_0$ 处的二阶泰勒(Taylor) 展开式为

$$f(x_1,x_2,x_3)=f(x_1^0,x_2^0,x_3^0)+\sum_{i=1}^{3}\left.\frac{\partial f}{\partial x_i}\right|_{\boldsymbol{X}=\boldsymbol{X}_0}(x_i-x_i^0)$$
$$+\frac{1}{2!}\sum_{i=1}^{3}\sum_{j=1}^{3}\left.\frac{\partial^2 f}{\partial x_i\partial x_j}\right|_{\boldsymbol{X}=\boldsymbol{X}_0}(x_i-x_i^0)(x_j-x_j^0)+\alpha,$$

其中 α 为 $\boldsymbol{X}\to\boldsymbol{X}_0$ 时 $(x_1-x_1^0)^2+(x_2-x_2^0)^2+(x_3-x_3^0)^2$ 的高阶无穷小量.

若记

$$f(\boldsymbol{X})=f(x_1,x_2,x_3),\quad f(\boldsymbol{X}_0)=f(x_1^0,x_2^0,x_3^0),$$
$$\Delta\boldsymbol{X}=(x_1-x_1^0,x_2-x_2^0,x_3-x_3^0)^{\mathrm{T}},$$
$$\mathbf{grad}f(\boldsymbol{X}_0)=\left(\left.\frac{\partial f}{\partial x_1}\right|_{\boldsymbol{X}=\boldsymbol{X}_0},\left.\frac{\partial f}{\partial x_2}\right|_{\boldsymbol{X}=\boldsymbol{X}_0},\left.\frac{\partial f}{\partial x_3}\right|_{\boldsymbol{X}=\boldsymbol{X}_0}\right),$$
$$\boldsymbol{H}(\boldsymbol{X}_0)=\left(\left.\frac{\partial^2 f}{\partial x_i\partial x_j}\right|_{\boldsymbol{X}=\boldsymbol{X}_0}\right)_{3\times3}=\left.\begin{pmatrix}\frac{\partial^2 f}{\partial x_1^2} & \frac{\partial^2 f}{\partial x_1\partial x_2} & \frac{\partial^2 f}{\partial x_1\partial x_3}\\ \frac{\partial^2 f}{\partial x_2\partial x_1} & \frac{\partial^2 f}{\partial x_2^2} & \frac{\partial^2 f}{\partial x_2\partial x_3}\\ \frac{\partial^2 f}{\partial x_3\partial x_1} & \frac{\partial^2 f}{\partial x_3\partial x_2} & \frac{\partial^2 f}{\partial x_3^2}\end{pmatrix}\right|_{\boldsymbol{X}=\boldsymbol{X}_0},$$

则上述二阶泰勒展开式可简记为

$$f(\boldsymbol{X})=f(\boldsymbol{X}_0)+\mathbf{grad}f(\boldsymbol{X}_0)\Delta\boldsymbol{X}+\frac{1}{2!}(\Delta\boldsymbol{X})^{\mathrm{T}}\boldsymbol{H}(\boldsymbol{X}_0)\Delta\boldsymbol{X}+o(\|\Delta\boldsymbol{X}\|^2).$$

在上式中，称 $\mathbf{grad}f(\boldsymbol{X}_0)$ 为函数 $f(\boldsymbol{X})$ 在点 $\boldsymbol{X}=\boldsymbol{X}_0$ 处的梯度，$\boldsymbol{H}(\boldsymbol{X}_0)$ 为 $f(\boldsymbol{X})$ 在点 $\boldsymbol{X}=\boldsymbol{X}_0$ 处的黑塞(Hesse) 矩阵，它们分别是由 $f(\boldsymbol{X})$ 在点 $\boldsymbol{X}=\boldsymbol{X}_0$ 处的一阶偏导数构成的三维行向量和二阶偏导数构成的三阶实对称矩阵.

与二元函数类似，函数 $f(\boldsymbol{X})$ 在点 $\boldsymbol{X}=\boldsymbol{X}_0$ 处取得极值的必要条件是 $\mathbf{grad}f(\boldsymbol{X}_0)=\mathbf{0}$. 当 $\mathbf{grad}f(\boldsymbol{X}_0)=\mathbf{0}$ 时，若 $\Delta\boldsymbol{X}\neq\mathbf{0}$，且 $\|\Delta\boldsymbol{X}\|$ 充分小，则可略去泰勒展开式中的高阶无穷小量，于是有

$$f(\boldsymbol{X})-f(\boldsymbol{X}_0)\approx\frac{1}{2!}(\Delta\boldsymbol{X})^{\mathrm{T}}\boldsymbol{H}(\boldsymbol{X}_0)\Delta\boldsymbol{X}.$$

由此可见，$f(\boldsymbol{X}_0)$ 是否为函数 $f(\boldsymbol{X})$ 的极值，取决于二次型 $(\Delta\boldsymbol{X})^{\mathrm{T}}\boldsymbol{H}(\boldsymbol{X}_0)\Delta\boldsymbol{X}$ 的符号. 因此，

由二次型与极值的概念,三元函数取得极值的充分条件可叙述为:当 $\boldsymbol{H}(\boldsymbol{X}_0)$ 为正定矩阵时,$f(\boldsymbol{X}_0)$ 为 $f(\boldsymbol{X})$ 的极小值;当 $\boldsymbol{H}(\boldsymbol{X}_0)$ 为负定矩阵时,$f(\boldsymbol{X}_0)$ 为 $f(\boldsymbol{X})$ 的极大值;当 $\boldsymbol{H}(\boldsymbol{X}_0)$ 为不定矩阵时,$f(\boldsymbol{X}_0)$ 不是 $f(\boldsymbol{X})$ 的极值. 还可得知,当 $\boldsymbol{H}(\boldsymbol{X}_0)$ 为半正定(半负定)矩阵时,$f(\boldsymbol{X}_0)$ 是否为 $f(\boldsymbol{X})$ 的极值需要进一步确定.

习题六

1. 写出下列二次型的矩阵:

(1) $f(x_1,x_2,x_3)=2x_1^2-x_2^2+4x_1x_3-2x_2x_3$;

(2) $f(x_1,x_2,x_3,x_4)=2x_1x_2+2x_1x_4+2x_2x_4$;

(3) $f(x_1,x_2,x_3)=(x_1,x_2,x_3)\begin{pmatrix}1&2&3\\4&5&6\\7&8&9\end{pmatrix}\begin{pmatrix}x_1\\x_2\\x_3\end{pmatrix}$.

2. 给定下列矩阵,写出相应的二次型:

(1) $\begin{pmatrix}0&0&1\\0&1&0\\1&0&0\end{pmatrix}$;　　(2) $\begin{pmatrix}0&\frac{1}{2}&\frac{1}{2}&\frac{1}{2}\\\frac{1}{2}&0&\frac{1}{2}&\frac{1}{2}\\\frac{1}{2}&\frac{1}{2}&0&\frac{1}{2}\\\frac{1}{2}&\frac{1}{2}&\frac{1}{2}&0\end{pmatrix}$.

3. 设二次型 $f(x_1,x_2,\cdots,x_n)=\boldsymbol{X}^{\mathrm{T}}\boldsymbol{A}\boldsymbol{X}=\boldsymbol{X}^{\mathrm{T}}\boldsymbol{B}\boldsymbol{X}$,其中 $\boldsymbol{A},\boldsymbol{B}$ 为 n 阶实对称矩阵,$\boldsymbol{X}=(x_1,x_2,\cdots,x_n)^{\mathrm{T}}$,证明:$\boldsymbol{A}=\boldsymbol{B}$.

4. 证明下列矩阵 $\boldsymbol{A}$ 与 $\boldsymbol{B}$ 合同:

(1) $\boldsymbol{A}=\begin{pmatrix}a_1&0&0\\0&a_2&0\\0&0&a_3\end{pmatrix}$,$\boldsymbol{B}=\begin{pmatrix}a_2&0&0\\0&a_3&0\\0&0&a_1\end{pmatrix}$;

(2) $\boldsymbol{A}=\begin{pmatrix}0&1&1\\1&2&1\\1&1&0\end{pmatrix}$,$\boldsymbol{B}=\begin{pmatrix}2&1&1\\1&0&1\\1&1&0\end{pmatrix}$.

5. 求一个正交变换,化下列二次型为标准形:

(1) $f(x_1,x_2,x_3)=2x_1^2+x_2^2-4x_1x_2-4x_2x_3$;

(2) $f(x_1,x_2,x_3)=x_1^2+4x_2^2+4x_3^2-4x_1x_2+4x_1x_3-8x_2x_3$.

6. 分别用配方法和初等变换法化下列二次型为标准形，并写出相应的可逆变换矩阵：

(1) $f(x_1,x_2,x_3)=(x_1+x_2)^2+(x_2-x_3)^2+(x_3+x_1)^2$；

(2) $f(x_1,x_2,x_3)=2x_1x_2+4x_1x_3$.

7. 已知二次型 $f=5x_1^2+5x_2^2+cx_3^2-2x_1x_2+6x_1x_3-6x_2x_3$ 的秩为 2.

(1) 求 c 的值及此二次型的矩阵的特征值；

(2) 指出方程 $f=1$ 在空间直角坐标系下表示何种二次曲面.

8. 已知二次型 $f=2x_1^2+3x_2^2+3x_3^2+2kx_2x_3(k>0)$ 经过正交变换可化为标准形

$$f=y_1^2+2y_2^2+5y_3^2,$$

求 k 的值及所用的正交变换矩阵.

9. 设 n 阶实对称矩阵 $\boldsymbol{A}$ 的特征值是 $\lambda_1,\lambda_2,\cdots,\lambda_n$. 若 $\lambda_1\leqslant\lambda_2\leqslant\cdots\leqslant\lambda_n$，证明：对于任何 n 维列向量 $\boldsymbol{X}$，恒有

$$\lambda_1\boldsymbol{X}^{\mathrm{T}}\boldsymbol{X}\leqslant\boldsymbol{X}^{\mathrm{T}}\boldsymbol{A}\boldsymbol{X}\leqslant\lambda_n\boldsymbol{X}^{\mathrm{T}}\boldsymbol{X}.$$

10. 判别下列二次型是否为正定二次型：

(1) $f(x_1,x_2,x_3)=5x_1^2+6x_2^2+4x_3^2-4x_1x_2-4x_2x_3$；

(2) $f(x_1,x_2,x_3)=10x_1^2+2x_2^2+x_3^2+8x_1x_2+24x_1x_3-28x_2x_3$.

11. 问：λ 为何值时，

$$f(x_1,x_2,x_3)=2x_1^2+x_2^2+3x_3^2+2\lambda x_1x_2+2x_1x_3$$

是正定二次型？

12. 设 $\boldsymbol{A},\boldsymbol{B}$ 是 n 阶正定矩阵，证明：$\lambda\boldsymbol{A}+\mu\boldsymbol{B}$（常数 $\lambda,\mu>0$）也是正定矩阵.

13. 设 $\boldsymbol{A}$ 是正定矩阵，证明：$\boldsymbol{A}^{\mathrm{T}},\boldsymbol{A}^k$（$k$ 为正整数），$\boldsymbol{A}^*$ 也是正定矩阵.

14. 设 $\boldsymbol{A}$ 是实对称矩阵，且 $\boldsymbol{A}^3-3\boldsymbol{A}^2+5\boldsymbol{A}-3\boldsymbol{E}=\boldsymbol{O}$，问：$\boldsymbol{A}$ 是否为正定矩阵？并说明理由.

15. 设 $\boldsymbol{A}$ 是 n 阶正定矩阵，证明：$|\boldsymbol{A}+\boldsymbol{E}|>1$.

16. 设 $\boldsymbol{A}$ 是实对称矩阵，证明：当正数 t 充分大时，$t\boldsymbol{E}+\boldsymbol{A}$ 是正定矩阵.

习题参考答案

习 题 一

1.(1) 2；　(2) ab^2-a^2b；　(3) 15；　(4) $a^2-b^2+c^2+2abc+1$.

2.$k=3$ 或 $k=1$.

3.(1) 3；　(2) 7；　(3) $\dfrac{n(n-1)}{2}$；　(4) $n(n-1)$.

4.(1) $i=8,j=3$；　(2) $i=7,j=6$.

5.(1) $+$；　(2) $-$.

6.(1) $(-1)^{n-1}n!$；　(2) $(-1)^{\frac{(n-1)(n-2)}{2}}n!$；　(3) $(-1)^{\frac{n(n-1)}{2}}a_{1n}a_{2,n-1}\cdots a_{n1}$；

(4) 0；　(5) 1；　(6) 0.

7.略.

8.(1) 160；　(2) 9；　(3) 27；　(4) 24.

9.(1) $[x+(n-1)](x-1)^{n-1}$；　(2) $x^n+(-1)^{n+1}y^n$；　(3) $(-1)^{\frac{n(n-1)}{2}}\dfrac{n^n+n^{n-1}}{2}$.

10.24.

11.7.

12.(1) $x_1=1,x_2=2,x_3=3,x_4=-1$；

(2) $x_1=-8,x_2=3,x_3=6,x_4=0$；

(3) $x_1=1,x_2=2,x_3=1,x_4=-1$；

(4) $x_1=\dfrac{1\,507}{665},x_2=-\dfrac{1\,145}{665},x_3=\dfrac{703}{665},x_4=-\dfrac{395}{665},x_5=\dfrac{212}{665}$；

(5) $x=-a,y=b,z=c$.

13.$k\neq-1,k\neq4$.

14.$\lambda=1$ 或 $\mu=0$.

15.$97\dfrac{1}{2}$.

习 题 二

1.用行、列分别表示 A,B 两个儿童的策略,如下矩阵表示 A 的得分:

$$\begin{array}{c} \\ \text{石头} \\ \text{剪刀} \\ \text{布} \end{array}\begin{array}{c}\begin{array}{ccc}\text{石头} & \text{剪刀} & \text{布}\end{array}\\ \begin{pmatrix} 0 & 1 & -1 \\ -1 & 0 & 1 \\ 1 & -1 & 0 \end{pmatrix}\end{array}.$$

2. (1) $\begin{pmatrix}3&1&0\\4&3&1\end{pmatrix}$； (2) $\begin{pmatrix}5&-3&-7\\9&-2&17\end{pmatrix}$.

3. $\boldsymbol{X}=\begin{pmatrix}2&-2\\-2&2\end{pmatrix}$.

4. $\begin{pmatrix}10.8&15.2&4&11.2\\13.2&5.2&21.6&7.6\\12&8.4&15.2&6.8\end{pmatrix}$.

5. (1) $\begin{pmatrix}4&6\\7&-1\end{pmatrix}$； (2) $\begin{pmatrix}5&13\\6&-1\\0&4\end{pmatrix}$； (3) $\begin{pmatrix}4&3&2&1\\8&6&4&2\\12&9&6&3\\16&12&8&4\end{pmatrix}$；

(4) 20； (5) $\begin{pmatrix}6&1&-3\\6&-1&-2\\8&-4&-1\end{pmatrix}$； (6) 3.

6. $\begin{pmatrix}a&b\\b&a\end{pmatrix}$($a,b$ 为任意常数).

7. (1) $\begin{pmatrix}x_1\\x_2\\x_3\end{pmatrix}=\begin{pmatrix}3&0&-1\\2&3&1\\0&1&-2\end{pmatrix}\begin{pmatrix}y_1\\y_2\\y_3\end{pmatrix}$，$\begin{pmatrix}y_1\\y_2\\y_3\end{pmatrix}=\begin{pmatrix}1&1\\1&-1\\0&1\end{pmatrix}\begin{pmatrix}z_1\\z_2\end{pmatrix}$；

(2) $\begin{pmatrix}x_1\\x_2\\x_3\end{pmatrix}=\begin{pmatrix}3&2\\5&0\\1&-3\end{pmatrix}\begin{pmatrix}z_1\\z_2\end{pmatrix}$.

8. (1) $\begin{pmatrix}0&0&0\\0&0&0\\0&0&0\end{pmatrix}$； (2) $\begin{pmatrix}16&32&24\\0&16&32\\0&0&16\end{pmatrix}$； (3) $\begin{pmatrix}a^n&0&0\\0&b^n&0\\0&0&c^n\end{pmatrix}$； (4) $\begin{pmatrix}2^{n-1}&2^{n-1}\\2^{n-1}&2^{n-1}\end{pmatrix}$.

9. $\begin{pmatrix}3&-4&5\\18&10&10\\3&4&1\end{pmatrix}$.

10. ～18. 略.

19. 证明略，$(\boldsymbol{A}^*)^{-1}=\dfrac{1}{|\boldsymbol{A}|}\boldsymbol{A}$，$|\boldsymbol{A}^*|=|\boldsymbol{A}|^{n-1}$.

20. ～22. 略.

23. (1) $\begin{pmatrix} 3 & 9 & 4 \\ -2 & -5 & -2 \\ -2 & -7 & -3 \end{pmatrix}$； (2) $\begin{pmatrix} -\frac{1}{4} & -\frac{5}{4} & \frac{3}{4} \\ \frac{1}{4} & -\frac{3}{4} & \frac{1}{4} \\ \frac{1}{2} & \frac{3}{2} & -\frac{1}{2} \end{pmatrix}$； (3) $\begin{pmatrix} 22 & -6 & -26 & 17 \\ -17 & 5 & 20 & -13 \\ -1 & 0 & 2 & -1 \\ 4 & -1 & -5 & 3 \end{pmatrix}$；

(4) $\begin{pmatrix} \frac{1}{a_1} & & & \\ & \frac{1}{a_2} & & \\ & & \ddots & \\ & & & \frac{1}{a_n} \end{pmatrix}$； (5) $\begin{pmatrix} & & & \frac{1}{b_n} \\ & & \frac{1}{b_{n-1}} & \\ & ⋰ & & \\ \frac{1}{b_1} & & & \end{pmatrix}$； (6) $\begin{pmatrix} 0 & 0 & \cdots & 0 & a_n^{-1} \\ a_1^{-1} & 0 & \cdots & 0 & 0 \\ 0 & a_2^{-1} & \cdots & 0 & 0 \\ \vdots & \vdots & & \vdots & \vdots \\ 0 & 0 & \cdots & a_{n-1}^{-1} & 0 \end{pmatrix}$.

24. (1) $\begin{pmatrix} -7 & -2 & 9 \\ 5 & 1 & -5 \end{pmatrix}$； (2) $\begin{pmatrix} 0 & 1 & 0 \\ -1 & 2 & -1 \end{pmatrix}$； (3) $\begin{pmatrix} 1 & 2 \\ 3 & 4 \end{pmatrix}$； (4) $\begin{pmatrix} 3 & -1 \\ 2 & 0 \\ 1 & -1 \end{pmatrix}$.

25. 证明略，$\boldsymbol{A}^{-1}=\frac{1}{2}(\boldsymbol{A}-3\boldsymbol{E})$.

26. $\begin{pmatrix} 2\,731 & 2\,732 \\ -683 & -684 \end{pmatrix}$.

27. $4\begin{pmatrix} 1 & 1 & 1 \\ 1 & 1 & 1 \\ 1 & 1 & 1 \end{pmatrix}$.

28. 略.

29. $-\frac{16}{27}$.

30. (1) $\left(\begin{array}{cc:c} 3 & -2 & 5 \\ -2 & 1 & 3 \\ \hdashline 4 & -1 & 4 \\ -5 & 4 & -1 \end{array}\right)$； (2) $\left(\begin{array}{cc:cc} a & 0 & ac & 0 \\ 0 & a & 0 & ac \\ \hdashline 1 & 0 & c+bd & 0 \\ 0 & 1 & 0 & c+bd \end{array}\right)$.

31. (1) -4； (2) -6.

32. ～33. 略.

34.(1) $\left(\begin{array}{cc:cc} 1 & -1 & 0 & 0 \\ -1 & 2 & 0 & 0 \\ \hdashline 0 & 0 & 3 & -5 \\ 0 & 0 & -1 & 2 \end{array}\right)$； (2) $\left(\begin{array}{ccc:c} 3 & 9 & 4 & -5 \\ -2 & 5 & -2 & \frac{5}{2} \\ -2 & -7 & -3 & 4 \\ \hdashline 0 & 0 & 0 & \frac{1}{2} \end{array}\right)$.

35.(1) 2； (2) 2； (3) 2； (4) 3.

习 题 三

1.(1) $(-9,21,-2,8)^{\mathrm{T}}$； (2) $\left(\frac{11}{2},0,3,6\right)^{\mathrm{T}}$.

2.$\boldsymbol{\alpha}=(-1,-5,-4,-1)^{\mathrm{T}},\boldsymbol{\beta}=(3,6,6,4)^{\mathrm{T}}$.

3.(1) $\boldsymbol{\beta}=3\boldsymbol{\alpha}_1+5\boldsymbol{\alpha}_2+7\boldsymbol{\alpha}_3+9\boldsymbol{\alpha}_4$； (2) $\boldsymbol{\beta}=\boldsymbol{\alpha}_1-\boldsymbol{\alpha}_3$.

4.能,$\boldsymbol{\beta}=2\boldsymbol{\alpha}_1+3\boldsymbol{\alpha}_2+4\boldsymbol{\alpha}_3$.

5.略.

6.$\boldsymbol{\gamma}_1=4\boldsymbol{\alpha}_1+4\boldsymbol{\alpha}_2-17\boldsymbol{\alpha}_3,\boldsymbol{\gamma}_2=23\boldsymbol{\alpha}_2-7\boldsymbol{\alpha}_3$.

7.$\boldsymbol{\alpha}_1=\frac{1}{2}(\boldsymbol{\beta}_1+\boldsymbol{\beta}_2),\boldsymbol{\alpha}_2=\frac{1}{2}(\boldsymbol{\beta}_2+\boldsymbol{\beta}_3),\boldsymbol{\alpha}_3=\frac{1}{2}(\boldsymbol{\beta}_1+\boldsymbol{\beta}_3)$.

8.(1) 线性相关； (2) 线性无关.

9.当 $a=3$ 或 $a=-2$ 时,线性相关,其他情形线性无关.

10. ～15.略.

16.(1) 线性无关,秩为 3,$\boldsymbol{\alpha}_1,\boldsymbol{\alpha}_2,\boldsymbol{\alpha}_3$ 为一个极大无关组；

(2) 线性相关,秩为 3,$\boldsymbol{\alpha}_1,\boldsymbol{\alpha}_2,\boldsymbol{\alpha}_3$ 为一个极大无关组,且 $\boldsymbol{\alpha}_4=2\boldsymbol{\alpha}_1+\boldsymbol{\alpha}_2-\boldsymbol{\alpha}_3$；

(3) 线性无关,秩为 4,$\boldsymbol{\alpha}_1,\boldsymbol{\alpha}_2,\boldsymbol{\alpha}_3,\boldsymbol{\alpha}_4$ 为一个极大无关组.

17.(1)～(6) 不成立,反例略;(7),(8) 成立,理由略.

18.证明略,$(a_n-a_{n-1},a_{n-1}-a_{n-2},\cdots,a_2-a_1,a_1)^{\mathrm{T}}$.

19.(1) $\begin{pmatrix} 2 & 0 & 5 & 6 \\ 1 & 3 & 3 & 6 \\ -1 & 1 & 2 & 1 \\ 1 & 0 & 1 & 3 \end{pmatrix}$,$(x'_1,x'_2,x'_3,x'_4)$,其中

$$x'_1=\frac{4}{9}x_1+\frac{1}{3}x_2-x_3-\frac{11}{9}x_4,$$

$$x'_2=\frac{1}{27}x_1+\frac{4}{9}x_2-\frac{1}{3}x_3-\frac{23}{27}x_4,$$

$$x'_3=\frac{1}{3}x_1-\frac{2}{3}x_4,$$

$$x'_4=-\frac{7}{27}x_1-\frac{1}{9}x_2+\frac{1}{3}x_3+\frac{26}{27}x_4;$$

(2) $\begin{pmatrix}1&0&0&1\\1&1&0&1\\0&1&1&1\\0&0&1&0\end{pmatrix}$, $\left(\frac{3}{13},\frac{5}{13},-\frac{2}{13},-\frac{3}{13}\right)$.

20. $(a,a,a,-a)^{\mathrm{T}}(a\neq 0)$.

*21. (1) $\boldsymbol{\alpha}_1,\boldsymbol{\alpha}_2,\boldsymbol{\alpha}_4$ 为基,维数是 3; (2) $\boldsymbol{\alpha}_1,\boldsymbol{\alpha}_2,\boldsymbol{\alpha}_3$ 为基,维数是 3.

习　题　四

1. (1) $\begin{cases}x_1=-2+c,\\x_2=3-2c,\\x_3=c\end{cases}$ (c 为任意常数); (2) $\begin{cases}x_1=\frac{10}{7},\\x_2=-\frac{1}{7},\\x_3=-\frac{2}{7};\end{cases}$ (3) 无解.

2. 当 $k=-3$ 时,有非零解,通解为 $\begin{cases}x_1=-c,\\x_2=c,\\x_3=c\end{cases}$ (c 为任意非零常数).

3. 当 $k=4$ 时,无解;当 $k\neq 4$ 时,有无穷多解,通解为 $\begin{cases}x_1=\frac{k-6}{k-4}-(k+4)c,\\x_2=\frac{1}{k-4}+2c,\\x_3=c\end{cases}$ (c 为任意常数).

4. 当 $a\neq 1,b\neq 0$ 时,有唯一解;当 $a=1,b=\frac{1}{2}$ 时,有无穷多解;其余情形无解.

5. (1) 当 $a\neq -4$ 时,$\boldsymbol{\beta}$ 可由向量组 $\boldsymbol{\alpha}_1,\boldsymbol{\alpha}_2,\boldsymbol{\alpha}_3$ 唯一线性表示;

(2) 当 $a=-4,3b-c\neq 1$ 时,$\boldsymbol{\beta}$ 不能由向量组 $\boldsymbol{\alpha}_1,\boldsymbol{\alpha}_2,\boldsymbol{\alpha}_3$ 线性表示;

(3) 当 $a=-4,3b-c=1$ 时,$\boldsymbol{\beta}$ 可由向量组 $\boldsymbol{\alpha}_1,\boldsymbol{\alpha}_2,\boldsymbol{\alpha}_3$ 线性表示,且

$$\boldsymbol{\beta}=k\boldsymbol{\alpha}_1-(2k+b+1)\boldsymbol{\alpha}_2+(2b+1)\boldsymbol{\alpha}_3\quad (k\text{ 为任意常数}).$$

6. (1) $\boldsymbol{\xi}=(1,2,1,-3)^{\mathrm{T}}$, $\boldsymbol{X}=k(1,2,1,-3)^{\mathrm{T}}$,其中 k 为任意常数;

(2) $\boldsymbol{\xi}_1=(0,1,0,4)^{\mathrm{T}}$, $\boldsymbol{\xi}_2=(-4,0,1,-3)^{\mathrm{T}}$, $\boldsymbol{X}=k_1(0,1,0,4)^{\mathrm{T}}+k_2(-4,0,1,-3)^{\mathrm{T}}$,其中 k_1,k_2 为任意常数.

7. $\begin{pmatrix}1&0\\5&2\\8&1\\0&1\end{pmatrix}$.

8. $\begin{cases}x_1-2x_2+x_3=0,\\2x_1-3x_2+x_4=0.\end{cases}$

9. $k(1,1,\cdots,1)^{\mathrm{T}}$($k$ 为任意常数).

10. 有非零公共解 $k(-1,1,1,1)^{\mathrm{T}}$(k 为任意非零常数).

11. (1) $\boldsymbol{X}=k_1(-9,1,0,11)^{\mathrm{T}}+k_2(-4,0,1,5)^{\mathrm{T}}+(8,0,0,-10)^{\mathrm{T}}$

$=k_1\boldsymbol{\xi}_1+k_2\boldsymbol{\xi}_2+\boldsymbol{\eta}^*$($k_1,k_2$ 为任意常数);

(2) $\boldsymbol{X}=k_1(1,-2,1,0,0)^{\mathrm{T}}+k_2(1,-2,0,1,0)^{\mathrm{T}}$

$+k_3(5,-6,0,0,1)^{\mathrm{T}}+(-16,23,0,0,0)^{\mathrm{T}}$

$=k_1\boldsymbol{\xi}_1+k_2\boldsymbol{\xi}_2+k_3\boldsymbol{\xi}_3+\boldsymbol{\eta}^*$($k_1,k_2,k_3$ 为任意常数).

12. $(1,1,1,1)^{\mathrm{T}}+k(1,-2,1,0)^{\mathrm{T}}$($k$ 为任意常数).

13. ～14. 略.

*15. (1) 245 万元,90 万元,175 万元; (2) 180 万元,150 万元,180 万元;

(3) $\begin{pmatrix} 0.25 & 0.10 & 0.10 \\ 0.20 & 0.20 & 0.10 \\ 0.10 & 0.10 & 0.20 \end{pmatrix}$.

*16. 250 万元,200 万元,320 万元.

习 题 五

1. (1) $\lambda_1=-1, k_1\boldsymbol{\alpha}_1=k_1(4,3)^{\mathrm{T}}$($k_1$ 为任意非零常数),$\lambda_2=6, k_2\boldsymbol{\alpha}_2=k_2(-1,1)^{\mathrm{T}}$($k_2$ 为任意非零常数);

(2) $\lambda_1=\lambda_2=1, k_1\boldsymbol{\alpha}_1+k_2\boldsymbol{\alpha}_2=k_1(1,0,1)^{\mathrm{T}}+k_2(0,1,0)^{\mathrm{T}}$($k_1,k_2$ 为不同时为 0 的任意常数),$\lambda_3=-1, k_3\boldsymbol{\alpha}_3=k_3(-1,0,1)^{\mathrm{T}}$($k_3$ 为任意非零常数);

(3) $\lambda_1=\lambda_2=\lambda_3=-1, k\boldsymbol{\alpha}=k(1,1,-1)^{\mathrm{T}}$($k$ 为任意非零常数).

2. $k=-2$ 或 $k=1$.

3. 略.

4. $6,\dfrac{9}{2},4$.

5. $x=4, y=5$.

6. ～7. 略.

8. $\boldsymbol{A}=\dfrac{1}{3}\begin{pmatrix} -1 & 0 & 2 \\ 0 & 1 & 2 \\ 2 & 2 & 0 \end{pmatrix}, \boldsymbol{A}^{50}=\dfrac{1}{9}\begin{pmatrix} 5 & 4 & -2 \\ 4 & 5 & 2 \\ -2 & 2 & 8 \end{pmatrix}$.

9. $x+y=0$.

10. (1) $\boldsymbol{\beta}_1=(1,1,1)^{\mathrm{T}}, \boldsymbol{\beta}_2=(-1,0,1)^{\mathrm{T}}, \boldsymbol{\beta}_3=\dfrac{1}{3}(1,-2,1)^{\mathrm{T}}$;

(2) $\boldsymbol{\beta}_1=(1,0,-1,1)^{\mathrm{T}}, \boldsymbol{\beta}_2=\dfrac{1}{3}(1,-3,2,1)^{\mathrm{T}}, \boldsymbol{\beta}_3=\dfrac{1}{5}(-1,3,3,4)^{\mathrm{T}}$.

11. (1) 不是; (2) 是. 理由略.

12. (1) $\boldsymbol{Q}=\frac{1}{3}\begin{pmatrix}2 & 2 & 1\\ 2 & -1 & -2\\ 1 & -2 & 2\end{pmatrix}$, $\boldsymbol{Q}^{-1}\boldsymbol{A}\boldsymbol{Q}=\begin{pmatrix}-1 & & \\ & 2 & \\ & & 5\end{pmatrix}$;

(2) $\boldsymbol{Q}=\frac{1}{3}\begin{pmatrix}1 & 2 & -2\\ 2 & 1 & 2\\ 2 & 2 & 1\end{pmatrix}$, $\boldsymbol{Q}^{-1}\boldsymbol{A}\boldsymbol{Q}=\begin{pmatrix}10 & & \\ & 1 & \\ & & 1\end{pmatrix}$.

13. (1) $k_2\boldsymbol{\alpha}_2+k_3\boldsymbol{\alpha}_3=k_2(1,0,0)^{\mathrm{T}}+k_3(0,1,-1)^{\mathrm{T}}$($k_2,k_3$ 为不同时为 0 的任意常数);

(2) $\begin{pmatrix}1 & 0 & 0\\ 0 & 0 & -1\\ 0 & -1 & 0\end{pmatrix}$.

14. (1) $\begin{pmatrix}1-p & q\\ p & 1-q\end{pmatrix}$;

(2) $\begin{pmatrix}x_n\\ y_n\end{pmatrix}=\boldsymbol{A}^n\begin{pmatrix}x_0\\ y_0\end{pmatrix}=\frac{1}{2(p+q)}\begin{pmatrix}2q+(p-q)r^n\\ 2p+(q-p)r^n\end{pmatrix}$,其中 $r=1-p-q$.

习 题 六

1. (1) $\begin{pmatrix}2 & 0 & 2\\ 0 & -1 & -1\\ 2 & -1 & 0\end{pmatrix}$; (2) $\begin{pmatrix}0 & 1 & 0 & 1\\ 1 & 0 & 0 & 1\\ 0 & 0 & 0 & 0\\ 1 & 1 & 0 & 0\end{pmatrix}$; (3) $\begin{pmatrix}1 & 3 & 5\\ 3 & 5 & 7\\ 5 & 7 & 9\end{pmatrix}$.

2. (1) $x_2^2+2x_1x_3$;

(2) $x_1x_2+x_1x_3+x_1x_4+x_2x_3+x_2x_4+x_3x_4$.

3. 略. 提示:分别取 $\boldsymbol{X}=\boldsymbol{X}_i=(0,\cdots,0,1,0,\cdots,0)^{\mathrm{T}}$(第 i 个分量为 1),$\boldsymbol{X}=\boldsymbol{X}_{ij}=(0,\cdots,0,1,0,\cdots,0,1,0,\cdots,0)^{\mathrm{T}}$(第 i 个和第 j 个分量为 1),利用定义进行证明.

4. 略.

5. (1) $\boldsymbol{X}=\begin{pmatrix}\frac{2}{3} & \frac{2}{3} & \frac{1}{3}\\ \frac{1}{3} & -\frac{2}{3} & \frac{2}{3}\\ -\frac{2}{3} & \frac{1}{3} & \frac{2}{3}\end{pmatrix}\boldsymbol{Y}$, $f=y_1^2+4y_2^2-2y_3^2$;

(2) $\boldsymbol{X}=\begin{pmatrix}0 & \frac{2\sqrt{2}}{3} & \frac{1}{3}\\ \frac{\sqrt{2}}{2} & \frac{\sqrt{2}}{6} & -\frac{2}{3}\\ \frac{\sqrt{2}}{2} & -\frac{\sqrt{2}}{6} & \frac{2}{3}\end{pmatrix}\boldsymbol{Y}, f=9y_3^2$.

6.(1) $\begin{pmatrix}1 & -\frac{1}{2} & -1\\ 0 & 1 & 1\\ 0 & 0 & 1\end{pmatrix}, f=2y_1^2+\frac{3}{2}y_2^2$；$\begin{pmatrix}1 & -\frac{1}{2} & -1\\ 0 & 1 & 1\\ 0 & 0 & 1\end{pmatrix}, f=2y_1^2+\frac{3}{2}y_2^2$.

(2) $\begin{pmatrix}1 & 1 & 0\\ 1 & -1 & -2\\ 0 & 0 & 1\end{pmatrix}, f=2y_1^2-2y_2^2$；$\begin{pmatrix}1 & -\frac{1}{2} & 0\\ 1 & \frac{1}{2} & -2\\ 0 & 0 & 1\end{pmatrix}, f=2y_1^2-\frac{1}{2}y_2^2$.

7.(1) $c=3, \lambda_1=0, \lambda_2=4, \lambda_3=9$；

(2) $f=1$ 表示一个椭圆柱面 $4y_2^2+9y_3^2=1$.

8. $k=2$,所用的正交变换矩阵为$\begin{pmatrix}0 & 1 & 0\\ \frac{\sqrt{2}}{2} & 0 & \frac{\sqrt{2}}{2}\\ -\frac{\sqrt{2}}{2} & 0 & \frac{\sqrt{2}}{2}\end{pmatrix}$.

9. 略. 提示:利用 $\boldsymbol{AX}=\lambda\boldsymbol{X}$ 或正交变换 $\boldsymbol{X}=\boldsymbol{QY}$ 证明.

10.(1) 是； (2) 不是.

11. $|\lambda|<\sqrt{\frac{5}{3}}$.

12. ～13. 略.

14. 是,理由略.

15. 略.

16. 略. 提示:考察 $t\boldsymbol{E}+\boldsymbol{A}$ 的顺序主子式.

附　录

2014—2024年全国硕士研究生招生考试数学试卷中关于线性代数的试题

为了更系统地进行总复习及自我检查，我们选编了2014—2024年全国硕士研究生招生考试数学试卷中关于线性代数的试题，按选择、填空、计算及证明等题型分类列出，并注明出处.

一、选择题

1. 行列式 $\begin{vmatrix} 0 & a & b & 0 \\ a & 0 & 0 & b \\ 0 & c & d & 0 \\ c & 0 & 0 & d \end{vmatrix} =$ (　　).

A. $(ad-bc)^2$　　B. $-(ad-bc)^2$

C. $a^2d^2-b^2c^2$　　D. $b^2c^2-a^2d^2$

（2014年数学一）

2. 设 $\boldsymbol{\alpha}_1,\boldsymbol{\alpha}_2,\boldsymbol{\alpha}_3$ 为三维向量，则对于任意常数 k,l，向量组 $\boldsymbol{\alpha}_1+k\boldsymbol{\alpha}_3,\boldsymbol{\alpha}_2+l\boldsymbol{\alpha}_3$ 线性无关是向量组 $\boldsymbol{\alpha}_1,\boldsymbol{\alpha}_2,\boldsymbol{\alpha}_3$ 线性无关的(　　).

A. 必要条件　　B. 充分条件

C. 充要条件　　D. 既不充分也不必要条件

（2014年数学一）

3. 设矩阵 $\boldsymbol{A}=\begin{pmatrix} 1 & 1 & 1 \\ 1 & 2 & a \\ 1 & 4 & a^2 \end{pmatrix}$，$\boldsymbol{b}=\begin{pmatrix} 1 \\ d \\ d^2 \end{pmatrix}$. 若集合 $\Omega=\{1,2\}$，则线性方程组 $\boldsymbol{Ax}=\boldsymbol{b}$ 有无穷多解的充要条件是(　　).

A. $a\notin\Omega,d\notin\Omega$　　B. $a\notin\Omega,d\in\Omega$

C. $a\in\Omega,d\notin\Omega$　　D. $a\in\Omega,d\in\Omega$

（2015年数学一）

4. 设二次型 $f(x_1,x_2,x_3)$ 在正交变换 $\boldsymbol{X}=\boldsymbol{PY}$ 下的标准形为 $2y_1^2+y_2^2-y_3^2$，其中矩阵 $\boldsymbol{P}=(\boldsymbol{\varepsilon}_1,\boldsymbol{\varepsilon}_2,\boldsymbol{\varepsilon}_3)$. 若矩阵 $\boldsymbol{Q}=(\boldsymbol{\varepsilon}_1,-\boldsymbol{\varepsilon}_3,\boldsymbol{\varepsilon}_2)$，则二次型 f 在正交变换 $\boldsymbol{X}=\boldsymbol{QY}$ 下的标准形为(　　).

A. $2y_1^2-y_2^2+y_3^2$　　B. $2y_1^2+y_2^2-y_3^2$

C. $2y_1^2-y_2^2-y_3^2$　　D. $2y_1^2+y_2^2+y_3^2$

（2015 年数学一）

5. 设 $\boldsymbol{A},\boldsymbol{B}$ 均为可逆矩阵，且 $\boldsymbol{A}$ 与 $\boldsymbol{B}$ 相似，则下列结论中错误的是（　　）.

A. $\boldsymbol{A}^{\mathrm{T}}$ 与 $\boldsymbol{B}^{\mathrm{T}}$ 相似　　B. $\boldsymbol{A}^{-1}$ 与 $\boldsymbol{B}^{-1}$ 相似

C. $\boldsymbol{A}+\boldsymbol{A}^{\mathrm{T}}$ 与 $\boldsymbol{B}+\boldsymbol{B}^{\mathrm{T}}$ 相似　　D. $\boldsymbol{A}+\boldsymbol{A}^{-1}$ 与 $\boldsymbol{B}+\boldsymbol{B}^{-1}$ 相似

（2016 年数学一）

6. 设二次型

$$f(x_1,x_2,x_3)=x_1^2+x_2^2+x_3^2+4x_1x_2+4x_1x_3+4x_2x_3,$$

则 $f(x_1,x_2,x_3)=2$ 在空间直角坐标下表示的二次曲面为（　　）.

A. 单叶双曲面　　B. 双叶双曲面

C. 椭球面　　D. 柱面

（2016 年数学二）

7. 设二次型

$$f(x_1,x_2,x_3)=a(x_1^2+x_2^2+x_3^2)+2x_1x_2+2x_2x_3+2x_1x_3$$

的正、负惯性指数分别为 1,2，则（　　）.

A. $a>1$　　B. $a<-2$

C. $-2<a<1$　　D. $a=1$ 或 $a=-2$

（2016 年数学二）

8. 设 $\boldsymbol{\alpha}$ 为 n 维单位列向量，$\boldsymbol{E}$ 为 n 阶单位矩阵，则（　　）.

A. $\boldsymbol{E}-\boldsymbol{\alpha}\boldsymbol{\alpha}^{\mathrm{T}}$ 不可逆　　B. $\boldsymbol{E}+\boldsymbol{\alpha}\boldsymbol{\alpha}^{\mathrm{T}}$ 不可逆

C. $\boldsymbol{E}+2\boldsymbol{\alpha}\boldsymbol{\alpha}^{\mathrm{T}}$ 不可逆　　D. $\boldsymbol{E}-2\boldsymbol{\alpha}\boldsymbol{\alpha}^{\mathrm{T}}$ 不可逆

（2017 年数学一）

9. 已知矩阵 $\boldsymbol{A}=\begin{pmatrix}2&0&0\\0&2&1\\0&0&1\end{pmatrix}$，$\boldsymbol{B}=\begin{pmatrix}2&1&0\\0&2&0\\0&0&1\end{pmatrix}$，$\boldsymbol{C}=\begin{pmatrix}1&0&0\\0&2&0\\0&0&2\end{pmatrix}$，则（　　）.

A. $\boldsymbol{A}$ 与 $\boldsymbol{C}$ 相似，$\boldsymbol{B}$ 与 $\boldsymbol{C}$ 相似　　B. $\boldsymbol{A}$ 与 $\boldsymbol{C}$ 相似，$\boldsymbol{B}$ 与 $\boldsymbol{C}$ 不相似

C. $\boldsymbol{A}$ 与 $\boldsymbol{C}$ 不相似，$\boldsymbol{B}$ 与 $\boldsymbol{C}$ 相似　　D. $\boldsymbol{A}$ 与 $\boldsymbol{C}$ 不相似，$\boldsymbol{B}$ 与 $\boldsymbol{C}$ 不相似

（2017 年数学一）

10. 下列矩阵中与矩阵 $\begin{pmatrix}1&1&0\\0&1&1\\0&0&1\end{pmatrix}$ 相似的是（　　）.

A. $\begin{pmatrix}1&1&-1\\0&1&1\\0&0&1\end{pmatrix}$　　B. $\begin{pmatrix}1&0&-1\\0&1&1\\0&0&1\end{pmatrix}$

C. $\begin{pmatrix} 1 & 1 & -1 \\ 0 & 1 & 0 \\ 0 & 0 & 1 \end{pmatrix}$　　D. $\begin{pmatrix} 1 & 0 & -1 \\ 0 & 1 & 0 \\ 0 & 0 & 1 \end{pmatrix}$

(2018 年数学一)

11. 设 $\boldsymbol{A},\boldsymbol{B}$ 均为 n 阶方阵. 记 $\mathrm{R}(\boldsymbol{X})$ 为矩阵 $\boldsymbol{X}$ 的秩,$(\boldsymbol{X},\boldsymbol{Y})$ 表示分块矩阵,则(　　).

A. $\mathrm{R}(\boldsymbol{A},\boldsymbol{AB})=\mathrm{R}(\boldsymbol{A})$　　B. $\mathrm{R}(\boldsymbol{A},\boldsymbol{BA})=\mathrm{R}(\boldsymbol{A})$

C. $\mathrm{R}(\boldsymbol{A},\boldsymbol{B})=\max\{\mathrm{R}(\boldsymbol{A}),\mathrm{R}(\boldsymbol{B})\}$　　D. $\mathrm{R}(\boldsymbol{A},\boldsymbol{B})=\mathrm{R}(\boldsymbol{A}^{\mathrm{T}},\boldsymbol{B}^{\mathrm{T}})$

(2018 年数学一)

12. 设 $\boldsymbol{A}$ 为三阶实对称矩阵,$\boldsymbol{E}$ 为三阶单位矩阵. 若 $\boldsymbol{A}^2+\boldsymbol{A}=2\boldsymbol{E}$,且 $|\boldsymbol{A}|=4$,则二次型 $\boldsymbol{X}^{\mathrm{T}}\boldsymbol{AX}$ 的规范形为(　　).

A. $y_1^2+y_2^2+y_3^2$　　B. $y_1^2+y_2^2-y_3^2$

C. $y_1^2-y_2^2-y_3^2$　　D. $-y_1^2-y_2^2-y_3^2$

(2019 年数学一)

13. 如附图 1 所示,有 3 个平面,两两相交,交线相互平行,它们的方程

$$a_{i1}x+a_{i2}y+a_{i3}z=d_i\quad(i=1,2,3)$$

组成的线性方程组的系数矩阵和增广矩阵分别记为 $\boldsymbol{A},\widetilde{\boldsymbol{A}}$,则(　　).

A. $\mathrm{R}(\boldsymbol{A})=2,\mathrm{R}(\widetilde{\boldsymbol{A}})=3$

B. $\mathrm{R}(\boldsymbol{A})=2,\mathrm{R}(\widetilde{\boldsymbol{A}})=2$

C. $\mathrm{R}(\boldsymbol{A})=1,\mathrm{R}(\widetilde{\boldsymbol{A}})=2$

D. $\mathrm{R}(\boldsymbol{A})=1,\mathrm{R}(\widetilde{\boldsymbol{A}})=1$

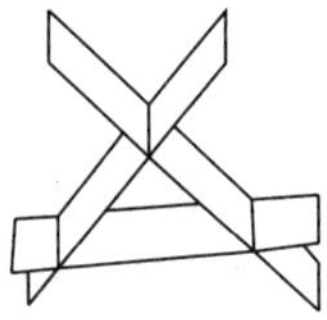

附图 1

(2019 年数学一)

14. 设 $\boldsymbol{A}$ 为四阶方阵,$\boldsymbol{A}^*$ 为其伴随矩阵. 若线性方程组 $\boldsymbol{AX}=\boldsymbol{0}$ 的基础解系中只有两个向量,则 $\mathrm{R}(\boldsymbol{A}^*)=$(　　).

A. 0　　B. 1

C. 2　　D. 3

(2019 年数学二)

15. 若矩阵 $\boldsymbol{A}$ 经初等列变换化为矩阵 $\boldsymbol{B}$,则(　　).

A. 存在矩阵 $\boldsymbol{P}$,使得 $\boldsymbol{PA}=\boldsymbol{B}$　　B. 存在矩阵 $\boldsymbol{P}$,使得 $\boldsymbol{BP}=\boldsymbol{A}$

C. 存在矩阵 $\boldsymbol{P}$,使得 $\boldsymbol{PB}=\boldsymbol{A}$　　D. 方程组 $\boldsymbol{AX}=\boldsymbol{0}$ 与 $\boldsymbol{BX}=\boldsymbol{0}$ 同解

(2020 年数学一)

16. 已知直线 $L_1:\dfrac{x-a_2}{a_1}=\dfrac{y-b_2}{b_1}=\dfrac{z-c_2}{c_1}$ 与 $L_2:\dfrac{x-a_3}{a_2}=\dfrac{y-b_3}{b_2}=\dfrac{z-c_3}{c_2}$ 相交于一点,记向量 $\boldsymbol{\alpha}_i=\begin{pmatrix} a_i \\ b_i \\ c_i \end{pmatrix}(i=1,2,3)$,则(　　).

A. $\boldsymbol{\alpha}_1$ 可由向量组 $\boldsymbol{\alpha}_2,\boldsymbol{\alpha}_3$ 线性表示　　B. $\boldsymbol{\alpha}_2$ 可由向量组 $\boldsymbol{\alpha}_1,\boldsymbol{\alpha}_3$ 线性表示

C. $\boldsymbol{\alpha}_3$ 可由向量组 $\boldsymbol{\alpha}_1,\boldsymbol{\alpha}_2$ 线性表示　　D. 向量组 $\boldsymbol{\alpha}_1,\boldsymbol{\alpha}_2,\boldsymbol{\alpha}_3$ 线性无关

（2020 年数学一）

17. 设四阶方阵 $\boldsymbol{A}=(a_{ij})_{4\times4}$ 不可逆，a_{12} 的代数余子式 $A_{12}\neq0$，$\boldsymbol{\alpha}_1,\boldsymbol{\alpha}_2,\boldsymbol{\alpha}_3,\boldsymbol{\alpha}_4$ 为 $\boldsymbol{A}$ 的列向量组，$\boldsymbol{A}^*$ 为 $\boldsymbol{A}$ 的伴随矩阵，则线性方程组 $\boldsymbol{A}^*\boldsymbol{X}=\boldsymbol{0}$ 的通解为（　　）.

A. $\boldsymbol{X}=k_1\boldsymbol{\alpha}_1+k_2\boldsymbol{\alpha}_2+k_3\boldsymbol{\alpha}_3$，其中 k_1,k_2,k_3 为任意常数

B. $\boldsymbol{X}=k_1\boldsymbol{\alpha}_1+k_2\boldsymbol{\alpha}_2+k_3\boldsymbol{\alpha}_4$，其中 k_1,k_2,k_3 为任意常数

C. $\boldsymbol{X}=k_1\boldsymbol{\alpha}_1+k_2\boldsymbol{\alpha}_3+k_3\boldsymbol{\alpha}_4$，其中 k_1,k_2,k_3 为任意常数

D. $\boldsymbol{X}=k_1\boldsymbol{\alpha}_2+k_2\boldsymbol{\alpha}_3+k_3\boldsymbol{\alpha}_4$，其中 k_1,k_2,k_3 为任意常数

（2020 年数学二）

18. 设 $\boldsymbol{A}$ 为三阶方阵，$\boldsymbol{\alpha}_1,\boldsymbol{\alpha}_2$ 为 $\boldsymbol{A}$ 的对应于特征值 1 的线性无关特征向量，$\boldsymbol{\alpha}_3$ 为 $\boldsymbol{A}$ 的对应于特征值 -1 的特征向量，则满足 $\boldsymbol{P}^{-1}\boldsymbol{A}\boldsymbol{P}=\begin{pmatrix}1&0&0\\0&-1&0\\0&0&1\end{pmatrix}$ 的可逆矩阵 $\boldsymbol{P}$ 为（　　）.

A. $(\boldsymbol{\alpha}_1+\boldsymbol{\alpha}_3,\boldsymbol{\alpha}_2,-\boldsymbol{\alpha}_3)$　　B. $(\boldsymbol{\alpha}_1+\boldsymbol{\alpha}_2,\boldsymbol{\alpha}_2,-\boldsymbol{\alpha}_3)$

C. $(\boldsymbol{\alpha}_1+\boldsymbol{\alpha}_3,-\boldsymbol{\alpha}_3,\boldsymbol{\alpha}_2)$　　D. $(\boldsymbol{\alpha}_1+\boldsymbol{\alpha}_2,-\boldsymbol{\alpha}_3,\boldsymbol{\alpha}_2)$

（2020 年数学二）

19. 二次型 $f(x_1,x_2,x_3)=(x_1+x_2)^2+(x_2+x_3)^2-(x_3-x_1)^2$ 的正、负惯性指数依次为（　　）.

A. 2，0　　B. 1，1

C. 2，1　　D. 1，2

（2021 年数学一）

20. 已知向量 $\boldsymbol{\alpha}_1=\begin{pmatrix}1\\0\\1\end{pmatrix}$，$\boldsymbol{\alpha}_2=\begin{pmatrix}1\\2\\1\end{pmatrix}$，$\boldsymbol{\alpha}_3=\begin{pmatrix}3\\1\\2\end{pmatrix}$，记向量

$$\boldsymbol{\beta}_1=\boldsymbol{\alpha}_1,\quad \boldsymbol{\beta}_2=\boldsymbol{\alpha}_2-k\boldsymbol{\beta}_1,\quad \boldsymbol{\beta}_3=\boldsymbol{\alpha}_3-l_1\boldsymbol{\beta}_1-l_2\boldsymbol{\beta}_2.$$

若 $\boldsymbol{\beta}_1,\boldsymbol{\beta}_2,\boldsymbol{\beta}_3$ 两两正交，则 l_1,l_2 依次为（　　）.

A. $\frac{5}{2},\frac{1}{2}$　　B. $-\frac{5}{2},\frac{1}{2}$

C. $\frac{5}{2},-\frac{1}{2}$　　D. $-\frac{5}{2},-\frac{1}{2}$

（2021 年数学一）

21. 设 $\boldsymbol{A},\boldsymbol{B}$ 为 n 阶实矩阵，下列选项中不成立的是（　　）.

A. $\mathrm{R}\begin{pmatrix}\boldsymbol{A}&\boldsymbol{O}\\\boldsymbol{O}&\boldsymbol{A}^{\mathrm{T}}\boldsymbol{A}\end{pmatrix}=2\mathrm{R}(\boldsymbol{A})$　　B. $\mathrm{R}\begin{pmatrix}\boldsymbol{A}&\boldsymbol{AB}\\\boldsymbol{O}&\boldsymbol{A}^{\mathrm{T}}\end{pmatrix}=2\mathrm{R}(\boldsymbol{A})$

C. $R\begin{pmatrix}\boldsymbol{A} & \boldsymbol{BA}\\ \boldsymbol{O} & \boldsymbol{A}^{\mathrm{T}}\boldsymbol{A}\end{pmatrix}=2R(\boldsymbol{A})$　　D. $R\begin{pmatrix}\boldsymbol{A} & \boldsymbol{O}\\ \boldsymbol{BA} & \boldsymbol{A}^{\mathrm{T}}\end{pmatrix}=2R(\boldsymbol{A})$

(2021 年数学一)

22. 设三阶方阵 $\boldsymbol{A}=(\boldsymbol{\alpha}_1,\boldsymbol{\alpha}_2,\boldsymbol{\alpha}_3)$，$\boldsymbol{B}=(\boldsymbol{\beta}_1,\boldsymbol{\beta}_2,\boldsymbol{\beta}_3)$. 若向量组 $\boldsymbol{\alpha}_1,\boldsymbol{\alpha}_2,\boldsymbol{\alpha}_3$ 可以由向量组 $\boldsymbol{\beta}_1,\boldsymbol{\beta}_2,\boldsymbol{\beta}_3$ 线性表示，则(　　).

A. $\boldsymbol{AX}=\boldsymbol{0}$ 的解均为 $\boldsymbol{BX}=\boldsymbol{0}$ 的解　　B. $\boldsymbol{A}^{\mathrm{T}}\boldsymbol{X}=\boldsymbol{0}$ 的解均为 $\boldsymbol{B}^{\mathrm{T}}\boldsymbol{X}=\boldsymbol{0}$ 的解

C. $\boldsymbol{BX}=\boldsymbol{0}$ 的解均为 $\boldsymbol{AX}=\boldsymbol{0}$ 的解　　D. $\boldsymbol{B}^{\mathrm{T}}\boldsymbol{X}=\boldsymbol{0}$ 的解均为 $\boldsymbol{A}^{\mathrm{T}}\boldsymbol{X}=\boldsymbol{0}$ 的解

(2021 年数学二)

23. 已知矩阵 $\boldsymbol{A}=\begin{pmatrix}1 & 0 & -1\\ 2 & -1 & 1\\ -1 & 2 & -5\end{pmatrix}$，若存在下三角形可逆矩阵 $\boldsymbol{P}$ 和上三角形可逆矩阵 $\boldsymbol{Q}$，使得 $\boldsymbol{PAQ}$ 为对角矩阵，则 $\boldsymbol{P},\boldsymbol{Q}$ 可以分别取(　　).

A. $\begin{pmatrix}1 & 0 & 0\\ 0 & 1 & 0\\ 0 & 0 & 1\end{pmatrix},\begin{pmatrix}1 & 0 & 1\\ 0 & 1 & 3\\ 0 & 0 & 1\end{pmatrix}$　　B. $\begin{pmatrix}1 & 0 & 0\\ 2 & -1 & 0\\ -3 & 2 & 1\end{pmatrix},\begin{pmatrix}1 & 0 & 0\\ 0 & 1 & 0\\ 0 & 0 & 1\end{pmatrix}$

C. $\begin{pmatrix}1 & 0 & 0\\ 2 & -1 & 0\\ -3 & 2 & 1\end{pmatrix},\begin{pmatrix}1 & 0 & 1\\ 0 & 1 & 3\\ 0 & 0 & 1\end{pmatrix}$　　D. $\begin{pmatrix}1 & 0 & 0\\ 0 & 1 & 0\\ 1 & 3 & 1\end{pmatrix},\begin{pmatrix}1 & 2 & -3\\ 0 & -1 & 2\\ 0 & 0 & 1\end{pmatrix}$

(2021 年数学二)

24. 设 $\boldsymbol{A}=(\boldsymbol{\alpha}_1,\boldsymbol{\alpha}_2,\boldsymbol{\alpha}_3,\boldsymbol{\alpha}_4)$ 为四阶正交矩阵. 若矩阵 $\boldsymbol{B}=\begin{pmatrix}\boldsymbol{\alpha}_1^{\mathrm{T}}\\ \boldsymbol{\alpha}_2^{\mathrm{T}}\\ \boldsymbol{\alpha}_3^{\mathrm{T}}\end{pmatrix}$，$\boldsymbol{\beta}=\begin{pmatrix}1\\ 1\\ 1\end{pmatrix}$，$k$ 表示任意常数，则线性方程组 $\boldsymbol{BX}=\boldsymbol{\beta}$ 的通解为 $\boldsymbol{X}=$(　　).

A. $\boldsymbol{\alpha}_2+\boldsymbol{\alpha}_3+\boldsymbol{\alpha}_4+k\boldsymbol{\alpha}_1$　　B. $\boldsymbol{\alpha}_1+\boldsymbol{\alpha}_3+\boldsymbol{\alpha}_4+k\boldsymbol{\alpha}_2$

C. $\boldsymbol{\alpha}_1+\boldsymbol{\alpha}_2+\boldsymbol{\alpha}_4+k\boldsymbol{\alpha}_3$　　D. $\boldsymbol{\alpha}_1+\boldsymbol{\alpha}_2+\boldsymbol{\alpha}_3+k\boldsymbol{\alpha}_4$

(2021 年数学三)

25. 下列条件中，(　　)是矩阵 $\boldsymbol{A}_3$ 可相似对角化的充分条件.

A. $\boldsymbol{A}$ 有 3 个不同的特征值　　B. $\boldsymbol{A}$ 有 3 个线性无关的特征向量

C. $\boldsymbol{A}$ 有 3 个两两线性无关的特征向量　　D. $\boldsymbol{A}$ 的不同特征值对应的特征向量正交

(2022 年数学一)

26. 设 $\boldsymbol{A},\boldsymbol{B}$ 均为 n 阶方阵. 若线性方程组 $\boldsymbol{AX}=\boldsymbol{0}$ 与 $\boldsymbol{BX}=\boldsymbol{0}$ 同解，则(　　).

A. $\begin{pmatrix}\boldsymbol{A} & \boldsymbol{O}\\ \boldsymbol{E} & \boldsymbol{B}\end{pmatrix}\boldsymbol{X}=\boldsymbol{0}$ 仅有零解　　B. $\begin{pmatrix}\boldsymbol{AB} & \boldsymbol{B}\\ \boldsymbol{O} & \boldsymbol{A}\end{pmatrix}\boldsymbol{X}=\boldsymbol{0}$ 仅有零解

C. $\begin{pmatrix} A & B \\ O & B \end{pmatrix} X = 0$ 与 $\begin{pmatrix} B & A \\ O & A \end{pmatrix} X = 0$ 同解　　D. $\begin{pmatrix} AB & B \\ O & A \end{pmatrix} X = 0$ 与 $\begin{pmatrix} BA & A \\ O & B \end{pmatrix} X = 0$ 同解

（2022 年数学一）

27. 设向量组 $\boldsymbol{\alpha}_1 = \begin{pmatrix} \lambda \\ 1 \\ 1 \end{pmatrix}, \boldsymbol{\alpha}_2 = \begin{pmatrix} 1 \\ \lambda \\ 1 \end{pmatrix}, \boldsymbol{\alpha}_3 = \begin{pmatrix} 1 \\ 1 \\ \lambda \end{pmatrix}, \boldsymbol{\alpha}_4 = \begin{pmatrix} 1 \\ \lambda \\ \lambda^2 \end{pmatrix}$. 若向量组 $\boldsymbol{\alpha}_1, \boldsymbol{\alpha}_2, \boldsymbol{\alpha}_3$ 与 $\boldsymbol{\alpha}_1, \boldsymbol{\alpha}_2, \boldsymbol{\alpha}_4$ 等价，则 λ 属于（　　）.

A. $\{\lambda \mid \lambda \in \mathbf{R}\}$　　B. $\{\lambda \mid \lambda \in \mathbf{R}, \lambda \neq -1\}$

C. $\{\lambda \mid \lambda \in \mathbf{R}, \lambda \neq -1, \lambda \neq -2\}$　　D. $\{\lambda \mid \lambda \in \mathbf{R}, \lambda \neq -2\}$

（2022 年数学一）

28. 设 $\boldsymbol{A}$ 为三阶方阵，$\boldsymbol{\Lambda} = \begin{pmatrix} 1 & 0 & 0 \\ 0 & -1 & 0 \\ 0 & 0 & 0 \end{pmatrix}$，则 $\boldsymbol{A}$ 的特征值为 1，-1，0 的充要条件是（　　）.

A. 存在可逆矩阵 $\boldsymbol{P}, \boldsymbol{Q}$，使得 $\boldsymbol{A} = \boldsymbol{P\Lambda Q}$

B. 存在可逆矩阵 $\boldsymbol{P}$，使得 $\boldsymbol{A} = \boldsymbol{P\Lambda P}^{-1}$

C. 存在正交矩阵 $\boldsymbol{Q}$，使得 $\boldsymbol{A} = \boldsymbol{Q\Lambda Q}^{-1}$

D. 存在可逆矩阵 $\boldsymbol{P}$，使得 $\boldsymbol{A} = \boldsymbol{P\Lambda P}^{\mathrm{T}}$

（2022 年数学二）

29. 设矩阵 $\boldsymbol{A} = \begin{pmatrix} 1 & 1 & 1 \\ 1 & a & a^2 \\ 1 & b & b^2 \end{pmatrix}, \boldsymbol{B} = \begin{pmatrix} 1 \\ 2 \\ 4 \end{pmatrix}$，则线性方程组 $\boldsymbol{AX} = \boldsymbol{B}$ 的解的情况为（　　）.

A. 无解　　B. 有解

C. 有无穷多解或无解　　D. 有唯一解或无解

（2022 年数学二）

30. 已知 n 阶方阵 $\boldsymbol{A}, \boldsymbol{B}, \boldsymbol{C}$ 满足 $\boldsymbol{ABC} = \boldsymbol{O}$，$\boldsymbol{E}$ 为 n 阶单位矩阵，记矩阵 $\begin{pmatrix} O & A \\ BC & E \end{pmatrix}$，$\begin{pmatrix} AB & C \\ O & E \end{pmatrix}$，$\begin{pmatrix} E & AB \\ AB & O \end{pmatrix}$ 的秩分别为 r_1, r_2, r_3，则（　　）.

A. $r_1 \leqslant r_2 \leqslant r_3$　　B. $r_1 \leqslant r_3 \leqslant r_2$

C. $r_3 \leqslant r_2 \leqslant r_1$　　D. $r_2 \leqslant r_1 \leqslant r_3$

（2023 年数学一）

31. 下列矩阵中不能相似于对角矩阵的是（　　）.

A. $\begin{pmatrix}1&1&a\\0&2&2\\0&0&3\end{pmatrix}$　　B. $\begin{pmatrix}1&1&a\\1&2&0\\a&0&3\end{pmatrix}$

C. $\begin{pmatrix}1&1&a\\0&2&0\\0&0&2\end{pmatrix}$　　D. $\begin{pmatrix}1&1&a\\0&2&2\\0&0&2\end{pmatrix}$

(2023 年数学一)

32. 已知向量 $\boldsymbol{\alpha}_1=\begin{pmatrix}1\\2\\3\end{pmatrix}$,$\boldsymbol{\alpha}_2=\begin{pmatrix}2\\1\\1\end{pmatrix}$,$\boldsymbol{\beta}_1=\begin{pmatrix}2\\5\\9\end{pmatrix}$,$\boldsymbol{\beta}_2=\begin{pmatrix}1\\0\\1\end{pmatrix}$,若向量 $\boldsymbol{\gamma}$ 既可由向量组 $\boldsymbol{\alpha}_1,\boldsymbol{\alpha}_2$ 线性表示,也可由向量组 $\boldsymbol{\beta}_1,\boldsymbol{\beta}_2$ 线性表示,则 $\boldsymbol{\gamma}=$(　　).

A. $k\begin{pmatrix}3\\3\\4\end{pmatrix},k\in\mathbf{R}$　　B. $k\begin{pmatrix}3\\5\\10\end{pmatrix},k\in\mathbf{R}$

C. $k\begin{pmatrix}-1\\1\\2\end{pmatrix},k\in\mathbf{R}$　　D. $k\begin{pmatrix}1\\5\\8\end{pmatrix},k\in\mathbf{R}$

(2023 年数学一)

33. 设 $\boldsymbol{A},\boldsymbol{B}$ 均为 n 阶可逆矩阵,$\boldsymbol{E}$ 为 n 阶单位矩阵,$\boldsymbol{M}^*$ 为矩阵 $\boldsymbol{M}$ 的伴随矩阵,则 $\begin{pmatrix}\boldsymbol{A}&\boldsymbol{E}\\\boldsymbol{O}&\boldsymbol{B}\end{pmatrix}^*=$(　　).

A. $\begin{pmatrix}|\boldsymbol{A}|\boldsymbol{B}^*&-\boldsymbol{B}^*\boldsymbol{A}^*\\\boldsymbol{O}&\boldsymbol{A}^*\boldsymbol{B}^*\end{pmatrix}$　　B. $\begin{pmatrix}|\boldsymbol{A}|\boldsymbol{B}^*&-\boldsymbol{A}^*\boldsymbol{B}^*\\\boldsymbol{O}&|\boldsymbol{B}|\boldsymbol{A}^*\end{pmatrix}$

C. $\begin{pmatrix}|\boldsymbol{B}|\boldsymbol{A}^*&-\boldsymbol{B}^*\boldsymbol{A}^*\\\boldsymbol{O}&|\boldsymbol{A}|\boldsymbol{B}^*\end{pmatrix}$　　D. $\begin{pmatrix}|\boldsymbol{B}|\boldsymbol{A}^*&-\boldsymbol{A}^*\boldsymbol{B}^*\\\boldsymbol{O}&|\boldsymbol{A}|\boldsymbol{B}^*\end{pmatrix}$

(2023 年数学二)

34. 二次型 $f(x_1,x_2,x_3)=(x_1+x_2)^2+(x_1+x_3)^2-4(x_2-x_3)^2$ 的规范形为(　　).

A. $y_1^2+y_2^2$　　B. $y_1^2-y_2^2$

C. $y_1^2+y_2^2-4y_3^2$　　D. $y_1^2+y_2^2-y_3^2$

(2023 年数学二)

35. 在空间直角坐标系 $Oxyz$ 中,3 个平面 $\Pi_i:a_ix+b_iy+c_iz=d_i(i=1,2,3)$ 的位置关

系如附图 2 所示. 记向量 $\boldsymbol{\alpha}_i=(a_i,b_i,c_i)$，$\boldsymbol{\beta}_i=(a_i,b_i,c_i,d_i)$. 若 $R\begin{pmatrix}\boldsymbol{\alpha}_1\\ \boldsymbol{\alpha}_2\\ \boldsymbol{\alpha}_3\end{pmatrix}=m$，$R\begin{pmatrix}\boldsymbol{\beta}_1\\ \boldsymbol{\beta}_2\\ \boldsymbol{\beta}_3\end{pmatrix}=n$，则（　　）.

A. $m=1,n=2$

B. $m=n=2$

C. $m=2,n=3$

D. $m=n=3$

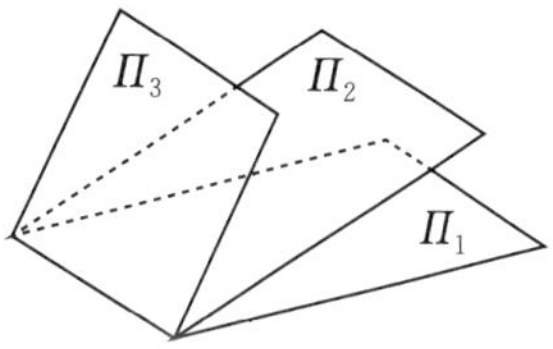

附图 2

（2024 年数学一）

36. 设向量 $\boldsymbol{\alpha}_1=\begin{pmatrix}a\\1\\-1\\1\end{pmatrix}$，$\boldsymbol{\alpha}_2=\begin{pmatrix}1\\1\\b\\a\end{pmatrix}$，$\boldsymbol{\alpha}_3=\begin{pmatrix}1\\a\\-1\\1\end{pmatrix}$. 若向量组 $\boldsymbol{\alpha}_1,\boldsymbol{\alpha}_2,\boldsymbol{\alpha}_3$ 线性相关，且其中任意两个向量均线性无关，则（　　）.

A. $a=1,b\neq-1$　　　B. $a=1,b=-1$

C. $a\neq-2,b=2$　　　D. $a=-2,b=2$

（2024 年数学一）

37. 设 $\boldsymbol{A}$ 是秩为 2 的三阶方阵，$\boldsymbol{\alpha}$ 是满足 $\boldsymbol{A\alpha}=\boldsymbol{0}$ 的非零向量. 若对于满足 $\boldsymbol{\beta}^{\mathrm{T}}\boldsymbol{\alpha}=\boldsymbol{0}$ 的三维列向量 $\boldsymbol{\beta}$，均有 $\boldsymbol{A\beta}=\boldsymbol{\beta}$，则（　　）.

A. $\boldsymbol{A}^3$ 的迹为 2　　　B. $\boldsymbol{A}^3$ 的迹为 5

C. $\boldsymbol{A}^2$ 的迹为 8　　　D. $\boldsymbol{A}^2$ 的迹为 9

（2024 年数学一）

38. 设 $\boldsymbol{A}$ 为三阶方阵，$\boldsymbol{P}=\begin{pmatrix}1&0&0\\0&1&0\\1&0&1\end{pmatrix}$. 若 $\boldsymbol{P}^{\mathrm{T}}\boldsymbol{AP}^2=\begin{pmatrix}a+2c&0&c\\0&b&0\\2c&0&c\end{pmatrix}$，则 $\boldsymbol{A}=$（　　）.

A. $\begin{pmatrix}c&0&0\\0&a&0\\0&0&b\end{pmatrix}$　　　B. $\begin{pmatrix}b&0&0\\0&c&0\\0&0&a\end{pmatrix}$

C. $\begin{pmatrix}a&0&0\\0&b&0\\0&0&c\end{pmatrix}$　　　D. $\begin{pmatrix}c&0&0\\0&b&0\\0&0&a\end{pmatrix}$

（2024 年数学二）

39. 设 $\boldsymbol{A}$ 为四阶方阵,$\boldsymbol{A}^*$ 为 $\boldsymbol{A}$ 的伴随矩阵. 若 $\boldsymbol{A}(\boldsymbol{A}-\boldsymbol{A}^*)=\boldsymbol{O}$,且 $\boldsymbol{A}\neq\boldsymbol{A}^*$,则 $\mathrm{R}(\boldsymbol{A})$ 的取值为(　　).

A. 0 或 1　　B. 1 或 3

C. 2 或 3　　D. 1 或 2

(2024 年数学二)

40. 设 $\boldsymbol{A},\boldsymbol{B}$ 均为二阶方阵,且 $\boldsymbol{AB}=\boldsymbol{BA}$,则 $\boldsymbol{A}$ 有两个不相等的特征值是 $\boldsymbol{B}$ 可相似对角化的(　　).

A. 充要条件　　B. 充分条件

C. 必要条件　　D. 既不充分也不必要条件

(2024 年数学二)

41. 设二次型 $f(x_1,x_2,x_3)=\boldsymbol{X}^{\mathrm{T}}\boldsymbol{AX}$ 在正交变换下可化成 $y_1^2-2y_2^2+3y_3^2$,则二次型 f 的矩阵 $\boldsymbol{A}$ 的行列式与迹分别为(　　).

A. $-6,-2$　　B. $6,-2$

C. $-6,2$　　D. $6,2$

(2024 年数学三)

42. 设矩阵 $\boldsymbol{A}=\begin{pmatrix} a+1 & b & 3 \\ a & \frac{b}{2} & 1 \\ 1 & 1 & 2 \end{pmatrix}$,$M_{ij}(i,j=1,2,3)$ 表示 $|\boldsymbol{A}|$ 的第 i 行第 j 列元素的余子式. 若 $|\boldsymbol{A}|=-\frac{1}{2}$,且 $-M_{21}+M_{22}-M_{23}=0$,则(　　).

A. $a=0$ 或 $a=-\frac{3}{2}$　　B. $a=0$ 或 $a=\frac{3}{2}$

C. $b=1$ 或 $b=-\frac{1}{2}$　　D. $b=-1$ 或 $b=\frac{1}{2}$

(2024 年数学三)

二、填空题

1. 设二次型

$$f(x_1,x_2,x_3)=x_1^2-x_2^2+2ax_1x_3+4x_2x_3$$

的负惯性指数是 1,则 a 的取值范围是________.

(2014 年数学一)

2. n 阶行列式 $\begin{vmatrix} 2 & 0 & \cdots & 0 & 2 \\ -1 & 2 & \cdots & 0 & 2 \\ \vdots & \vdots & & \vdots & \vdots \\ 0 & 0 & \cdots & 2 & 2 \\ 0 & 0 & \cdots & -1 & 2 \end{vmatrix}=$________.

(2015 年数学一)

3. 行列式 $\begin{vmatrix} \lambda & -1 & 0 & 0 \\ 0 & \lambda & -1 & 0 \\ 0 & 0 & \lambda & -1 \\ 4 & 3 & 2 & \lambda+1 \end{vmatrix}=$________.

(2016 年数学一)

4. 设矩阵 $\begin{pmatrix} a & -1 & -1 \\ -1 & a & -1 \\ -1 & -1 & a \end{pmatrix}$ 与 $\begin{pmatrix} 1 & 1 & 0 \\ 0 & -1 & 1 \\ 1 & 0 & 1 \end{pmatrix}$ 等价,则 $a=$________.

(2016 年数学二)

5. 设矩阵 $\boldsymbol{A}=\begin{pmatrix} 1 & 0 & 1 \\ 1 & 1 & 2 \\ 0 & 1 & 1 \end{pmatrix}$,$\boldsymbol{\alpha}_1,\boldsymbol{\alpha}_2,\boldsymbol{\alpha}_3$ 为线性无关的三维列向量组,则向量组 $\boldsymbol{A\alpha}_1,\boldsymbol{A\alpha}_2,\boldsymbol{A\alpha}_3$ 的秩为________.

(2017 年数学一)

6. 设二阶方阵 $\boldsymbol{A}$ 有两个不同的特征值,$\boldsymbol{\alpha}_1,\boldsymbol{\alpha}_2$ 是 $\boldsymbol{A}$ 的线性无关的特征向量,$\boldsymbol{A}^2(\boldsymbol{\alpha}_1+\boldsymbol{\alpha}_2)=\boldsymbol{\alpha}_1+\boldsymbol{\alpha}_2$,则 $|\boldsymbol{A}|=$________.

(2018 年数学一)

7. 设 $\boldsymbol{A}$ 为三阶方阵,$\boldsymbol{\alpha}_1,\boldsymbol{\alpha}_2,\boldsymbol{\alpha}_3$ 为线性无关的向量组. 若 $\boldsymbol{A\alpha}_1=2\boldsymbol{\alpha}_1+\boldsymbol{\alpha}_2+\boldsymbol{\alpha}_3$,$\boldsymbol{A\alpha}_2=\boldsymbol{\alpha}_2+2\boldsymbol{\alpha}_3$,$\boldsymbol{A\alpha}_3=-\boldsymbol{\alpha}_2+\boldsymbol{\alpha}_3$,则 $\boldsymbol{A}$ 的实特征值为________.

(2018 年数学二)

8. 设 $\boldsymbol{A}=(\boldsymbol{\alpha}_1,\boldsymbol{\alpha}_2,\boldsymbol{\alpha}_3)$ 为三阶方阵. 若向量组 $\boldsymbol{\alpha}_1,\boldsymbol{\alpha}_2$ 线性无关,且 $\boldsymbol{\alpha}_3=-\boldsymbol{\alpha}_1+2\boldsymbol{\alpha}_2$,则线性方程组 $\boldsymbol{AX}=\boldsymbol{0}$ 的通解为________.

(2019 年数学一)

9. 已知矩阵 $\boldsymbol{A}=\begin{pmatrix} 1 & -1 & 0 & 0 \\ -2 & 1 & -1 & 1 \\ 3 & -2 & 2 & -1 \\ 0 & 0 & 3 & 4 \end{pmatrix}$,$A_{ij}(i,j=1,2,3,4)$ 表示 $|\boldsymbol{A}|$ 中第 i 行第 j 列元素的代数余子式,则 $A_{11}-A_{12}=$________.

(2019 年数学二)

10. 已知矩阵 $\boldsymbol{A}=\begin{pmatrix} 1 & 0 & -1 \\ 1 & 1 & -1 \\ 0 & 1 & a^2-1 \end{pmatrix}$,$\boldsymbol{b}=\begin{pmatrix} 0 \\ 1 \\ a \end{pmatrix}$. 若线性方程组 $\boldsymbol{AX}=\boldsymbol{b}$ 有无穷多解,则 $a=$________.

(2019 年数学三)

11. 行列式 $\begin{vmatrix} a & 0 & -1 & 1 \\ 0 & a & 1 & -1 \\ -1 & 1 & a & 0 \\ 1 & -1 & 0 & a \end{vmatrix}=$________.

(2020 年数学一)

12. 设 $\boldsymbol{A}=(a_{ij})_{3\times3}$ 为三阶方阵, $A_{ij}(i,j=1,2,3)$ 为 a_{ij} 的代数余子式. 若 $\boldsymbol{A}$ 的每行元素之和均为 2, 且 $|\boldsymbol{A}|=3$, 则 $A_{11}+A_{21}+A_{31}=$________.

(2021 年数学一)

13. 多项式 $f(x)=\begin{vmatrix} x & x & 1 & 2x \\ 1 & x & 2 & -1 \\ 2 & 1 & x & 1 \\ 2 & -1 & 1 & x \end{vmatrix}$ 中 x^3 的系数为________.

(2021 年数学二)

14. 设矩阵 $\boldsymbol{A}$, $\boldsymbol{A}-\boldsymbol{E}$ 可逆. 若矩阵 $\boldsymbol{B}$ 满足 $[\boldsymbol{E}-(\boldsymbol{A}-\boldsymbol{E})^{-1}]\boldsymbol{B}=\boldsymbol{A}$, 则 $\boldsymbol{B}-\boldsymbol{A}=$________.

(2022 年数学一)

15. 设 $\boldsymbol{A}$ 为三阶方阵, 交换 $\boldsymbol{A}$ 的第二行和第三行, 再将第二列的 -1 倍加到第一列上, 得到矩阵 $\begin{pmatrix} -2 & 1 & -1 \\ 1 & -1 & 0 \\ -1 & 0 & 0 \end{pmatrix}$, 则 $\boldsymbol{A}^{-1}$ 的迹 $\operatorname{tr}\boldsymbol{A}^{-1}=$________.

(2022 年数学二)

16. 已知向量 $\boldsymbol{\alpha}_1=\begin{pmatrix} 1 \\ 0 \\ 1 \\ 1 \end{pmatrix}$, $\boldsymbol{\alpha}_2=\begin{pmatrix} -1 \\ -1 \\ 0 \\ 1 \end{pmatrix}$, $\boldsymbol{\alpha}_3=\begin{pmatrix} 0 \\ 1 \\ -1 \\ 1 \end{pmatrix}$, $\boldsymbol{\beta}=\begin{pmatrix} 1 \\ 1 \\ 1 \\ -1 \end{pmatrix}$, 且 $\boldsymbol{\gamma}=k_1\boldsymbol{\alpha}_1+k_2\boldsymbol{\alpha}_2+k_3\boldsymbol{\alpha}_3$. 若 $\boldsymbol{\gamma}^{\mathrm{T}}\boldsymbol{\alpha}_i=\boldsymbol{\beta}^{\mathrm{T}}\boldsymbol{\alpha}_i(i=1,2,3)$, 则 $k_1^2+k_2^2+k_3^2=$________.

(2023 年数学一)

17. 已知线性方程组 $\begin{cases} ax_1 + x_3=1, \\ x_1+ax_2+x_3=0, \\ x_1+2x_2+ax_3=0, \\ ax_1+bx_2=2 \end{cases}$ 有解, 其中 a,b 为常数. 若 $\begin{vmatrix} a & 0 & 1 \\ 1 & a & 1 \\ 1 & 2 & a \end{vmatrix}=4$, 则 $\begin{vmatrix} 1 & a & 1 \\ 1 & 2 & a \\ a & b & 0 \end{vmatrix}=$________.

(2023 年数学二)

18. 设矩阵 $\boldsymbol{A}=\begin{pmatrix} a+1 & a \\ a & a \end{pmatrix}$. 若对于任意向量 $\boldsymbol{\alpha}=\begin{pmatrix} x_1 \\ x_2 \end{pmatrix}$, $\boldsymbol{\beta}=\begin{pmatrix} y_1 \\ y_2 \end{pmatrix}$, $(\boldsymbol{\alpha}^{\mathrm{T}}\boldsymbol{A}\boldsymbol{\beta})^2\leqslant\boldsymbol{\alpha}^{\mathrm{T}}\boldsymbol{A}\boldsymbol{\alpha}\cdot\boldsymbol{\beta}^{\mathrm{T}}\boldsymbol{A}\boldsymbol{\beta}$ 都成立, 则 a 的取值范围是________.

（2024 年数学一）

19. 设向量 $\boldsymbol{\alpha}_1=\begin{pmatrix}a\\1\\-1\\1\end{pmatrix}$，$\boldsymbol{\alpha}_2=\begin{pmatrix}1\\1\\b\\a\end{pmatrix}$，$\boldsymbol{\alpha}_3=\begin{pmatrix}1\\a\\-1\\1\end{pmatrix}$. 若向量组 $\boldsymbol{\alpha}_1,\boldsymbol{\alpha}_2,\boldsymbol{\alpha}_3$ 线性相关，且其中任意两个向量均线性无关，则 $ab=$________.

（2024 年数学二）

20. 设 $\boldsymbol{A}$ 为三阶方阵，$\boldsymbol{A}^*$ 为 $\boldsymbol{A}$ 的伴随矩阵，$\boldsymbol{E}$ 为三阶单位矩阵. 若 $\mathrm{R}(2\boldsymbol{E}-\boldsymbol{A})=1$，$\mathrm{R}(\boldsymbol{E}+\boldsymbol{A})=2$，则 $|\boldsymbol{A}^*|=$________.

（2024 年数学三）

三、解答题

1. 设矩阵 $\boldsymbol{A}=\begin{pmatrix}1&-2&3&-4\\0&1&-1&1\\1&2&0&-3\end{pmatrix}$，$\boldsymbol{E}$ 为三阶单位矩阵，求：

(1) 线性方程组 $\boldsymbol{AX}=\boldsymbol{0}$ 的一个基础解系；

(2) 满足 $\boldsymbol{AB}=\boldsymbol{E}$ 的所有矩阵 $\boldsymbol{B}$.

（2014 年数学一）

2. 证明：n 阶方阵 $\begin{pmatrix}1&1&\cdots&1\\1&1&\cdots&1\\\vdots&\vdots&&\vdots\\1&1&\cdots&1\end{pmatrix}$ 与 $\begin{pmatrix}0&0&\cdots&1\\0&0&\cdots&2\\\vdots&\vdots&&\vdots\\0&0&\cdots&n\end{pmatrix}$ 相似.

（2014 年数学一）

3. 设向量组 $\boldsymbol{\alpha}_1,\boldsymbol{\alpha}_2,\boldsymbol{\alpha}_3$ 为 $\mathbf{R}^3$ 的一组基，向量 $\boldsymbol{\beta}_1=2\boldsymbol{\alpha}_1+2k\boldsymbol{\alpha}_3$，$\boldsymbol{\beta}_2=2\boldsymbol{\alpha}_2$，$\boldsymbol{\beta}_3=\boldsymbol{\alpha}_1+(k+1)\boldsymbol{\alpha}_3$.

(1) 证明：向量组 $\boldsymbol{\beta}_1,\boldsymbol{\beta}_2,\boldsymbol{\beta}_3$ 为 $\mathbf{R}^3$ 的一组基.

(2) 问：当 k 为何值时，存在非零向量 $\boldsymbol{\xi}$，它在基 $\boldsymbol{\alpha}_1,\boldsymbol{\alpha}_2,\boldsymbol{\alpha}_3$ 与基 $\boldsymbol{\beta}_1,\boldsymbol{\beta}_2,\boldsymbol{\beta}_3$ 下的坐标相同？并求出所有的 $\boldsymbol{\xi}$.

（2015 年数学一）

4. 设矩阵 $\boldsymbol{A}=\begin{pmatrix}0&2&-3\\-1&3&-3\\1&-2&a\end{pmatrix}$ 相似于矩阵 $\boldsymbol{B}=\begin{pmatrix}1&-2&0\\0&b&0\\0&3&1\end{pmatrix}$，求：

(1) a,b 的值；

(2) 可逆矩阵 $\boldsymbol{P}$，使得 $\boldsymbol{P}^{-1}\boldsymbol{AP}$ 为对角矩阵.

（2015 年数学一）

5. 设矩阵

$$A=\begin{pmatrix}1&-1&-1\\2&a&1\\-1&1&a\end{pmatrix},\quad B=\begin{pmatrix}2&2\\1&a\\-a-1&-2\end{pmatrix},$$

问:当 a 为何值时,矩阵方程 $AX=B$ 无解?有唯一解?有无穷多解?在有解时,求出其解.

(2016 年数学一)

6. 已知矩阵

$$A=\begin{pmatrix}0&-1&1\\2&-3&0\\0&0&0\end{pmatrix}.$$

(1) 求 A^{99};

(2) 设三阶方阵 $B=(\alpha_1,\alpha_2,\alpha_3)$ 满足 $B^2=BA$,记 $B^{100}=(\beta_1,\beta_2,\beta_3)$,将 β_1,β_2,β_3 分别表示为 $\alpha_1,\alpha_2,\alpha_3$ 的线性组合.

(2016 年数学一)

7. 设矩阵

$$A=\begin{pmatrix}1&1&1-a\\1&0&a\\a+1&1&1+a\end{pmatrix},\quad \beta=\begin{pmatrix}0\\1\\2a-2\end{pmatrix},$$

且线性方程组 $AX=\beta$ 无解,求:

(1) a 的值;

(2) 线性方程组 $A^{\mathrm{T}}AX=A^{\mathrm{T}}\beta$ 的通解.

(2016 年数学二)

8. 设三阶方阵 $A=(\alpha_1,\alpha_2,\alpha_3)$ 有 3 个不同的特征值,且 $\alpha_3=\alpha_1+2\alpha_2$.

(1) 证明:$\mathrm{R}(A)=2$;

(2) 若 $\beta=\alpha_1+\alpha_2+\alpha_3$,求线性方程组 $AX=\beta$ 的通解.

(2017 年数学一)

9. 设二次型 $f(x_1,x_2,x_3)=2x_1^2-x_2^2+ax_3^2+2x_1x_2-8x_1x_3+2x_2x_3$ 在正交变换 $X=QY$ 下的标准形为 $\lambda_1y_1^2+\lambda_2y_2^2$,求 a 的值及正交矩阵 Q.

(2017 年数学一)

10. 设二次型 $f(x_1,x_2,x_3)=(x_1-x_2+x_3)^2+(x_2+x_3)^2+(x_1+ax_3)^2$,其中 a 是参数,求:

(1) $f(x_1,x_2,x_3)=0$ 的解;

(2) $f(x_1,x_2,x_3)$ 的规范形.

(2018 年数学一)

11. 设 a 是常数,矩阵 $A=\begin{pmatrix}1&2&a\\1&3&0\\2&7&-a\end{pmatrix}$ 可经初等列变换化为矩阵 $B=\begin{pmatrix}1&a&2\\0&1&1\\-1&1&1\end{pmatrix}$,

求：

(1) a 的值；

(2) 满足 $\boldsymbol{AP}=\boldsymbol{B}$ 的可逆矩阵 $\boldsymbol{P}$.

(2018 年数学一)

12. 设向量组 $\boldsymbol{\alpha}_1=(1,2,1)^{\mathrm{T}},\boldsymbol{\alpha}_2=(1,3,2)^{\mathrm{T}},\boldsymbol{\alpha}_3=(1,a,3)^{\mathrm{T}}$ 为 $\mathbf{R}^3$ 的一组基，向量 $\boldsymbol{\beta}=(1,1,1)^{\mathrm{T}}$ 在这组基下的坐标为 $(b,c,1)$.

(1) 求 a,b,c 的值；

(2) 证明：$\boldsymbol{\alpha}_2,\boldsymbol{\alpha}_3,\boldsymbol{\beta}$ 为 $\mathbf{R}^3$ 的一组基，并求由基 $\boldsymbol{\alpha}_2,\boldsymbol{\alpha}_3,\boldsymbol{\beta}$ 到基 $\boldsymbol{\alpha}_1,\boldsymbol{\alpha}_2,\boldsymbol{\alpha}_3$ 的过渡矩阵.

(2019 年数学一)

13. 已知矩阵 $\boldsymbol{A}=\begin{pmatrix}-2&-2&1\\2&x&-2\\0&0&-2\end{pmatrix}$ 与 $\boldsymbol{B}=\begin{pmatrix}2&1&0\\0&-1&0\\0&0&y\end{pmatrix}$ 相似，求：

(1) x,y 的值；

(2) 可逆矩阵 $\boldsymbol{P}$，使得 $\boldsymbol{P}^{-1}\boldsymbol{AP}=\boldsymbol{B}$.

(2019 年数学一)

14. 已知向量组

$$(\mathrm{I}):\boldsymbol{\alpha}_1=\begin{pmatrix}1\\1\\4\end{pmatrix},\quad \boldsymbol{\alpha}_2=\begin{pmatrix}1\\0\\4\end{pmatrix},\quad \boldsymbol{\alpha}_3=\begin{pmatrix}1\\2\\a^2+3\end{pmatrix},$$

$$(\mathrm{II}):\boldsymbol{\beta}_1=\begin{pmatrix}1\\1\\a+3\end{pmatrix},\quad \boldsymbol{\beta}_2=\begin{pmatrix}0\\2\\1-a\end{pmatrix},\quad \boldsymbol{\beta}_3=\begin{pmatrix}1\\3\\a^2+3\end{pmatrix}.$$

若向量组(Ⅰ)和(Ⅱ)等价，求 a 的值，并将向量 $\boldsymbol{\beta}_3$ 由向量组(Ⅰ)线性表示.

(2019 年数学二)

15. 设二次型

$$f(x_1,x_2)=x_1^2+4x_2^2-4x_1x_2$$

经正交变换 $\begin{pmatrix}x_1\\x_2\end{pmatrix}=\boldsymbol{Q}\begin{pmatrix}y_1\\y_2\end{pmatrix}$ 化为二次型

$$ay_1^2+by_2^2+4y_1y_2,$$

其中 $a\geqslant b$，求：

(1) a,b 的值；

(2) 正交矩阵 $\boldsymbol{Q}$.

(2020 年数学一)

16. 设 $\boldsymbol{A}$ 为二阶方阵，$\boldsymbol{P}=(\boldsymbol{\alpha},\boldsymbol{A\alpha})$，其中 $\boldsymbol{\alpha}$ 是非零向量且不是 $\boldsymbol{A}$ 的特征向量.

(1) 证明：$\boldsymbol{P}$ 为可逆矩阵；

(2) 若 $\boldsymbol{A}^2\boldsymbol{\alpha}+\boldsymbol{A\alpha}-6\boldsymbol{\alpha}=\boldsymbol{0}$,求 $\boldsymbol{P}^{-1}\boldsymbol{AP}$,并判断 $\boldsymbol{A}$ 是否相似于对角矩阵.

(2020 年数学一)

17. 设二次型

$$f(x_1,x_2,x_3)=x_1^2+x_2^2+x_3^2+2ax_1x_2+2ax_1x_3+2ax_2x_3$$

经可逆变换 $\begin{pmatrix}x_1\\x_2\\x_3\end{pmatrix}=\boldsymbol{P}\begin{pmatrix}y_1\\y_2\\y_3\end{pmatrix}$ 化为二次型

$$y_1^2+y_2^2+4y_3^2+2y_1y_2,$$

求:

(1) a 的值;

(2) 可逆矩阵 $\boldsymbol{P}$.

(2020 年数学二)

18. 已知矩阵 $\boldsymbol{A}=\begin{pmatrix}a&1&-1\\1&a&-1\\-1&-1&a\end{pmatrix}$,求:

(1) 正交矩阵 $\boldsymbol{P}$,使得 $\boldsymbol{P}^{\mathrm{T}}\boldsymbol{AP}$ 为对角矩阵;

(2) 正定矩阵 $\boldsymbol{C}$,使得 $\boldsymbol{C}^2=(a+3)\boldsymbol{E}-\boldsymbol{A}$.

(2021 年数学一)

19. 设矩阵 $\boldsymbol{A}=\begin{pmatrix}2&1&0\\1&2&0\\1&a&b\end{pmatrix}$ 仅有两个不同的特征值. 若 $\boldsymbol{A}$ 相似于对角矩阵,求 a,b 的值,并求可逆矩阵 $\boldsymbol{P}$,使得 $\boldsymbol{P}^{-1}\boldsymbol{AP}$ 为对角矩阵.

(2021 年数学二)

20. 设二次型 $f(x_1,x_2,x_3)=\sum\limits_{i=1}^{3}\sum\limits_{j=1}^{3}ijx_ix_j$,求:

(1) 二次型 f 的矩阵;

(2) 正交矩阵 $\boldsymbol{Q}$,使得二次型 f 经正交变换 $\boldsymbol{X}=\boldsymbol{QY}$ 化为标准形;

(3) $f=0$ 的解.

(2022 年数学一)

21. 已知二次型 $f(x_1,x_2,x_3)=3x_1^2+4x_2^2+3x_3^2+2x_1x_3$.

(1) 求正交变换 $\boldsymbol{X}=\boldsymbol{QY}$,使得 f 化为标准形;

(2) 证明:$\min\limits_{\boldsymbol{X}\neq\boldsymbol{0}}\dfrac{f(\boldsymbol{X})}{\boldsymbol{X}^{\mathrm{T}}\boldsymbol{X}}=2$.

(2022 年数学二)

22. 已知二次型

$$f(x_1,x_2,x_3)=x_1^2+2x_2^2+2x_3^2+2x_1x_2-2x_1x_3,$$
$$g(y_1,y_2,y_3)=y_1^2+y_2^2+y_3^2+2y_2y_3.$$

(1) 求可逆变换 $\boldsymbol{X}=\boldsymbol{PY}$,将 f 化为 g;

(2) 问:是否存在正交变换 $\boldsymbol{X}=\boldsymbol{QY}$,将 f 化为 g?

(2023 年数学一)

23. 设矩阵 $\boldsymbol{A}$ 满足对于任意 x_1,x_2,x_3,均有

$$\boldsymbol{A}\begin{pmatrix}x_1\\x_2\\x_3\end{pmatrix}=\begin{pmatrix}x_1+x_2+x_3\\2x_1-x_2+x_3\\x_2-x_3\end{pmatrix}$$

成立,求:

(1) 矩阵 $\boldsymbol{A}$;

(2) 可逆矩阵 $\boldsymbol{P}$ 与对角矩阵 $\boldsymbol{\Lambda}$,使得 $\boldsymbol{P}^{-1}\boldsymbol{AP}=\boldsymbol{\Lambda}$.

(2023 年数学二)

24. 已知数列 $\{x_n\}$,$\{y_n\}$,$\{z_n\}$ 满足 $x_0=-1,y_0=0,z_0=2$,且

$$\begin{cases}x_n=-2x_{n-1}+2z_{n-1},\\y_n=-2y_{n-1}-2z_{n-1},\\z_n=-6x_{n-1}-3y_{n-1}+3z_{n-1},\end{cases}$$

记向量 $\boldsymbol{\alpha}_n=\begin{pmatrix}x_n\\y_n\\z_n\end{pmatrix}$,写出满足 $\boldsymbol{\alpha}_n=\boldsymbol{A\alpha}_{n-1}$ 的矩阵 $\boldsymbol{A}$,并求 $\boldsymbol{A}^n$ 及 x_n,y_n,z_n.

(2024 年数学一)

25. 设矩阵 $\boldsymbol{A}=\begin{pmatrix}0&1&a\\1&0&1\end{pmatrix}$,$\boldsymbol{B}=\begin{pmatrix}1&1\\1&1\\b&2\end{pmatrix}$,二次型 $f(x_1,x_2,x_3)=\boldsymbol{X}^{\mathrm{T}}\boldsymbol{BAX}$. 已知线性方程组 $\boldsymbol{AX}=\boldsymbol{0}$ 的解均为线性方程组 $\boldsymbol{B}^{\mathrm{T}}\boldsymbol{X}=\boldsymbol{0}$ 的解,但这两个方程组不同解,求:

(1) a,b 的值;

(2) 正交变换 $\boldsymbol{X}=\boldsymbol{QY}$,将 f 化为标准形.

(2024 年数学二)

26. 设矩阵 $\boldsymbol{A}=\begin{pmatrix}1&-1&0&-1\\1&1&0&3\\2&1&2&6\end{pmatrix}$,$\boldsymbol{B}=\begin{pmatrix}1&0&1&2\\1&-1&a&a-1\\2&-3&2&-2\end{pmatrix}$,$\boldsymbol{\alpha}=\begin{pmatrix}0\\2\\3\end{pmatrix}$,$\boldsymbol{\beta}=\begin{pmatrix}1\\0\\-1\end{pmatrix}$.

(1) 证明:线性方程组 $\boldsymbol{AX}=\boldsymbol{\alpha}$ 的解均为线性方程组 $\boldsymbol{BX}=\boldsymbol{\beta}$ 的解;

(2) 若线性方程组 $\boldsymbol{AX}=\boldsymbol{\alpha}$ 与 $\boldsymbol{BX}=\boldsymbol{\beta}$ 不同解,求 a 的值.

(2024 年数学三)

试题参考答案及部分解析

一、选择题

1. ～5.	BADAC	6. ～10.	BCABA	11. ～15.	ACAAB
16. ～20.	CCDBA	21. ～25.	CDCDA	26. ～30.	CCBDB
31. ～35.	DDDBB	36. ～40.	DACDB	41. ～42.	CB

二、填空题

1. $-2\leqslant a\leqslant 2$.　2. $2^{n+1}-2$.　3. $\lambda^4+\lambda^3+2\lambda^2+3\lambda+4$.　4. 2.

5. 2.　6. -1.　7. 2.　8. $k(1,-2,1)^{\mathrm{T}}$,其中 k 为任意常数.

9. -4.　10. 1.　11. a^4-4a^2.　12. $\dfrac{3}{2}$.　13. -5.

14. $\{[\boldsymbol{E}-(\boldsymbol{A}-\boldsymbol{E})^{-1}]^{-1}-\boldsymbol{E}\}\boldsymbol{A}$.　15. -1.　16. $\dfrac{11}{9}$.　17. 8.

18. $[0,+\infty)$.　19. -4.　20. 16.

三、解答题

1. (1) $\boldsymbol{\xi}=(-1,2,3,1)^{\mathrm{T}}$;

(2) $\boldsymbol{B}=\begin{pmatrix}2-k_1 & 6-k_2 & -1-k_3\\ 2k_1-1 & 2k_2-3 & 2k_3+1\\ 3k_1-1 & 3k_2-4 & 3k_3+1\\ k_1 & k_2 & k_3\end{pmatrix}$,其中 k_1,k_2,k_3 为任意常数.

2. 略. 提示:只要证明两个方阵有相同的特征值且都可相似对角化即可.

3. (1) 略. 提示:$(\boldsymbol{\beta}_1,\boldsymbol{\beta}_2,\boldsymbol{\beta}_3)=(\boldsymbol{\alpha}_1,\boldsymbol{\alpha}_2,\boldsymbol{\alpha}_3)\begin{pmatrix}2 & 0 & 1\\ 0 & 2 & 0\\ 2k & 0 & k+1\end{pmatrix}$,因为 $\begin{vmatrix}2 & 0 & 1\\ 0 & 2 & 0\\ 2k & 0 & k+1\end{vmatrix}=$

$4\neq 0$,且向量组 $\boldsymbol{\alpha}_1,\boldsymbol{\alpha}_2,\boldsymbol{\alpha}_3$ 线性无关,所以向量组 $\boldsymbol{\beta}_1,\boldsymbol{\beta}_2,\boldsymbol{\beta}_3$ 线性无关.

(2) $k=0,\boldsymbol{\xi}=\begin{pmatrix}c\\ 0\\ -c\end{pmatrix}$,其中 c 是不为 0 的任意常数.

4. (1) $a=4,b=5$;

(2) $\boldsymbol{P}=\begin{pmatrix}2 & -3 & -1\\ 1 & 0 & 1\\ 0 & 1 & 1\end{pmatrix}$.

5. 当 $a=-2$ 时,无解;

当 $a\neq-2$ 且 $a\neq1$ 时,有唯一解 $\boldsymbol{X}=\begin{pmatrix}1 & \dfrac{3a}{a+2}\\ 0 & \dfrac{a-4}{a+2}\\ -1 & 0\end{pmatrix}$;

当 $a=1$ 时,有无穷多解,其通解为 $\boldsymbol{X}=\begin{pmatrix}3 & 3\\ -k_1-1 & -k_2-1\\ k_1 & k_2\end{pmatrix}$,其中 k_1,k_2 为任意常数.

6. (1) $\begin{pmatrix}-2+2^{99} & 1-2^{99} & 2-2^{98}\\ -2+2^{100} & 1-2^{100} & 2-2^{99}\\ 0 & 0 & 0\end{pmatrix}$;

(2) $\boldsymbol{\beta}_1=(-2+2^{99})\boldsymbol{\alpha}_1+(-2+2^{100})\boldsymbol{\alpha}_2$,

$\boldsymbol{\beta}_2=(1-2^{99})\boldsymbol{\alpha}_1+(1-2^{100})\boldsymbol{\alpha}_2$,

$\boldsymbol{\beta}_3=(2-2^{98})\boldsymbol{\alpha}_1+(2-2^{99})\boldsymbol{\alpha}_2$.

7. (1) $a=0$;

(2) $\boldsymbol{X}=k\begin{pmatrix}0\\-1\\1\end{pmatrix}+\begin{pmatrix}1\\-2\\0\end{pmatrix}$,其中 k 为任意常数.

8. (1) 略;

(2) $\boldsymbol{X}=\begin{pmatrix}1\\1\\1\end{pmatrix}+k\begin{pmatrix}1\\2\\-1\end{pmatrix}$,其中 k 为任意常数.

9. $a=2,\boldsymbol{Q}=\begin{pmatrix}\dfrac{\sqrt2}{2} & \dfrac{\sqrt3}{3} & \dfrac{\sqrt6}{6}\\ 0 & -\dfrac{\sqrt3}{3} & \dfrac{\sqrt6}{3}\\ -\dfrac{\sqrt2}{2} & \dfrac{\sqrt3}{3} & \dfrac{\sqrt6}{6}\end{pmatrix}$.

10. (1) 如果 $a=2$,则通解为 $(x_1,x_2,x_3)^{\mathrm{T}}=c(-2,-1,1)^{\mathrm{T}}$,其中 c 为任意常数;如果 $a\neq2$,则只有零解 $(x_1,x_2,x_3)^{\mathrm{T}}=(0,0,0)^{\mathrm{T}}$.

(2) 如果 $a\neq2$,则规范形为 $f=y_1^2+y_2^2+y_3^2$;如果 $a=2$,则规范形为 $f=y_1^2+y_2^2$.

11. (1) $a=2$;

(2) $\boldsymbol{P}=\begin{pmatrix}-6k_1+3 & -6k_2+4 & -6k_3+4\\ 2k_1-1 & 2k_2-1 & 2k_3-1\\ k_1 & k_2 & k_3\end{pmatrix}$,其中 k_1,k_2,k_3 为任意常数,且 $k_2\neq k_3$.

12.(1) $a=3,b=2,c=-2$;

(2) 证明略,过渡矩阵为$\begin{pmatrix}1 & 1 & 0\\ -\frac{1}{2} & 0 & 1\\ \frac{1}{2} & 0 & 0\end{pmatrix}$.

13.(1) $x=3,y=-2$;

(2) $\boldsymbol{P}=\begin{pmatrix}-1 & -1 & -1\\ 2 & 1 & 2\\ 0 & 0 & 4\end{pmatrix}$.

14. 当 $a=1$ 时,$\boldsymbol{\beta}_3=(-2k+3)\boldsymbol{\alpha}_1+(k-2)\boldsymbol{\alpha}_2+k\boldsymbol{\alpha}_3$,其中 k 为任意常数;

当 $a\neq-1$ 且 $a\neq1$ 时,$\boldsymbol{\beta}_3=\boldsymbol{\alpha}_1-\boldsymbol{\alpha}_2+\boldsymbol{\alpha}_3$.

15.(1) $a=4,b=1$;

(2) $\boldsymbol{Q}=\begin{pmatrix}\frac{4}{5} & -\frac{3}{5}\\ -\frac{3}{5} & -\frac{4}{5}\end{pmatrix}$.

16.(1) 略. 提示:由 $\boldsymbol{\alpha}$ 是非零向量且不是 $\boldsymbol{A}$ 的特征向量可知,$\boldsymbol{\alpha},\boldsymbol{A\alpha}$ 不成比例,即向量组 $\boldsymbol{\alpha},\boldsymbol{A\alpha}$ 线性无关,则 $\mathrm{R}(\boldsymbol{P})=2$,得 $\boldsymbol{P}=(\boldsymbol{\alpha},\boldsymbol{A\alpha})$ 可逆.

(2) $\boldsymbol{P}^{-1}\boldsymbol{AP}=\begin{pmatrix}0 & 6\\ 1 & -1\end{pmatrix}$,故 $\boldsymbol{A}$ 可相似对角化.

17.(1) $a=-\frac{1}{2}$;

(2) $\boldsymbol{P}=\begin{pmatrix}1 & 2 & \frac{2\sqrt{3}}{3}\\ 0 & 1 & \frac{4\sqrt{3}}{3}\\ 0 & 1 & 0\end{pmatrix}$.

18. (1) $\boldsymbol{P}=\begin{pmatrix} \frac{\sqrt{3}}{3} & -\frac{\sqrt{2}}{2} & \frac{\sqrt{6}}{6} \\ \frac{\sqrt{3}}{3} & \frac{\sqrt{2}}{2} & \frac{\sqrt{6}}{6} \\ -\frac{\sqrt{3}}{3} & 0 & \frac{\sqrt{6}}{3} \end{pmatrix}$，则 $\boldsymbol{P}^{\mathrm{T}}\boldsymbol{A}\boldsymbol{P}=\boldsymbol{\Lambda}=\begin{pmatrix} a+2 & 0 & 0 \\ 0 & a-1 & 0 \\ 0 & 0 & a-1 \end{pmatrix}$；

(2) $\boldsymbol{C}=\begin{pmatrix} \frac{5}{3} & -\frac{1}{3} & \frac{1}{3} \\ -\frac{1}{3} & \frac{5}{3} & \frac{1}{3} \\ \frac{1}{3} & \frac{1}{3} & \frac{5}{3} \end{pmatrix}$.

19. 当 $b=3$ 时，$a=-1$，此时 $\boldsymbol{P}=\begin{pmatrix} 1 & 0 & -1 \\ 1 & 0 & 1 \\ 0 & 1 & 1 \end{pmatrix}$，则 $\boldsymbol{P}^{-1}\boldsymbol{A}\boldsymbol{P}=\begin{pmatrix} 3 & 0 & 0 \\ 0 & 3 & 0 \\ 0 & 0 & 1 \end{pmatrix}$；

当 $b=1$ 时，$a=1$，此时 $\boldsymbol{P}=\begin{pmatrix} -1 & 0 & 1 \\ 1 & 0 & 1 \\ 0 & 1 & 1 \end{pmatrix}$，则 $\boldsymbol{P}^{-1}\boldsymbol{A}\boldsymbol{P}=\begin{pmatrix} 1 & 0 & 0 \\ 0 & 1 & 0 \\ 0 & 0 & 3 \end{pmatrix}$.

20. (1) $\begin{pmatrix} 1 & 2 & 3 \\ 2 & 4 & 6 \\ 3 & 6 & 9 \end{pmatrix}$；

(2) $\boldsymbol{Q}=\begin{pmatrix} \frac{\sqrt{14}}{14} & -\frac{2\sqrt{5}}{5} & -\frac{3\sqrt{70}}{70} \\ \frac{\sqrt{14}}{7} & \frac{\sqrt{5}}{5} & -\frac{3\sqrt{70}}{35} \\ \frac{3\sqrt{14}}{14} & 0 & \frac{\sqrt{70}}{14} \end{pmatrix}$，经正交变换 $\boldsymbol{X}=\boldsymbol{Q}\boldsymbol{Y}$，二次型 f 化为标准形 $f=14y_1^2$；

(3) $k_1(-2,1,0)^{\mathrm{T}}+k_2(-3,-6,5)^{\mathrm{T}}$，其中 k_1,k_2 为任意常数.

21. (1) $\boldsymbol{Q}=\begin{pmatrix} \frac{\sqrt{2}}{2} & \frac{\sqrt{2}}{2} & 0 \\ 0 & 0 & 1 \\ -\frac{\sqrt{2}}{2} & \frac{\sqrt{2}}{2} & 0 \end{pmatrix}$，经正交变换 $\boldsymbol{X}=\boldsymbol{Q}\boldsymbol{Y}$，二次型 f 化为标准形 $f=2y_1^2+4y_2^2+4y_3^2$.

(2) 略. 提示: $\min\limits_{X\neq 0}\dfrac{f(\boldsymbol{X})}{\boldsymbol{X}^{\mathrm{T}}\boldsymbol{X}}=\min\limits_{Y\neq 0}\dfrac{f(\boldsymbol{Y})}{(\boldsymbol{QY})^{\mathrm{T}}\boldsymbol{QY}}=\min\limits_{Y\neq 0}\dfrac{f(\boldsymbol{Y})}{\boldsymbol{Y}^{\mathrm{T}}\boldsymbol{Q}^{\mathrm{T}}\boldsymbol{QY}}=\min\limits_{Y\neq 0}\dfrac{f(\boldsymbol{Y})}{\boldsymbol{Y}^{\mathrm{T}}\boldsymbol{Y}}=2$.

22. (1) $\boldsymbol{P}=\begin{pmatrix}1 & -1 & 1\\ 0 & 1 & 0\\ 0 & 0 & 1\end{pmatrix}$, 可逆变换 $\boldsymbol{X}=\boldsymbol{PY}$ 将 f 化为 g;

(2) 不存在.

23. (1) $\boldsymbol{A}=\begin{pmatrix}1 & 1 & 1\\ 2 & -1 & 1\\ 0 & 1 & -1\end{pmatrix}$;

(2) $\boldsymbol{P}=\begin{pmatrix}0 & 4 & 1\\ -1 & 3 & 0\\ 1 & 1 & -2\end{pmatrix}$, $\boldsymbol{\Lambda}=\begin{pmatrix}-2 & 0 & 0\\ 0 & 2 & 0\\ 0 & 0 & -1\end{pmatrix}$, 则 $\boldsymbol{P}^{-1}\boldsymbol{AP}=\boldsymbol{\Lambda}$.

24. $\boldsymbol{A}=\begin{pmatrix}-2 & 0 & 2\\ 0 & -2 & -2\\ -6 & -3 & 3\end{pmatrix}$,

$$\boldsymbol{A}^n=\begin{pmatrix}-4+(-1)^{n+1}\cdot 2^n & -2+(-1)^{n+1}\cdot 2^n & 2\\ 4+(-1)^n\cdot 2^{n+1} & 2+(-1)^n\cdot 2^{n+1} & -2\\ -6 & -3 & 3\end{pmatrix},$$

$x_n=8+(-2)^n$, $y_n=-8+(-2)^{n+1}$, $z_n=12$.

25. (1) $a=1, b=2$;

(2) $\boldsymbol{Q}=\begin{pmatrix}-\dfrac{\sqrt{2}}{2} & -\dfrac{\sqrt{3}}{3} & \dfrac{\sqrt{6}}{6}\\ \dfrac{\sqrt{2}}{2} & -\dfrac{\sqrt{3}}{3} & \dfrac{\sqrt{6}}{6}\\ 0 & \dfrac{\sqrt{3}}{3} & \dfrac{\sqrt{6}}{3}\end{pmatrix}$, 二次型 f 经正交变换 $\boldsymbol{X}=\boldsymbol{QY}$ 化为标准形 $f=6y_3^2$.

26. (1) 略. 提示: 因 $\mathrm{R}\begin{pmatrix}\boldsymbol{A} & \boldsymbol{\alpha}\\ \boldsymbol{B} & \boldsymbol{\beta}\end{pmatrix}=\mathrm{R}(\boldsymbol{A}\quad\boldsymbol{\alpha})$, 故 $\begin{cases}\boldsymbol{AX}=\boldsymbol{\alpha},\\ \boldsymbol{BX}=\boldsymbol{\beta}\end{cases}$ 与 $\boldsymbol{AX}=\boldsymbol{\alpha}$ 同解, 则 $\boldsymbol{AX}=\boldsymbol{\alpha}$ 的解均为 $\boldsymbol{BX}=\boldsymbol{\beta}$ 的解.

(2) $a=1$.